做命运的建筑师

——教你如何获得力量并迈向成功

[美] 奥里森·斯威特·马登（Orison Swett Marden） 著
孔　谧　译

中国出版集团
研 究 出 版 社

图书在版编目(CIP)数据

做命运的建筑师／(美) 马登著；孔谧译. —北京：
研究出版社，2016.4（2020.7重印）
ISBN 978-7-80168-942-9

Ⅰ. ①做…
Ⅱ. ①马… ②孔…
Ⅲ. ①成功心理-通俗读物
Ⅳ. ①B848.4-49

中国版本图书馆 CIP 数据核字 (2016) 第 057872 号

责任编辑： 陈侠仁

作　　者：(美) 奥里森·斯威特·马登　著
译　　者：孔　谧
出版发行：研究出版社
地址：北京市朝阳区安华里504号A座
电话：010-64217619　010-64217612（发行中心）
经　　销：新华书店
印　　刷：保定市铭泰达印刷有限公司
版　　次：2016年4月第1版　　2020年7月第2次印刷
规　　格：710毫米×1000毫米　1/16
印　　张：20.25印张
书　　号：ISBN 978-7-80168-942-9
定　　价：45.00元

人生在世，到底有没有“命运”这回事？

大部分相信有命运的人，会认为命运是由某种无形力量所主宰，他们可能盲目地祈祷、膜拜，希望人生就此转运，也可能干脆放弃，觉得不管努力不努力，结果都一样；不相信命运的人，则认为人定胜天。然而，古往今来无数案例都证明，积极勇敢固然可取，但如果缺乏智慧，横冲直撞终究会注定失败。

这两种人，都只对了一半：相信命运的人是对的，因为每个人都有各自专属的命运，但命运不是掌控在别人或任何无形力量的身上，而是在自己手里；只相信自己的人也是对的，但缺乏对命运轨迹的观照和认识，所有努力最后可能都变成白做工，甚至替厄运雪上加霜。

对大多数人而言，命运是很神秘的，你参不透它，觉得它高深莫测，因此产生了疏离感或恐惧感；但静下心来仔细观察，就会发现，在深奥又复杂的表象之下，命运其实是由最简单不过的元素所构成：现在的学历、工作或感情，是由过去的付出或不肯付出累积而来；未来的梦想是否开花结果，要靠现在细心的观察、规划，并一步一步踏实执行。当然，世上不是所有的事都能由我们自己决定，天气的变化、大环境的兴衰、人际关系中对方的反应……外在种种条件，的确造成了人生许多关键性的影响，但能够善用智慧把握自己手上的这一份机缘，才有机会在命运的大海中乘风破浪，往正确的方向前进。

本书将告诉你，如何透过自我觉醒的过程，得到洞察人生密码的智能，让你清楚看见构成命运的元素，以及这些元素产生细微变化的过程。如此，你将更能精准地了解自己的过去、现在和未来，发现其中环环相扣的奥秘，并从中找到开启僵局、重获新生的契机，实实在在地扭转自己的人生，做自己命运的建筑师。

前 言

《奋勇向前》面市仅一年，广大读者便多次提出再版的要求。面对国内外读者的厚爱和强烈的呼声，本书作者备受鼓舞，再接再厉出版了其姊妹篇。两书均在同一时期收集材料构思而成，作者为前书作的序言，同样也适用于本书。

本书以帮助人们塑造良好品格，成就一番事业为目标。也许不能取得增广友谊、集资生财的作用，但通过灌以必定要有所作为的决心，鼓励尚处在迷茫中的年轻人行动起来，即使在为成功奋斗的路上跌倒也不把梦想遗忘；即使已经开始闯出一片天地，也不故步自封。

前人创建丰功伟业的故事对于年轻人最具吸引力，能使其树立高远之理想，在其年轻的血液中迸发出生命的能量。此类题材虽同人类历史一样古老，然而年轻的心灵却常以为新，读来比任何小说都更有趣味。年轻人对于人生有太多渴求，无论多么有理的说教或是教条主义的那一套，都无法让一个生活在20世纪、身处时代变化最前端的男孩儿折服。只有讲述一个从默默无闻的小人物如何历经千辛万苦，最后获得成功的故事；或者那些伟人们如何开创事业，其中遇到过什么困难，经历过多少次漫长的等待，才得以在贫困交加的逆境中崛起的事迹；或者那些善于从寻常事物中抓住机遇，造就伟大事业的例子；或者那些能力平平、手段一般的人，是怎样依靠坚忍不拔、持之以恒的精神收获成功的故事，才最能激励起年轻人的斗志。本书作者希望大家相信，只要敢于抓住机会，坚持走自己的路，每一位美利坚合众国的年轻人都不愁挣不到面包，摘不到成功的果实。没有任何障碍能够阻挡得住有志者的道路。无论环境如何险恶，年轻人对知识的渴望，对成长的渴求，都不可压制。有志者事竟成，贫穷、出身甚至残疾都不是借口。在遥远的野蛮时代，给人类带来文明曙光的伟人中就不乏生于贫穷、长于贫穷者。正是有了他们，人类历史上才会出现无数像格莱斯顿、林肯和格兰特这样的伟人。

本书还将证明，只有目标坚定的人才敢于披荆斩棘，走在时代的前面。尤其在我们所处的电气时代，要么被人群推搡着往前走，要么成为人群的引领者。想当时代的主人，就必须坚定不移地朝着目标奋进。一次次的跌倒和失败堆砌出来的是通往成功的阶梯，从跌倒中爬起来的弱者只会越变越强，更加坚韧。日行一善总有修成正果的一天，真正的成功也是由一点一滴积累而成。作者不断挖掘，希望找到能够唤醒年轻人奋发的源泉，引导他们树立高远理想，不再一味地为了挣钱而工作。百万富翁中也有失败者，过多地追求物欲，会使人失去对高尚生活的渴望，沦为金钱的奴隶。生活在拜金时代的年轻人尤须警惕。切记：心有多大，世界的舞台就有多大。

作者希望通过大量生动真实的故事来表明自己的观点，而不是进行枯燥的说教。本书的宗旨在于实用、有益和中肯，在文字上不会咬文嚼字，炫耀文采，或者像小说一样故弄玄虚。

本书作者谨此感谢亚瑟·W.布朗先生以及W.金斯顿先生给予的宝贵帮助。

奥里森·斯威特·马登

1895年9月2日

于马萨诸塞州波士顿鲍登街43号

CONTENTS · **目录**

第一章 **学会做人** _ 001

人的一举一动，都逃不过上帝的眼睛。财富是浮云，名誉也是浮云。只有把人做好了才是正道。

第二章 **勇敢一点** _ 009

要敢于坚持自己的信念，为自己在这个世界争得一席之地。拥有勇敢之心的人，总能得到一切帮助。

第三章 **路是自己走出来的** _ 031

要么选择一条道路前进，要么自己开创一条。在这个世上你不主动出击就只能随波逐流。自己要有主见，世界才会因你而改变。

第四章 **困难造就成功** _ 047

伟人在通往胜利的路上，从没发现过康庄大道，从来只有崎岖山路，只有付出汗水，坚持不懈才能走完。

第五章 **在跨越障碍中学习** _ 065

真正伟大的雕塑家不会因为眼前障碍重重就灰心丧气。为了雕刻出最完美的作品，他就算是再贫苦，也会采取一切办法，用锤头、凿子甚至炸药也要把人雕刻出来。

第六章 **坚持一个目标不动摇** _ 079

找到自己的人生目标，然后穷尽一生去实现它。只要坚持不懈，你总有一天会成为大人物的。

第七章　**有播种才有收获** _ 091

种瓜得瓜，种豆得豆。早年种下了什么种子，晚年便收获什么果实。因此，从一开始就必须走对。

第八章　**依靠自己** _ 105

成功只能靠自己获得，没人能够帮助到你。伟人都是这样一步一步自己爬上成功的顶峰的。

第九章　**在工作中等待机会** _ 119

莫要因为一天的懈惰垮了辛苦建立起来的人生。

第十章　**果断、勇敢** _ 131

许多出身贫寒的男孩既没有背景，也没有朋友，仅凭一股果断的勇气和强烈的信念，赢得了命运女神的垂青和世人的认可。

第十一章　**世上最重要的一件事** _ 143

学会做人比成为有钱人和名人更重要。修得好人品比事业获得成功更难得。

第十二章　**节省也是一种财富** _ 161

理想节约能减少浪费，能积少成多，能破镜重圆，能创造奇迹。节约不是抠门，是有计划有前瞻性地省钱，化腐朽为神奇，废品为宝物，并重新激发万物的能量，用于造福人类。

第十三章　**“穷”富人** _ 171

一无所有不是贫穷。推动人类文明发展的人，即使身无分文地死去，后人一样会为他树立丰碑。

第十四章　**抓住身边的一切机会** _ 183

“空谈无用，行动起来吧！”莫希冀等到更大的机会。立足眼下，从身边开始，机会是由自己创造的。

第十五章 **防微杜渐** _ 193

世上无小事。从卑贱的泥土中可以诞生出骁勇的亚马孙妇女。而一次极小的偷窃行为，便能把人送上绞刑台。

第十六章 **做自己的主人** _ 207

掌管好自己的弱点，做自己的主人。

第十七章 **大自然的一点收费** _ 219

我们常常看到不珍爱身体的人，他们践踏了大自然最伟大的作品。任何触犯大自然法规的人都难逃其处罚。

第十八章 **好职业？坏职业？** _ 231

世界上有一半的人没有找到属于自己的位置，一生都因此而痛苦不已。如果我们每个人都能找到适合自己的职业并有所成就，人类文明将于现在达到顶峰。

第十九章 **做有主见的人** _ 241

有主见的人能够改变世界。

第二十章 **下定决心** _ 249

不认真对待人生目标，意志力不够坚定，或者过于中规中矩的人，只会失去对自己人生的掌控权。

第二十一章 **精神的力量** _ 257

精神强大，身体自然也就健康强壮。精神的力量远比人们想象得要强大，不仅能够使人焕发新生，还能延长寿命。

第二十二章 **宽仁之心** _ 269

当人人都在谴责诅咒一个人时，拥有宽仁之心的人便会站出来：“请大家不要只看到他坏的一面，在那人灵魂深处的某个地方，一定还残存着人性。”

第二十三章 **受诅咒的惰性** _ 281

我们切莫浪费一分一秒的时间，要利用好哪怕只有一秒的时间创造出最大的价值。

第二十四章 **社会大学和苦难老师** _ 287

对一个民族而言，没有比贫穷和苦难更好的老师了。没有他们，很多人都不会取得现有的成就。想要在这个世界有所作为，就必须踏入社会学习，必须在社会中摸爬滚打，锻炼自己、磨炼自己。

第二十五章 **书籍的力量** _ 293

没有什么能够像书籍一样拥有帮助穷人摆脱贫困、帮助不幸者走出悲伤、帮助负重行走的人忘掉包袱、帮助病魔缠身的人忘记痛苦的力量。

第二十六章 **人人都能拥有自己的乐园** _ 303

只有那些对美丽视而不见，对音乐听而不闻，关闭所有感官拒绝体验美好的人，才会连乐园都失去。

第一章

学会做人

人的一举一动，都逃不过上帝的眼睛。财富是浮云，名誉也是浮云。只有把人做好了才是正道。

“寻人启事：
他既不健康，也不聪明，
没有坚定的目光，
没有如山的财富，
微笑起来也不迷人，
甚至不是强势有力，
但他就是我们要寻找的
那个人。”

即便来回穿梭在耶路撒冷的大街小巷和集市广场，睁大眼睛去寻找，你也难以找到一个真正的好人。

——耶利米（Jeremiah）[①]

全世界都在呼唤那个可以拯救人类的救世主。他在哪里？我们需要他！不用到太远的地方去寻找，他就在这里，就在身边。他是你、是我、是他……怎样才能做好自己、做好人？只要你下定了决心，世上没有解决不了的难事；只要你开始你的梦想，一切也不会容易。

——大仲马

“这就是人生，不是为了躲避死亡的游戏；
这就是人生，总是叫人缺少勇气面对；
活得充实，活得长寿，便是我们对它的期待。”

我不希望把人画成没有血肉、没有生命的鬼魂。人如果没有身体上的那些局限，又怎么算是人呢？

——爱默生

大自然用她无人能及的巧手，造出高贵的人类；
并大笑金银珠宝的廉价，责备地位的虚幻。
她用心造出一个拥有灵魂的种族，半是人半是神，

① 耶利米（Jeremiah）：《圣经》中犹大国灭国前，最黑暗时的一位先知。《圣经·旧约》中《耶利米书》、《耶利米哀歌》、《列王纪上》及《列王纪下》作者。

狂喜道："谁能比我造出更好的绅士来？"

——伊莱扎·库克[1]

爱默生说："在一千个孕育生命的容器里，只有一个装了按照正确比例混合的生命羊水。完美的人便由此诞生，他身上的每种成分都恰到好处。他的眼睛不会过于黯淡，也不会过于明亮。他静时如同处子，动时好比狡兔。他虽能感知万物的悲喜，心却坚如磐石。他从不祈求上天赐予自己什么才能，因为他的财富就是他自己。"

第欧根尼[2]大白天提着灯笼在古雅典城内寻找诚实之人，最终还是徒劳无获。他来到人流穿梭的集市上高声呼喊："人啊，听到我的呼声，你就站出来吧！"很快，人群聚集了过来。第欧根尼却睥睨众人，冷冷地说道："我寻找的是人，不是侏儒。"

各行各业的门前都贴着"招聘"广告，寻找真正之人。

他们寻找的，是不会因为集体压力失去独立个性的人；是有勇气坚守自己信念的人；是在全世界人都说"好"，他却敢于说"不"的人。

他们寻找的，是拥有高尚情操的人，不会因为个人利益牺牲品格的人；是不会自我膨胀、麻木大意的人。

他们寻找的人超越了他所从事的工作。在他看来，把工作仅仅视为谋生的工具是对工作的轻视。他所追求的，是怎样在工作中取得进步，获得知识、文化和经验，以及学习如何做人、塑造自身良好的品格。

我们生活在一个遍地机会的年代，同时对人才的需求量很大。至少在教会是这样。仅一个宗派，就有上千份神职空缺。虽然在集市上，到处都可以看见闲着没事的牧师，但仍有无数教会委员会踏破铁鞋，也觅不到一个合适的人选。

因为这个人必须德、智、体均衡发展，身上不带一点毛病，没有任何弱点会导致工作事倍功半。他富有勇气，天性就不存在懦弱的基因。

他让自己全面发展，从不偏心，把精力集中在某一方面，任由人生的其他部分枯萎凋零。他思维开阔，看待事物从不片面，常识丰富，有自己的见地，不会为了所谓的生活现实浪费大学教育的宝贵机会。他喜欢实事求是，珍视自己的名声，如同无价之宝。

他也"从不刻意克制自己，充满了自然的生命活力，感情丰富，意志坚定；热爱一切美好的事物，无论是自然之美还是人造之美；憎恨一切邪恶龌龊，像尊重自

① 伊莱扎·库克（Eliza Cook，1818—1889），英国作家、诗人、妇女政治自由运动的支持者。

② 第欧根尼（Diogenēs，约公元前404—约公元前323），古希腊哲学家。

己一样尊重别人”。

上帝教导人类要正直、纯洁、慷慨，同时也要博学、学有一技之长并且健康勇敢。

世界需要受过全面教育的人。他感情细腻、有文化、有涵养，看待事物有洞见，思维灵动、深邃。他双手灵巧、双眼明亮、明察秋毫、心地善良、待人真诚、宽厚大量。

全世界都在寻找这样的人。尽管外面有着成千上万的求职者，然而在人生的殿堂里，几乎每一个部门都找不到合适的人选。因此“高薪聘用”的招人广告在各行各业都屡见不鲜。

卢梭[①]在他著名的教育著作里说：“人人生而平等，共同经营着‘做人’这项事业。只要学会履行做人的责任，就不怕胜任不了任何一个岗位。我的学生究竟适合当兵、布道还是从事法律工作，我并不关心。我们首先生而为人，其次才为社会人。如何把人做好，才是我教育学生的重点。一旦我完成了使命，我的学生不会是士兵、牧师，或者律师。他首先是一个值得尊敬的人。不管命运女神对他怎样捉弄，他也总能找到属于自己的位置。”

一次浸信会的大会上，某个子瘦小的神学博士站上台阶，为自己是一名浸信会教友感谢上帝。人们没有听清，要求他大声点说。“再高一点！”某人喊道。博士答：“高不了了啊，还有什么能比加入浸信会更了不起？”比成为浸信会教友境界更高的，是修炼成“人”啊！

爱默生说，塔列朗[②]提出的问题是永恒的，比起关心别人是否富裕、是否有罪、是否不怀好意、是否有才、是否参与了某项运动、是否有权有势、是否出身名门望族等问题要重要百倍。人应当努力修炼自身，在作为人的每个方面都成为佼佼者。不论是塔列朗还是整个美国、整个世界都以此为毕生的追求。

加菲尔德[③]小的时候有人问他将来想做什么。他回答道：“首先，我要成为一个完整的人。如果没有成功，那我做什么都不会成功的。”

蒙田[④]说，我们要做的不是给灵魂灌输思想，或者锻炼身体，而是要把自己培养成一个完整的人。

当今的世界需要充满生命活力的人。只有像动物一样精力充沛、体格健壮，

---

① 卢梭（Jean Jacques Rousseau，1712—1778），法国著名启蒙思想家、哲学家、教育家、文学家，启蒙运动代表人物之一。

② 塔列朗（Charles Maurice de Talleyrand-Périgord，1754—1838），法国资产阶级革命时期著名外交家。

③ 加菲尔德（Garfield，1831—1881），美国第二十任总统，唯一一位数学家出身的总统。

④ 蒙田（Michel de Montaigne，1533—1592），法国人文主义思想家、散文家。

才适应得了这个高度密集的人类文明。无病无痛不代表身体健康。如今，只有像泉水一样喷涌而出，才能够流入山谷，浇灌出美丽的生命之花；只有释放出动物的本能，为生命狂喜，像猎犬奔跑在田野间，像男孩滑行在冰地上，浑身上下焕发出生命的活力，才算得上真正的健康。

一天，诗人蒲柏[①]到画家戈弗雷·内勒[②]爵士家做客，正巧碰到内勒的侄子，一个来自几内亚的贩奴商。内勒爵士对侄子说道："你今天有幸同时看到两个世界上最伟大的人。"贩奴商答道："我不知道你们有多伟大，但我不喜欢你们的长相。我只需要花十个几尼就可以买到比你们强壮得多的人。"

西德尼·史密斯[③]说："我始终相信，消化系统里隐藏着关于生命的最大秘密。一个人是喜欢吃牛肉、羊肉、面饼还是米汤，其性格、品行以及才情都深受影响。我常想，也许可以通过食疗法或饥饿法使人变好或变坏。用这种折磨人的方法兴许要比提莫休斯[④]的七弦琴来得更管用些吧。"

难道还有什么比一个健康朝气、洋溢着生命活力的人更加光辉灿烂?

看着无数充满希望、立志自立自强的年轻学生大学毕业后，竟变得愈加弱不禁风、思维呆板、不能自立，委实可悲。他们弯腰驼背，一副病恹恹的样子，没有一点活力，没有一点挺拔。"走进了那么多拥有美好前途的年轻人，却没有一个真正成人的。"

身体健康与否与性格有着莫大的联系。性格暴躁易怒其实也是一种病态，此类人不可能像身体健康的人一样活泼快乐。人对健康的向往是发自内心的，是对一种更高境界的追求。而对于可预防的疾病，我们本能地厌恶和抵抗。大自然同样需要永远处于巅峰状态的人类。但如果没有一个好头脑，四肢就算像巨人一样发达也不可能获得成功。

人到了一定的年龄便会遇到成长来敲门，人于是从小孩变成了大人。

当我们站在海边观看浪潮，就会发现其中一浪打到了最远的岸上，退潮后好一会儿都没有海浪可以超越它。但只消一眨眼的工夫，突然就扑来更大的浪潮，把刚才还遥遥领先的最高纪录抹得一干二净，又创造出新的纪录来。同样，也许你暂时比其他人领先，骄傲地以为自己就是那个天之骄子，就在你自鸣得意之时，你认为最普通不过的一个人突然就超越了你，取代你成为人类浪潮中最高的一浪。

---

① 蒲柏（Alexander Pope，1688—1744），英国诗人。

② 戈弗雷·内勒（Sir Godfrey Kneller，1646—1723），英国宫廷画师。

③ 西德尼·史密斯（Sydney Smith，1771—1845），英国作家。

④ 提莫休斯（Timotheus of Miletus，公元前446—公元前357），古希腊诗人、音乐家。

阿佩里斯[1]走遍全希腊，花费多年的时间研究漂亮女人，取她们身上最精致的部位、最迷人的神态或最优美的动作，完成著名的维纳斯画像，迷倒了全世界。我们也应当学习阿佩里斯的创作方法，即吸取不同人的优点，而不是缺点，造就最完美的自己。自信、自然、感性、意志坚强等都是造就完美品质、登峰造极的重要元素。

多么完美的人啊！“他思想高尚，才华横溢；形体可爱，作风可敬。就像天使一样善良，像上帝一样洞察万物。他是完美的化身，是天地万物的典范。”

首先，他必须先是好的木材。最坚实的木材来自最粗壮健康的树。这样的木材才可以制造出最坚固的船桅、最优质的钢琴以及雕刻出最精致的作品。因此，如何成长为一棵大树便成了首要的任务。只要有耐心，在时光老人的浇灌下，小树苗总有长大的一天。在成长期间，教育、纪律以及人生历练就决定了小树苗是否能够成长为德智体全面发展的好木材。

能够帮助年轻人培养良好品格的，是其对人生的态度和决心。人生的旅途一开始，这两点就足以决定他的一生是好是坏，是有价值还是碌碌无为。如果他放纵自己，自毁名誉，那么他的整个人格都将遭到质疑。如果他一错再错，那么他将失去人们对他的信任，最后身败名裂，残留的一点尊严都不复存在。

如果他在年轻的时候便许下一生都不说谎的承诺，承诺永远坚持事实和真理，并一诺千金地遵守诺言，时刻警醒、鞭策自己，不让自己的名声受到任何损害；如果他始终坚持，善始善终，就会像乔治·皮博迪[2]一样获得无限的信用担保，让所有人都对他产生信心，从而成长为材质优良的原木头。

拥有皇宫和随从，凭借一张地契能在整个美洲通行无阻，并垄断了海上贸易权，但那又如何？跟一张在诽谤者面前不改颜色的脸孔，一副在揭露真相时平静坦荡的胸膛，一颗没有遭到一丝玷污的纯洁心灵相比，是显得如此渺小。真正的人不曾冤枉陷害他人，不曾在没有天使的见证下随便在纸上签下自己的名字，不轻易受到诱惑，不为了个人的欲望和满足去拿不属于自己的东西。诚实、正直是他们生活的原则。

他的思想是一座高耸入云的塔楼，
地基打得牢牢的，
任凭恐惧或诱惑侵袭，
或者飓风袭击，

① 阿佩里斯（Apelles），古希腊画家。
② 乔治·皮博迪（George Peabody，1795—1869），美国19世纪著名银行家，摩根财团的创始人。

都不会掉进虚荣和怨恨里；
他的安静不被打扰，
稳稳当当地坐在那里，
高耸于人类的一片无垠荒地之上。

这首诗夹在比彻图书馆的一本书里。

没有比做好自己更让人心满意足，这样的人不需要别人的帮助和指引，完全依靠自己走向人生的终点。让·保罗·里克特说：“我已经做到我力所能及的最好程度了，没人还能对我提出更多的要求。”

人是宇宙中唯一的高级动物。多少个世纪以来，人类不断进化，以求达到最完美。然而，最完美的人类典范只出现在寓言故事中。

国家由什么组成？
森严高耸的城墙，辛苦运来的沙土，
还是铁壁铜墙，城池大门？
抑或是让城里人自豪的尖塔，
还是广袤的海湾和巨大的港口，
富裕的海兵大笑着航行？
还是金碧辉煌的法庭？
四处弥漫着廉价的香水味；
都不是，人才是一个国家的细胞，
人的品格击败了兽性；
在丛林灌木、大森林中，
荆棘丛生，野兽横行，
只有人带着自己的使命，
手握自己的权利，
解开束缚，
打倒了暴君。

——威廉·琼斯[①]

① 威廉·琼斯（William Jones，1746—1794），英国语言学家、东方学家。

上帝赋予我们人的使命
时代需要意志坚强、心灵强大的人
他们信念坚定，为实现目标做好了准备
不轻易受到诱惑
不同流合污
有自己的主见
有要维护的荣誉
不撒谎
敢于站在强权面前
责备小人的阿谀奉承
无论工作还是生活
他们都是头顶太阳的巨人
高高站在迷雾之上

——佚名

敞开你的胸怀，放宽你的视野，
做快乐、高尚的人！
承认思想的无垠，
从一无所有到与上帝为伍！

——扬

“智者除了要求成为简单、谦虚、勇敢、真诚的人，
不再向命运索求更多。”
智者
讲话得体，风度翩翩；
态度谦虚，待人恭敬；
心地善良，勇敢无畏。

——埃德温·阿诺德[1]

---

① 埃德温·阿诺德（Edwin Amold，1832—1904），英国诗人、记者、作家。代表作：《亚洲之光》。

第二章

勇敢一点

要敢于坚持自己的信念，为自己在这个世界争得一席之地。拥有勇敢之心的人，总能得到一切帮助。

斯巴达人从来不问敌人有多少，我们只关心敌人在哪里。

——阿吉斯二世[①]

勇敢即高贵，让我们像罗马人一样，骄傲地迎接死神吧。

——莎士比亚

宁可战死沙场，也不转身逃跑；像赫克托一样战亡，也比披着华丽外表落荒而逃的帕里斯强。

——朗费罗

让我直面敌人，在战斗中死去吧！

——贝亚德[②]

想要打败我，没那么容易。

——拜伦

在危险时刻能够拿出勇气，战斗便成功了一半。

——浦劳塔斯[③]

瞻前顾后的人，永远办不成大事。

——乔治·艾略特

命运女神垂青勇敢者。

——德莱顿[④]

你轻轻地触碰荨麻，荨麻狠狠咬你；你一把抓住了它，它却瘫软如丝。

——亚伦·希尔[⑤]

人只为敢于推开他们的人让路。

——波威

正确的事，就放手大胆去做；除了不正当的勾当，没有什么是可害怕的。

——菲比·凯利[⑥]

---

① 阿吉斯二世（Agis Ⅱ），古希腊斯巴达国王。

② 贝亚德（Bayard），法国16世纪“无畏无暇”的骑士。

③ 浦劳塔斯（Plautus），古罗马剧作家。

④ 德莱顿（John Dryden，1631—1700），英国诗人、戏剧家。

⑤ 亚伦·希尔（Aaron Hill，1685—1750），英国作家。

⑥ 菲比·凯利（Phoebe Cary，1824—1871），美国诗人。

心软，有时候是软弱的体现。

——洛威尔

噢，朋友，既然已经起航，就不要害怕。要么你赶紧回来，要么听天由命，坦然地面对大海。

——爱默生

在火刑台上始终保持微笑，从容接受无法逃脱的结局，诚然是勇敢的表现。然而，真正的光荣，却在于改变不可改变的现实，摆脱束缚，自由向前奔跑。唯一的羁绊，只有做人的责任。其余的，都让我心中的火焰熔化吧。

——弗雷德里克·威廉·罗伯逊[①]

“镇定！作为军人，我们要在自己的岗位上英勇作战至死！”科林·坎贝尔[②]在巴拉克拉瓦战役中对九十三名苏格兰高地人如此说道。当时俄国的装甲兵正以横扫之势汹涌而来。在坎贝尔的鼓动下，士兵们齐声答道：“是！我们要奋战至死！”

在阿尔马河战役中，一位军舰舰长喊道：“把国旗带上！我们撤退！”正当军队开始撤退时，海军上尉却依然坚守阵地，高呼：“不许撤退！举起我们的国旗往前冲！”法国革命领袖丹东[③]在带领法国人抗击敌人时也说：“我们必须勇敢、勇敢再勇敢！”

1789年6月23日，米拉波对带来国王撤退命令的大臣说道：“在全法国人民的大会上，您有什么资格代表国王讲话？我们已经听说了那些假传圣旨的事情，你没有资格当国王的信使。回去告诉派你到这里来的人，说我们代表的是人民的力量，除了战败，什么也不能叫我们投降。”

古罗马元老院特地召开大会，恳求雷古拉斯[④]不要因为一个不得已许下的诺言回迦太基送死。雷古拉斯平静地说道：“难道你们打定了主意要我失信？就算他们打算折磨我甚至把我杀死，也总比让我背负言而无信的罪名要好。我尽管沦为迦太基的战俘，但骨子里还是一个罗马人。我既然已经立下了回去的誓言，就必须言而有信。至于生死与否，就要看神灵对我的眷顾了。”

玛丽一世登基后，不久就判处了克兰默死刑。尽管他曾经在亨利八世的专政和淫威下，可悲地选择了妥协，在面对自己的最终命运时，却表现出可嘉的勇气。他

---

① 弗雷德里克·威廉·罗伯逊（Frederick William Robertson，1816—1853），美国圣公宗主教大人。

② 科林·坎贝尔（Collin Campbell，1792—1863），维多利亚时代的英国陆军元帅。

③ 丹东（Georges Jacques Danton，1759—1794），法国大革命时期的著名领袖、政治家。

④ 雷古拉斯（Regulus），古罗马将领，以言出必行著称。

为自己在亨利八世发动的六次宗教变革中的懦弱表现寻求女王的宽恕。女王没有同意。3月21日，得不到原谅的克兰默被押至牛津圣马利亚教堂。在那里，他复杂矛盾的个性突然获得了抗击软弱的力量，平静地听他讲话的人说道："我终于可以结束长久以来良心的不安折磨了。我曾经因为贪生怕死，写了许多违背事实的文章。就是这双手写下违背我本意的文字，既然我因此得罪，就让它们最先接受刑罚吧。"他把手伸向大火，说道："你们亲手犯下罪恶，应当先受惩罚。"克兰默任由双手被火焰吞噬，"他一动不动，也不哭喊，直到生命结束。"

"假如我是男孩儿就好了！"14岁的丽贝卡感叹道。她在马萨诸塞州西图亚特的某灯塔里，往窗外眺望，看到停泊在港口的英国军舰。当时正值1812年，美国和英国处于交战状态。她的朋友莎拉·温莎问道："你想做男孩儿干什么？"丽贝卡指着窗外五艘载满士兵的大船，船上个个身穿深红色制服，对着停泊在港口的其他船只放火，破坏这个城市。她回答道："他们一艘船就载了那么多的人，再看看他们的枪！如果我是男孩儿，不管拿的是父亲的旧猎枪，还是任何其他武器，我都一定跟他们拼了。就开叔叔的新船过去，还有那些小帆船！可现在我只能坐在这里干看，一点忙都帮不上。父亲和叔叔都到乡下去了，我知道他们都在全力为战斗做准备，这里却如此安静，连一个男人都看不到！"莎拉回答说："噢，那是他们都埋伏起来了，等敌人一靠近，我们就能听到枪声和锣鼓声。""那个鼓！"丽贝卡叫道，"那个鼓在这里，爸爸昨晚带回家修理了！噢，他们没办法敲鼓了，看到了吗？敌人的船在靠近小帆船，他们肯定会把鼓烧毁的！那个鼓在哪里呢？我真想跑下去找到它，我们可以躲在沙堆和灌木丛后面。"此时小帆船突然起火，两个女孩儿激动万分。她们抓住了机会，躲避过贝茨太太的视线，找到了鼓和一把旧笛子，就悄悄地溜了出去。她们迅速跑到一排小沙丘的后面，"咚咚咚咚""唧唧呼呼"地敲起了鼓，吹起了笛子。埋伏在城里的男人以为波士顿来救兵了，马上振奋起来，冲上敌船攻击敌人。当女孩儿用笛子吹响《扬基歌》时，英军被镇住了，他们停止了进攻，调转自己的船，匆匆忙忙地划回军舰，扬帆顺着风势逃跑了。

1750年的一天，阳光灿烂，北弗吉尼亚州一支森林考察队正在享用午餐。突然，一个女人尖叫了起来，声音刺穿寂静的森林，一阵接着一阵，惊动了考察队的队员。他们冲进树丛，寻找尖叫声的来源。一个年轻的队员闯进了女人的视线。女人向这个只有十八岁的高壮小伙哀求道："先生，请帮助我！让你的朋友放了我吧。我的儿子，我可怜的孩子，他就快淹死啦！而这些人却不肯放开我！"其中一个人说道："这女人疯了，老想往河里跳，不消一会儿急流就能把她冲得粉身碎骨！"年轻人却二话不说，脱掉外衣冲向河岸。他往河里扫了一圈，发现男孩儿浮出水面的衣服，立即跳进了汹涌奔流的河里。男孩儿的母亲哭道："谢天谢地！他会把我儿子救出来的！"所有人也都跑到岸边来看。"噢，我的孩子！他在那里！我的儿啊，妈妈怎么能够离开你！"

所有人都将眼光聚焦在年轻人身上，希望他足够强壮，不要被河底的旋涡卷晕。河流十分湍急，涌起了点点白沫。年轻人眼看就要被冲到一块突出的岩石上，突然又来了一股旋涡，把年轻人卷了进去。旋涡的吸力太大，他不容易摆脱。而男孩儿则两次消失在人们的视线之中，甚至还差点被冲到最危险的区域。尽管如此，他还是很快又重新出现。那里的河水流得特别急，从来都没人敢靠近，就是划着小舟也不敢从那里经过，免得落个粉身碎骨的下场。年轻人加倍了力气，有三次都差点抓住了孩子，然而一阵涡流又把他们冲散。他做出最后努力，用自己强壮的右手紧紧地抓住了男孩儿。突然，人群中发出一片惊叫声，年轻人和男孩儿被一个浪潮打下，齐齐消失在奔涌的河流里。

"看，他们在那里！"男孩儿的母亲狂喜道，"他们安全了！噢，上帝！感谢上帝！"年轻人和男孩儿从奔腾的河流里死里逃生，几分钟后游到河岸的低处，在众人的帮助下爬上了岸。男孩儿虽然神志不清，但还活着。而年轻人则累得筋疲力尽。"上帝会回报你的，"男孩儿的母亲庄严地感激道，"为了你今天的义举，他将赐予你最宝贵的礼物。而我对你的祝福也将与上帝同在。"

这个年轻人便是美国的第一任总统乔治·华盛顿。

"您风度翩翩，看上去并不像是盲勇之人。"颅相学家对威灵顿说道。"是的，"这位铁爵爷回答，"我的理智就曾告诉我，在第一场战役的时候，我就应该撤退。"威灵顿第一次带兵打仗是在印度，据说那是一场异常可怕的战役。

拿破仑节节败退，在阿尔西遇到了联军。一枚炮弹射到了营前，人人自危，都往后撤退，担心会爆炸。拿破仑为了稳住军心，策马跑到炮弹跟前，不为所动地等候爆炸。他被炸飞了，跟马的尸体一起滚在硝烟尘中，竟毫发无损地站了起来。士兵鼓掌喝彩，拿破仑只是很平静地牵来了另一匹马，径直就朝战斗的最激烈的方向奔去，勇敢无畏地穿梭在葡萄弹林中。

杰克逊将军在殖民地当法官的时候，一天开庭，闯进来一个亡命徒，凶暴地扰乱法庭。杰克逊下令拿住暴徒，却没有一个警察敢上前去。"把治安小队叫来。"杰克逊命令道。依然没人敢动。"好吧，那就我自己亲自动手吧。"杰克逊宣布"休庭5分钟"后站起身，走到暴徒面前，气势汹汹地盯着他看。慑于法官锐利的眼神，暴徒不自禁地放下了武器。之后此人解释道："当时他的眼睛里有一种力量叫我不得不屈服。"

法国总统卡诺卸任前做的最后一件事，就是派人给住在印第安纳州的一位美国小女孩儿送去了荣誉军团勋章。事情的缘由是这样的：当时有几个法国的著名人士坐在开往芝加哥的火车，准备去参加万国博览会。火车行驶在潘·汉德铁路上，这位名叫珍妮·凯丽的十岁女孩儿正好在附近。她发现轨道着火了，知道如果不迫使火车停下，可怕的事故就会发生。于是小女孩儿跑到轨道中央，站在火车驾驶员看得到的地方，脱下身上穿着的红色法兰绒裙，来回地挥动裙子。驾驶员看到了，急忙刹停火车。车上七百名乘客都因为珍妮的勇敢和机智而逃过一劫。几位法国名流回国后，把事情的经过告知卡诺总统。总统于是给女孩儿送去了这个法国最著名社团的勋章，以表彰女孩儿的勇敢和善良。

在福特·多纳尔森战役中，受伤的士兵都被抬到木板车上送下山。很多人在到达圣路易斯前就不行了。一个蓝眼睛的十九岁男孩儿，他的双手和双脚都在战斗中被炸碎。他躺在车上，发现没人注意他，便说道："他们都急着要上前线杀敌，没有时间管我们。如果他们取得了胜利，这点伤痛又算什么。就算我们没有救了，我们也发自内心地感到喜悦。"

法国国王路易九世[①] 在第七次十字军东征的曼苏拉战役中被土耳其人擒获。他的妻子玛格丽特王后在几公里以外的达米埃塔诞下了婴儿。异教徒重重包围城堡，大军压进，有人甚至提出了投降的建议。王后召集骑士，表示自己宁愿穿着铠甲战死在城墙上，也不会拱手把达米埃塔让给敌人。

王后掷地有声的话语，
像风吹过树林，骑士一个个震动不已；
他们在心底悄悄涌起，
一股高尚的情绪。

拿起了长枪，举起盾牌，他们个个誓死保卫王后，保卫城堡。达米埃塔也因此得救了。

皮洛士[②] 带领大军达到斯巴达，打算帮助被放逐的斯巴达王族克莱奥尼姆[③] 重夺政权。他悄悄把军队驻扎在拉哥尼亚，认为不会遇到多少抵抗。斯巴达人得知消息后惊骇万分，连忙召开会议，决定先把女人送到克里特岛避难。斯巴达妇女集体请求

---

① 路易九世（LouisⅨ，1214—1270），法国卡佩王朝第九任国王，被奉为中世纪的君主楷模。

② 皮洛士（Pyrrhus），古希腊伊庇鲁斯国王。

③ 克莱奥尼姆（Cleonymus），古希腊将军。

阿奇达米亚王后起来表示反对。王后带着佩剑闯入会议，告诉在场的所有男人，他们的妻子绝不苟且偷生，而要留下来同斯巴达共生死。

我们是勇士的母亲、妻子，
我们绝不退缩。
用我们的头发弯弓射箭吧，
我们用生命为你们筑起围墙。

说完，女人们立即赶到城墙，不眠不休地帮助丈夫和儿子挖战壕。皮洛士第二天发动进攻，遇到顽强抵抗，最终只能从拉哥尼亚撤兵离去。

1547年，西班牙国王查里斯五世在米尔贝格战役后返回斯瓦比亚，途经图林根州。他给施瓦兹堡伯爵的遗孀凯瑟琳写了一封信，表示只要她答应以合理的价格卖粮食给他们的士兵，他将保证军队在经过她的领地时不打扰她的人民，也不损坏他们的财产。在快到达鲁道尔施塔特的时候，阿尔瓦将军和布伦兹维克的亨利王子以及他们的儿子派遣信使告诉伯爵夫人，他们希望跟伯爵夫人共进早餐。伯爵夫人没有选择，只好答应。等客人就座完毕，伯爵夫人暂告离席，得到消息说西班牙人用武力胁迫农民，抢走他们的牛。

伯爵夫人秘密武装侍从，关好城堡里所有的门，回到宴会指责西班牙人出尔反尔。阿尔瓦将军解释道，军队到了一个地方，向当地百姓索取一点东西是战争的惯例，请伯爵夫人不必在意。凯瑟琳道："那我们就等着瞧！要么你把牛还给我的百姓，要么，哼，就用你们王子的血来偿还！"说毕，一群全副武装的侍卫打开门进来，把服侍宾客的仆役全部抓住。亨利王子脸色大变，随即又突然大笑起来，称赞伯爵夫人勇敢机智。他许诺一定让阿尔瓦将军下命令返还他们的牛。直到来人报信，确定西班牙的士兵执行了命令，凯瑟琳才解除武装，并感谢王子一言九鼎，没有难为她的臣民。

如果没有印第安女孩的舍命相助，被波瓦坦国王判处死刑的约翰·史密斯船长[①]不可能活得下来。当时，印第安人在殖民者的统治下苦苦挣扎，他们绝不可能放过身为殖民者之一的史密斯。

罗马执政官喊道，桥就要垮啦，快回来！拉修斯和赫米纽斯纷纷飞奔回营，而贺雷修斯却继续逼近敌人。他是罗马的勇士之王，敢于单挑9000名敌人的英雄。托

① 约翰·史密斯（Captain John Smith，1580—1631），早期英国殖民者、探险家，在弗吉尼亚建立第一个永久英国殖民地。

斯卡纳人为罗马人的胆量感到震惊，军队顿时鸦雀无声。贺雷修斯趁机大声谴责托斯卡纳人的卑鄙，指责他们是入侵的背叛者。他那清晰洪亮的声音传到台伯河的对岸，不仅敌军，连罗马军队的上千名士兵也都听见了。突然，一声巨响淹没了贺雷修斯的声音，一捆捆木头被推进幽深的河里，激起了千层浪。敌人反应过来，即刻齐齐发箭射击。贺雷修斯举起盾牌，敏捷地躲过了箭雨，跳进台伯河逃生。尽管他被敌人的长矛刺中脊背，足以使他终生残疾，他还是安全地游回了罗马。

埃里克打算出海探险，在骑马前往格陵兰岛海港的途中，他的马突然滑了一跤摔倒在地。埃里克向雷德表达了自己的担心："我恐怕这是不好的预兆。如果出门不利，我还是不要冒险的好。"于是他又折回家去。他的儿子利夫不愿意改变计划，依旧带了35名船员向南航行，寻找两三年前比阿尼船长乘坐"威金"号被暴风卷到的那个神秘海岛。他们航行中遇到的第一个岛是一个土地贫瘠的岛屿，那很可能就是现在的拉布拉多半岛。因为岛上有很多扁平的石头，利夫于是将其称为"石头之城"。他率领船队继续航行，经过好些天，来到一个被森林覆盖的低洼岛屿，利夫称之为"马克兰岛"，很有可能就是现在的新斯科舍。接着，利夫的船队又发现了一个长满野生葡萄的岛屿，并将其称为"文兰岛"，是盛产葡萄的岛屿的意思。那里现在是罗德岛州纽波特城的所在地，利夫发现它的时候是在公元1000年。他们的航行很成功，满载了一船美味多汁的葡萄和各种稀奇的木材凯旋回乡。埃里克为此后悔不迭，埋怨自己不该被所谓的凶兆吓倒。

1796年5月10日，拿破仑当着奥地利炮兵连的面，成功地拿下洛迪桥。据说当时有14架大炮（有人说是30架）对准拿破仑的军队，大炮后面更是驻扎了6000名敌军。拿破仑召集4000名投弹手冲锋陷阵，前面仅留300名马枪骑兵作掩护。鼓声一起，隐藏在街边围墙的主攻队伍便要冒着枪林弹雨冲到桥前，拿下洛迪桥。葡萄弹和霰弹像冰雹一样迎面射来，冲在最前面的军队就如同割稻人面前的稻穗，一排排地倒下，甚至连小分遣队也要被迫后退，最勇敢的投弹手也被眼前的任务吓倒。拿破仑没有责备任何人，自己冲到最前线。他的侍从和将军也纷纷跟随他冲了上去。拿破仑带领军队一路厮杀，不到一分钟就踩着敌人的尸体前进了200码。奥地利军队顿时吓呆了，拿破仑已经带领军队突破了大炮的射程，他们的大炮不再具有威胁性。突然，奇迹般地，奥地利的大炮手们竟然弃炮逃跑了。他们的掩护军队也不敢向前与拿破仑正面交锋，一个个都落荒而逃。拿破仑铤而走险但不贸然行动。他矮小的身材和巨大的大炮形成鲜明对比，从此人们便打趣地称他为"矮小的陆军下士"。

圣女贞德之所以成功带领法国军队阻挡了英国的入侵，其原因也在于她在组织进攻时有过人的胆识。

斯蒂芬·科隆纳落在敌人手里，他们嘲笑道："你的堡垒去哪里啦？"斯蒂芬把手放在胸口上，不卑不亢地答道："在这里。"

墨西哥战争[①]期间，麦克莱伦将军受聘到太平洋海岸考察那里的地质情况。他从温哥华总部出发，在一名士兵和一个仆役的陪伴下南下到哥伦比亚河。一天晚上，生活在哥伦比亚河边的印第安族人派来信使，请他到村里和部落的首领商讨事情。从送信人的语气中，麦克莱伦猜出会是一场鸿门宴，于是先让两名同伴收拾好行囊，随时准备逃跑，然后平静地跨上马，往当地部落赴会去了。部落里约有三十名首领在开会。麦克莱伦被安排坐在索尔提斯的右边。他很熟悉切努克人的方言，所以对会上说的话都听得一清二楚。有两个印第安人被一群白人当贼抓获，判处了绞刑，并已经在森林里被处决了。索尔提斯代表村民表达了对死者的哀悼。族人义愤填膺，誓要血债血偿，不报仇似乎是不可能的了。族长们沉吟良久，都没有下定决心。虽然麦克莱伦对他们很友好，此事也与他无关，但他是白种人啊，他们已经发过誓要向任何一个白人实施报复。几小时过去了，会议终于达成一致的决定，他们的最高首领索尔提斯正式宣布，立即处决麦克莱伦，为死去的族人报仇雪恨。

麦克莱伦一言不发，他知道辩解和请求都不会有用。他一动不动地坐着，摆出一副无所谓的样子。他无动于衷的表现放松了警卫对他的戒备。对他的判决一宣布，麦克莱伦像闪电一样行动起来。他迅速控制住索尔提斯，用左臂箍紧索尔提斯的脖子，抽出手枪顶住他的太阳穴，命令道："撤销刚才的判决！否则我立马毙了你！"麦克莱伦用手指不停地拨弄扳机，吓得索尔提斯马上说道："我撤销！我撤销！"麦克莱伦道："我还要你承诺我可以安全离开这里！"索尔提斯马上回答："我答应你。"麦克莱伦知道索尔提斯是在高度恐惧中许下诺言的，他把手枪放下，松开索尔提斯，拿着手枪大步走出了帐篷。没人上前来拦他，他骑马回到自己的营地，跟随他的两名伙伴也准备妥当了，跨上马逃离了村庄。麦克莱伦凭借快速的判断力和对印第安人的了解成功保全了自己。

1856年，鲁弗斯·乔特[②]为帮助詹姆斯·布坎南[③]竞选总统，在洛威尔礼堂对将5000多名观众演讲。礼堂突然发生了地陷，并越陷越深。礼堂底下传来木头的破裂声，如果没有本杰明·富兰克林·巴特勒[④]的冷静，恐怕将引发一场可怕的踩踏事件。巴特勒要求听众原地不动保持安静，他要去查看事故的原因。他发现支撑礼堂的木柱已经很脆弱了，一点掌声都有可能致使礼堂倒塌。巴特勒故作轻松地回到讲

---

① 墨西哥战争（Mexican War，1846—1848），因墨西哥边境问题和美国的扩张主义爆发。

② 鲁弗斯·乔特（Rufus Choate，1799—1859），美国知名律师及演说家，1831—1833年任美国众议院议员。

③ 詹姆斯·布坎南（James Buchanan，1791—1868），美国第十五任总统。

④ 本杰明·富兰克林·巴特勒（B.F. Butler，1818—1893），美国律师及政治家，马萨诸塞州的第三十三任州长。

台，悄悄对乔特说："我们最多只有5分钟了。"然而，他却向全礼堂的人宣布，只要他们保持秩序，慢慢地走出礼堂，就不会那么快出现危险。他接着补充道，危险的中心就在讲台底下，那里的支柱最为脆弱，他们将等全部人都解散后才离开。因为巴特勒的冷静，5000多条生命保存了下来。

来自国内外的著名政治家都参加了一次时髦的酒会，他们想喝多少酒都没有限制。美国副总统斯凯勒·科尔法克斯[①]却拒绝了一位议员的敬酒。喝多了的议员嘲讽他道："科尔法克斯总统居然连喝酒的胆量都没有！"这位副总统回答道："没错，我确实不敢喝。"

几年前，格兰特[②]拜访休斯顿市，受到了隆重的款待。休斯顿市民除了希望能给将军一个宾至如归的宴会，还下定决心要体现出休斯顿与其他南方城市的不同，用别出心裁的宴会表达对将军的热情和祝福。他们为准备宴会花了不少工夫，甚至忍痛割爱拿出珍藏的美酒，供客人品尝。当晚，上酒的时间一到，宴会经理就首先把酒端到格兰特面前。这位将军竟不置一词就把酒倒掉了。全场的得克萨斯人都大吃一惊，但并没有表现出来，而是一起学着格兰特将军，默默地倒掉了酒。

在法国诺杨，某下水道正在抢修，等到晚上停工，工人忘记盖住下水道的口或者设置指示灯警告行人。到了深夜，四个人掉了进去，很久都没人发现。等有人前来救援了，又没有人敢下去，除了凯瑟琳·瓦森。井底的人都因为吸入有毒气体昏迷了。凯瑟琳一下去就把身体蹲下，避免吸入毒气。她用绳子绑住其中两人，帮助他们恢复意志后协助救援队将他们拉出去。绳子再次抛了下来，女孩儿绑住了第三个人，突然感到呼吸困难，赶紧就把绳子绑住她长长的鬈发，不久就晕过去了。两人都被迅速拉上地面，女孩儿一呼吸到新鲜空气马上就醒了过来。然而，因为她在关键时刻晕倒，最后一个人没来得及救出来，再去拉出来的时候已经死亡了。

两名法国军官在滑铁卢战役中被派去冲锋陷阵，敌人是一支超级强大的军队。其中一人看到同伴显示出害怕的迹象，就揶揄道："先生，我肯定你是害怕了。"另一个人回答："是的，我很害怕。但如果你有我一半害怕，相信你已经逃跑了吧。"

威灵顿看见一个士兵虽然被吓得脸色发白，却依然继续前进迎接炮弹的袭击。他称赞道："这才是真正的勇敢！明明知道山里有老虎，还有走进虎山的胆量！"

路德的一个朋友对他说："沃尔姆斯遍地都是主教，他们会把你烧成灰的，就像对待约翰·赫斯一样。"路德回答："尽管他们放的火从沃尔姆斯蔓延到威腾

① 斯凯勒·科尔法克斯（Schuyler Colfax，1823—1885），1863—1869年任众议院议长，1869—1873年任美国副总统。

② 格兰特（Ulysses Simpson Grant，1822—1885），美国军事家、第十八任美国总统。

博格，甚至到天堂，我也照样穿得过，完好无缺地站在他们面前。”他还说：“无论沃尔姆斯隐藏了多少恶魔，就算像屋顶上的瓦片那么多，我也照样去那里。”有人警告他道：“乔治公爵不久就会派人来逮捕你。”路德答道：“如果上帝叫我离开，我二话不说马上出发。否则，就算周围全是乔治公爵也赶不走我。”

“我就站在这里，不会逃跑，上帝啊，请助我一臂之力！”路德在沃尔姆斯的宗教会议上，对他的敌人如是说道。

欧洲某报采访了南北两派经历过内战的老兵，请他们描述内战期间目睹过的最勇敢行为。汤姆斯·希金森上校讲述道，有一次他们受邀到博福特家里进餐，人人都在喝酒讲三流笑话，唯独一个看上去有点孩子气的纤瘦男子滴酒不沾。宴会的主人不依了，要求男子要么给大家敬酒说几句话，要么讲个故事或者唱首歌给大家取乐。男子答道：“我不会唱歌，但我可以给大家敬酒，不过是以白开水代酒。而我要演讲的题目是：我们拥有同一个母亲。”在场的人都被感动了，他们为自己感到羞耻，有人甚至拉住男子的手表示感谢，认为他的行为比挺身走向大炮更有勇气。这名男子便是著名的米诺大夫[①]。

身为贵格会的一员，如果没有很大的勇气，约翰·布赖特[②]怎敢去惹怒国会？多年来他都处于一片谩骂声中，要不是足够坚强，有雄辩之才，他也许早就遭受政治迫害了。他曾经对一个到处吹嘘自己是征服者后裔的人说：“除了发动战争，我从没听说你的祖先还做过什么。”保守党派某贵族公子在布赖特生病时宣扬，布赖特之所以得偏头痛，是上帝在回收赐予他的一部分天赋。布赖特病好后重返众议院对此回应道：“也许真是那样。不过对于那些没有机会让上帝收回一点智慧的人来说，也算是一种安慰吧。”

荷马说：“一个意志坚定的年轻人初入社会，以出身牛犊不怕虎的精神，敢在老虎口上拔牙。他惊讶地发现，原来老虎也并不可怕，尖利的獠牙也不过是用来吓唬探险者的。”

当别人都在点头哈腰，乞求称赞和权力，年轻的你是否有勇气挺直腰板，坚守立场？当别人都打扮时髦，穿着体面，年轻的你是否有勇气拿出过时的衣服，昂头过街？当别人都抛弃道德，靠欺骗发财，年轻的你是否有勇气保持纯良，不为五斗米折腰？当别人都说“是”，尽管口是心非，年轻的你是否有勇气说“不”？当别人都背信弃义，用尽手段捞名捞利，年轻的你是否有勇气默默履行职责，无怨无

① 米诺大夫（W.C. Minor，1834—1920），牛津字典的重要供稿人，患有精神疾病的天才，曾在美国南北战争期间担任北方联邦的军医。

② 约翰·布赖特（John Bright，1811—1889），英国激进自由主义政治家、著名演说家。

悔？年轻人啊，你又是否有勇气把最真实的自己呈现给世人，甚至包括你的缺点，都毫无隐瞒？

被世人孤立，受尽嘲笑和冷漠，误解和打击，责难和批评，还能够坚持自我，其勇气必然过人。

> “我们像奴隶一样懦弱，连坚持一次真理的勇气都没有。”
>
> “没有人希望面对一只朝自己狂吠的犬。”
>
> “宁为落难虎，不做得意犬。”
>
> “龇牙咧嘴犬，拦路吠不止。
>
> 见君露怯意，逞凶扑身咬；
>
> 见君目坚定，夹尾回头跑；
>
> 君取骨头唤，舔足摇尾欢。”

滑稽的是，很多人唯唯诺诺地活着，不敢做真实的自己，竟是害怕别人的议论和取笑。

> 懦夫是自己造就的，
>
> 他为了迎合别人否定自己，生怕遭人耻笑；
>
> 英雄是自己造就的，
>
> 他为了真理和道义坚守立场，生怕自己害怕退缩。

如果一个年轻人总是害怕说出自己内心的真实想法，那么他将来就会连想都不敢想了。

我们附和大众，没有勇气承担自己的抉择，亦步亦趋地学别人生活。不敢离经叛道，不敢穿不符合潮流的衣服，甚至连看病做礼拜，都不敢尝试别的医院或教堂。甚至连看医生做礼拜，都不敢远离学校附近的医院和教堂。无论在穿着、生活起居、雇请用人、乘坐马车等各种各样的事情上，我们都想跟随主流，免得被人冠以怪人的称号。有多少人有勇气过自己喜欢过的生活，用自己的方法处理工作上的事务，然后指着格伦迪夫人[①]的鼻子说道：去你的吧！

作为公众人物，不对公众的偏见屈膝投降，需要勇气。处于某种不益健康甚至

① 格伦迪夫人（Dame Grundy或Mrs. Grundy），作家托马斯·莫顿笔下的人物，是个过分注重规矩、拘泥礼节的人。

败坏道德的社会风气之中，拒绝随俗浮沉也需要勇气。在议会上赞成别人所不赞成的，往往比冲锋陷阵更叫人佩服。官场上，模棱两可处处逢迎谁不会？最难能可贵的，是坚持自己的观点，誓不相从。

古怪的人，往往也与众不同。有多少女人，宁愿被冠以格伦迪夫人的绰号，也不愿失去自我的个性。我们恐惧的，往往只是恐惧本身。

圣勃夫[①]说："无论你是谁，是天才，是人才，是受人尊敬的艺术家，还是富有同情心的诗人，都不要过于依赖自身的天赋，因为不是所有人都会钦佩你。即使你是维吉尔[②]，虔诚而又敏感的心灵歌者，还是有人会质疑你的不凡，把你看作女人气的矫作诗人。即使你是荷马，才华横溢兼心灵纯净，还是有人要指责你的作品，认为它们不够高雅。即使你是莎士比亚，还是有人要骂你是发酒疯的野蛮人。即使你是歌德，恶意中伤你、说你是世上最自大自私的人也不在少数。"

再强壮的身体也有脆弱的地方，再勇敢的英雄也有害怕的时候。彼得是条铮铮铁汉，他在主人危急的时候奋不顾身拔剑挺身而出，却忍受不了区区几个女仆的嘲笑。她们在大祭司的殿堂里指着他的鼻子叫骂，他就可以置自己誓死保护的主人于不顾。

安德鲁·杰克逊[③]在一次重大事件的处理上违背了总统约翰·昆西·亚当斯的命令。他说道："一切都由我负责。"当时，就连国会都不敢违抗总统的意见，安德鲁说的这句话很快便家喻户晓了。

你真的想在这个世界取得什么成就吗？那就不要害怕承担责任！失败的风险不可避免，随之而来的也只有扑面而来的批评声和嘲笑声。把自己置于世人嘲弄的中心自然需要很大的勇气，但如果我们连面对自己的勇气都没有，又哪来勇气去藐视世俗的偏见，开发自身的潜能，追随自己的命运，在属于自己的道路上修成正果，散发人性的光辉。世人没有不喜欢英雄的，正如年轻人没有不希望成为其中之一。他们爱听伟人的故事，还找书来看以便加深了解。血腥暴力的小说尽管廉价低俗，但因为主人公的英勇行为，年轻的读者依然爱不释卷。如果我们不多出版真正英雄的故事，那么我们的孩子就只能阅读那些虚构的杜撰了。

千万不要学尤赖亚·希普[④]，表现出一副卑微可怜的样子，以乞求别人的怜悯为生。羞怯或胆怯并不是性格可爱的表现，相反，是一种病态，只会让人感到不耐烦和厌恶。像男子汉一样拿出勇气来吧，体面、有尊严地做人。最差劲的人就是那

---

① 圣勃夫（Sainte-Beuve，1804—1869），19世纪法国文学批评家。

② 维吉尔（Virgil），古罗马诗人，史诗《埃涅阿斯纪》的作者。

③ 安德鲁·杰克逊（Andrew Jackson，1767—1845），美国第七任总统，美国第一位平民出身的总统。

④ 尤赖亚·希普（Uriah Heep），狄更斯小说《大卫·科波菲尔》里的人物。

种“强烈意识到自己的身份低微，却故意虚张声势假装清高”。

布鲁诺[①]在罗马被判火刑，临刑前他对法官说：“宣读判决的时候，您比我还害怕呢。”安妮·艾斯丘[②]受尽严刑酷打，丝毫也不退缩。直到她的每一块骨头都被人硬生生地错了位，她也拒绝背叛自己的信仰，只用平静的眼神看着施刑者的脸。

“我们害怕真相，害怕命运，害怕死亡，也害怕彼此。”爱默生还说：“丧失一半的勇气，也就丧失了一半的智慧。”医学家告诉我们，勇气来源于大动脉的血液循环。人在激动、生气或者运动、打架的时候，大量的血滞留在动脉中，没有流入静脉。因此，脉搏越有力，人也就越大胆。

沙夫茨伯里说：“怒火可以叫懦夫抛下一切顾虑奋身而战。”

“我以为恐惧可以绊住你的脚步，让你不敢跑远。”纳尔逊[③]的亲人在很远的地方找到了小纳尔逊，自责地说道。这位未来的海军司令回答：“恐惧？我不认识它。”

“过度的怀疑终将使怀疑变成现实。”——做决定其实也是一场斗争。

“越是不可能的事就越要实现它。”——跨出一步还有胜利的希望，瞻前顾后只有失败的可能。

小小的牧羊童大卫，刚刚赶着羊群回家，没有武器也没有护卫，手里只拿着一把小弹弓和放羊的工具，竟然杀死了巨人歌利亚[④]。歌利亚和他的巨型武器一起轰然倒地，为这天下无双的勇敢行为奏响胜利的凯歌。

“登特，你下去看看我的马，它的腿好像出问题了。”格兰特将军和登特上校穿过战火的中心，激烈的战斗迫使他们撤退。“我认为还是等我们撤退到安全的地方再查看吧，在这鬼地方停留一秒钟都有危险。”“好吧，”格兰特说，“既然你不愿意停下来查看我就自己去看吧。”说罢，格兰特跳下了马，把捆住马的电线解开，并仔细再检查了一番，才又爬上了马。他对登特说：“如果你真的在意你的马，永远都不要心存侥幸。再迟几分钟，它就可能终生残疾，一辈子就这样毁了。”

威灵顿讲述了在滑铁卢战场上最危险的一次战役。战斗发生在一间农舍的周边，四处都是果园，用结实的栅栏隔开。农舍所处的位置很关键，所以英军得到命令无论情况多么危险，需要付出多大的代价，都必须守住农舍。后来，枪火擦过栅

① 布鲁诺（Giordano Bruno，1548—1600），意大利思想家、唯物主义者，因拥护哥白尼的太阳中心说被活活烧死。

② 安妮·艾斯丘（Anne Askew，1520—1546），英国诗人、新教徒，史上记载的唯一一名被带到伦敦塔审问后被烧死的女人。

③ 纳尔逊（Horatio Nelson，1758—1805），英国海军上校，被誉为“英国皇家海军之魂”。

④ 歌利亚（Goliath），《圣经》记载，歌利亚是非利士的勇士，带兵进攻以色列军队，他拥有无穷的力量，所有人看到他都要退避三舍，不敢应战。最后，牧童大卫用投石弹弓打中歌利亚的脑袋，并割下他的首级。

栏，引起大火。火势很快蔓延开来，筑起了一道火墙包围果园。英国来了两辆载满弹药的马车，准备支援军火。马匹跑到火墙前便不肯再前进了。“第一辆马车由一个胆大包天的英国小伙驾驶。他狠狠地鞭打马匹，迫使它们冲向大火。火焰猛蹿出来，碰到火药，立即引起爆炸。车、马、人都被抛上了天空。另一辆马车的车夫吓呆了，不敢再向前多走一步。突然，他看到了一线机会，火药爆炸时产生一股强气流，把火墙冲出了一道小口。车夫立即驱车冲向缺口，就在火焰闭合的同时，人和车刚好穿过了火墙，有惊无险地闯进果园。后备支援的军队顿时爆发一阵震耳欲聋的欢呼。大火烧得更猛烈了。”

在弗里德兰战役中，一发炮弹从法国士兵的头上呼啸而过。一名年轻士兵下意识地蹲下。拿破仑见状，微笑道：“朋友，如果那发炮弹命中注定要砸到你，你就算挖地百尺也逃不掉的。”

同盟军在圣彼得堡前布好炸药，点燃导火索，退到安全距离外等待爆炸，以便发动袭击。10秒，30秒，1分，10分……时间一点一点地过去了，就是不见爆炸发生。焦虑在军队里蔓延，中尉道蒂和中士里斯决定出去看看是不是导火线出问题了。他们秘密穿过树丛，静悄悄地走到埋藏炸药的地方，小心翼翼地上前检查。死亡正向他们靠近。他们找到了原因，重新一个一个地点燃了炸药。震天动地的爆炸声给同盟军吹响了前进的号角，同时也为道蒂和里斯送上送葬的礼炮。

在哥本哈根战役里，纳尔逊走在堆满死尸、流淌鲜血的温滑甲板上，说：“这是一场用鲜血浇淋的战争。我们随时都可能不再拥有明天。但我要留在这里，绝不逃避！我不要用我的下半辈子来后悔今天的懦弱！”在特拉法格战役中，纳尔逊中弹受伤，被担架抬出战场时始终掩盖住自己的脸，不让正在战斗的士兵看到他们的首领受伤倒下。

在塞拉曼加爆发了一场小规模战役，敌军的火力排山倒海地扫射过来，威廉·纳比尔男爵带领的军团顿时惊慌失措，不再听命于主帅。男爵马上下令暂停进攻，宣布违反军令者自行上前线受死，并强迫四个带头抗令的士兵走到战火的中心。男爵很快又重新控制住军队。军队在猛烈的炮火攻击下，像举行阅兵典礼一般，从容地前行了3英里。

决定好了就行动吧！不要再思前想后，考虑再周密，没有实施，终究只是假设。对激烈的竞争无以适从？那就脚踏实地地工作吧，你的竞争对手只有你自己。做好自己的本职工作，才有可能在这个世界占有一席之地。像男子汉一样迎难而上，以平常心接受不幸，即使一贫如洗也自尊自爱，人生不如意事十有八九，要拿出勇气来面对挫折。只要你选择了勇敢面对，你会发现周围的人都将随着你的改变而改变。每天，会有多少故步自封不敢迈出第一步的人，因为受到了你的影响，有了开始的勇气和动力。他们可能从此大展鸿图，造福了社会，也成就了自身的价值，而你更是功不可没。乔治·艾略特曾说："瞻前顾后思虑过甚的人，永远都无法成就任何伟大的事业。"开朗勇敢的人即使梦想夭折，希望破裂，也不会自哀自怜，而是当成一次经验教训或者转祸为福的契机，收拾心情更加坚强勇敢地走下去。如果他甚至做到忍辱负重，吞下牙齿还能一笑置之，那更是真英雄、好汉子！

真理潦倒时，无荣华，无富贵，
却能与之同分一片面包，站在真理一边，
是勇敢者的高尚。
而懦夫因卑琐的灵魂疑虑重重，
不肯轻易做出选择，
直到真理脱下布衣，
正义大行于世，
主人被钉上了十字架。

——洛厄尔

怀疑是叛徒，
制造恐惧，使我们止步不前，
错过胜利女神的垂青。

——莎士比亚

托马斯·莫尔① 经过激烈的内心挣扎，最终还是选择忠于原则。他做出决定后便欣然赴狱，他的妻子痛骂他愚不可及。只需简单地宣誓两句，像其他主教一样，他就可以保住自由，免受阴湿肮脏的牢狱之苦。只有托马斯的女儿站在了父亲的一边。她对父亲的爱战胜了恐惧，尽管连母亲都抛弃父亲，她依然坚守自己的立场。托马斯被判处死刑，死后头颅挂在伦敦塔上示众。他的女儿恳求当权者赐还父亲的头颅，她要和父亲葬在一起。她的愿望得到许可，同时也付出了生命的代价。

沃尔特·雷利爵士② 在登上绞刑台时早已身染重病，显得苍白无力。他向围观的群众解释，两天前他得了疟疾，是疾病打垮了他的身体，而不是恐惧。"如果你

① 托马斯·莫尔（Thomas Moor，1478—1535），《乌托邦》的作者，英国空想社会主义者，因拒绝宣誓亨利八世为教会首领被处死。

② 沃尔特·雷利爵士（Walter Raleigh，1554—1618），英国早期的美洲殖民者之一，他是政客、军人，同时也是一位诗人、科学爱好者，还是一位探险家。

在我的脸上看到了虚弱，千万不要以为那是胆怯的迹象。”说完，他抡起用来结束自己生命的斧头，亲吻其刀口，对施刑者说：“斧头是多好的灵丹妙药啊，用它来治疗任何疾病都立竿见影。”

还没到达桥梁，就担心桥是否坚固，或者为永远不会降临的厄运愁眉苦脸，都是在浪费时间。想拔掉荨麻的刺，就不要畏畏缩缩。犹豫不决、徘徊不定的人终将只会失去自己对人生的掌控权。

亚伯拉罕·林肯出身贫寒，没有了不起的朋友，也没有钱上学读书。然而，就在他历经千辛万苦终于当上律师之际，却又赌上一切开始政治生涯。如果没有捍卫道义的勇气，他在当上总统后怎敢得罪贵族，顶住恶意的批评和一系列的打击，起草解放奴隶的宣言？如果没有维护真理的勇气，他又怎敢在强大的舆论压力下，冒着与多数高官对抗的危险，一如既往地支持格兰特和斯坦顿？

林肯从不拒绝棘手的案件，只要他认为对方无罪，就算得罪当权者也在所不惜。在那个年代，如果律师帮助逃跑的奴隶打官司，结果常常会丢了饭碗。这种吃力不讨好的案件没有律师愿意承接，唯独林肯乐此不疲。因为他的正义和无畏，每当有逃奴被抓，想寻求辩护的时候，老百姓就会告诉他：“去找林肯吧，只要你是无辜的，他就愿意为你辩护。”

萨蒙·蔡斯[①]刚为逃跑的女奴玛蒂尔达做了激动人心的辩护，离开法庭时，某君惊讶地望着他说：“如此一个大好青年，竟亲手断送自己的前途。”然而，蔡斯不但没有自毁前程，还因此踏出了重要一步，坐上俄亥俄州州长的位置。他青云直上，很快当选俄亥俄州的参议员，然后是国家财政部的部长，美国最高法院的首席法官。

威廉·佩恩[②]因曾在贵格会会议上发过言而接受审判，法庭笔录员对陪审团的裁决不满意，威胁道：“我们要以上帝之名判决他，否则，你们都将因此丢掉饭碗。”佩恩也大声道：“我们英国人不会滥用权利，同样也不会随便丢弃自己的权利！”经过两天两夜的绝食，陪审团维持原判，宣布佩恩无罪。法庭笔录员因为他们没有听从自己给每人罚款40马克。

温德尔·菲利普斯[③]在演讲的时候，任凭别人朝他扔臭鸡蛋、集体哄笑甚至嘘他，都丝毫不以为意。“嘲笑和羞辱在他那里是不起作用的。”而当比彻和高夫在

---

① 萨蒙·蔡斯（Salmon Portland Chase，1808—1873），美国俄亥俄州第二十三任州长，林肯任职期间的财政部部长，美国最高法院首席法官。

② 威廉·佩恩（William Penn，1644—1718），英国人，北美宾夕法尼亚殖民地的开拓者、政治家、社会活动家，贵格会的支持者，主张和平、民主、开放和宽容，与殖民地内的印第安人和睦相处的少数政治领袖之一。

③ 温德尔·菲利普斯（Wendell Philips，1811—1884），美国演说家，废奴主义者。

面对声称要杀死他们的英国暴徒时，又何曾退缩过？是的，不管底下站着多少听众，不管他们是否真心来听演讲，还是故意来找茬，勇敢的人都会坚持把要讲的话说完。安娜·迪金森[①]也一样，当莫莉·玛圭尔斯举枪对准了她的脑袋，难道她有逃跑，离开讲台了吗？相反，她毫不畏惧地直面来杀她的人，并凭借过人的辩才说服杀手放下了枪。

我们的世界需要多一个像诺克斯那样被滑膛枪指着脑袋还可以继续传道的人；需要多一个像加里森那样不怕坐牢、不怕暴徒，甚至看着绞刑架竖在自家门前都毫不畏惧的人。

> 暴风雨兮呼呼咆哮，
> 敌人来了，敌人来了！
> 他们将穷追不舍，
> 投降？决不！

巴特勒将军率领9000名士兵去平息纽约的暴乱。他在军队到达前先行来到纽约，找到暴徒聚集的街道。当时暴徒已经开始了屠杀，在路灯下绞死了一人。巴特勒不等军队赶到，就只身挤进暴徒最密集的地方，信手抄来一个垃圾桶，倒置在地。他站在垃圾桶上对着人群大声吼道："'五角'组织的首领们，来自地狱的魔鬼！你们竟敢以下犯上，残害比你们更加高贵的生命！"巴特勒的话顿时镇住了一个个杀性刚起的暴徒，比纽约市市长费尔南多麾下的军队和警力还有效果。

"敌人跑在了我们的前面。"斯巴达人在塞莫皮莱[②]战役中如是说道。"但我们比敌人先采取了行动。"斯巴达国王列奥尼达[③]冷静地回应道。泽克齐斯喊道："弃械投降吧！"列奥尼达答："有本事就来打败我们！"一名波斯士兵说："满天都是长枪和箭矢在飞窜，把太阳都遮住了，怎么看得清敌情？"斯巴达答："阴天作战也不过如此！"正是有了这些勇敢无畏的伟人，踏遍了山山水水，开辟了新的世界。

"这是不可能办得到的！"当拿破仑拟订一个大胆的进攻计划，并向下属部署任务时，一个官员说道。这个伟大的军事指挥家顿时发怒道："不可能这三个字只会出现在蠢人的字典里！"说完，拿破仑继续推行他的计划。

---

① 安娜·迪金森（Anna Dickinson，1842—1932），美国演说家，主张解放奴隶和妇女。

② 塞莫皮莱（Thermopylae），古希腊地名。

③ 列奥尼达（Leonidas，公元前508—公元前480），古希腊斯巴达国王，抗击波斯入侵的英雄。

格兰特从来不认输。一次，他在贝尔蒙作战，情报员报告说他们已经被敌人包围了。格兰特平静地说道："那我们就自己冲出一条生路来！"

勇者无畏，他们往往能够影响很多人，并像磁场一样吸引众人跟随他们，为高尚事业奋斗甚至献身。

拿出勇气来，你的人生就会完全改变。"智者和奋进者用行动打倒困难；愚笨的人和懒惰者还没遇到障碍就先打退堂鼓。"

爱默生说："英雄，就是任凭风吹雨打都屹立不倒者。"

叶明・帕莎[1] 在非洲探险时，和同伴走失了。由于那里的环境十分恶劣，独自一人活着走出来的可能性微乎其微，人们都相信他已经不在人世，甚至把他的死亡报告都写好了。直到第二年早冬，探险队再次深入非洲中部，目睹了一件惨绝人寰的悲剧。一群土著居民被奴隶猎人捉住，用铁链拖着走，准备把他们作为奴隶贩卖。途中，被捉的土著人群爆发天花病，奴隶猎人于是把他们抛弃在荒郊野岭，任其自生自灭。叶明了解情况后让其他人先回去，自己却冒着生命危险留下来医治和照顾病人。尽管他差点为此丧命，却不知道自己救活了多少人。谁说中世纪的骑士精神不复存在？叶明的故事就是一个很好的例证！就是诗人笔下也没有出现过像他那样勇敢无私的人物。

从前有个故事里讲，一位了不起的魔术师家附近住了一只老鼠，一天到晚紧张兮兮，生怕被猫抓到。魔术师觉得老鼠很可怜，于是就把它变成了猫，好让它不再成天活在恐惧之中。没想到变成猫的老鼠很快又有了新的害怕对象：狗。魔术师于是又把它变成了狗。过了没多久，变成狗的老鼠又因为老虎整天提心吊胆，魔术师再次帮助它，把它变成了老虎。身为万兽之王的老鼠，并没有停止内心的懦弱，很快又开始担心猎人。魔术师感到厌烦了，鄙视地说道："你还是重新做回老鼠吧！你拥有一颗老鼠的心，无论给你披上何种高贵动物的外衣，都改变不了你内心的懦弱。"

敢于实现理想的人，常常在年轻的时候就震撼了世界。勇气和毅力的作用无法估量，只要拥有这两样素质，即使年纪轻轻也一样可以有所作为。亚历山大大帝20岁就登上了王座，33岁前就征服了世界。恺撒大帝夺得800座城池、征服300个国家、打败300万大军、成为最伟大的雄辩家和最著名的政治家时，还只是一个年轻人。华盛顿19岁被任命为少校，21岁被派往法国履行外交任务，22岁就以陆军上校的身份打赢了第一场战役。拉・法叶侯爵[2] 20岁成为法国军队的将军，查理曼大帝30

① 叶明・帕莎（Mehmet Emin Pasha，1840—1892），埃及官员、医生。

② 拉・法叶侯爵（Marquis de La Fayette，1757—1834），法国将军、政治家。

岁就登上法国和德国的王位，孔代王子[①] 22岁就征服了罗克鲁瓦。伽利略18岁的时候就在比萨的一间教堂里，从摇摆吊灯悟出了摆锤的原理。皮尔21岁时加入国会成为议员。格莱斯通22岁前就进入国会工作，24岁担任国家财政部大臣。伊丽莎白·巴雷特·布朗宁12岁就精通希腊语和拉丁语，而德昆西在11岁的时候就已经学会了。罗伯特·布朗宁11岁就创作了第一首诗歌。考利[②] 15岁在威斯敏斯特教堂睡觉时获得灵感，并因此出版了著名诗集《花开》。威利斯[③] 大学还没毕业就已经成名，并发表了脍炙人口的诗篇。麦考利23岁前便是成名作家。路德29岁便在他所住社区的主教门前钉住一份他写的论文，列出了教皇的几大罪状。纳尔逊20岁前就在英国海军担任上尉，在特拉法格战役中受伤不治时年仅47岁。查尔斯十二19岁打赢纳尔瓦战役，科尔特斯36岁征服了墨西哥，克莱夫32岁在印度建立了英国政权。汉尼拔30岁前便带领军队打下了无数胜仗，并在坎尼击败了罗马人，粉碎其野心。拿破仑27岁在意大利的平原上，凭借过人的战术，一次又一次地打败了奥地利一位身经百战的元帅。

还有一些大器晚成的人，他们同样拥有过人的勇气和毅力。维克多·雨果和威灵顿将军到达事业顶峰时都已经迈进古稀之年。乔治·班克罗夫特[④] 87岁时写下了他最好的历史著作。格莱斯通84岁统治了英国，并在文学和学术上都有所建树。

“不是所有从他施[⑤] 开出的船都能够带回俄斐[⑥] 的黄金。难道因此我们就不起航了吗？不！借着风力，我们要扬帆前进！”

莎士比亚说：“害怕蜜蜂叮咬而不敢靠近蜂巢的人，永远采不到蜂蜜。”

别以为英雄没有害怕的时候，
那种想法既幼稚又愚蠢，
他们只是拥有一颗勇敢的心，
赴汤蹈火都不会选择退缩。

在比希雷恩城堡的第一扇门上刻了一行字：“勇敢些吧！”第二扇门也刻了一行字：“勇敢、勇敢再勇敢！”第三扇门则写道：“但是不要大了胆就胡作非为。”

---

① 孔代王子（Prince de Cond é，1621—1686），法国将军。
② 考利（Abraham Cowley，1618—1667），英国作家、诗人。
③ 威利斯（Nathaniel Parker Willis，1806—1867），美国作家、诗人。
④ 乔治·班克罗夫特（George Bancroft，1800—1891），美国历史学家、政治家。
⑤ 他施（Tarshish），《圣经》中一古国名。
⑥ 俄斐（Ophir），《圣经》中盛产黄金和宝石的地方。

很多才华横溢的年轻人因为没有勇气开始任何事业，最终一事无成。

有梦想，现在就开始追吧！

只要你认为是对的，就放手大胆去做吧，不要理会别人的看法。对待赞扬和批评最好都一笑置之。

——毕达哥拉斯[①]

恐惧是暴君奴役人民的武器；焦虑则是懦夫自怨自艾的表现。

——钱宁

勇气是上帝赐予人类最可贵的品质，它可以为我们带来很多宝贵的经验。我们身上流淌着怎样的血液决定了我们的人生，要比金钱和地产更重要。勇敢者比出手大方的富翁更能俘获女人的心。

——科尔顿

选择我的人，要有付出一切的勇气。

——《威尼斯商人》铅盒上的刻字

男子汉该干的事业我都不畏惧；没有人能比我做得更多。

——莎士比亚

等风停止了才播种的人，
永远等不到那一刻；
正如等天气晴朗才收割的人，
永远也找不到时间收割。

——海伦·亨特·杰克逊

你们要做大丈夫，与他们争战。

——《撒母耳记上4.9》

① 毕达哥拉斯（Pythagoras，公元前570—公元前495），古希腊哲学家、数学家。

第三章

路是自己走出来的

要么选择一条道路前进，要么自己开创一条。在这个世上你不主动出击就只能随波逐流。自己要有主见，世界才会因你而改变。

只要坚持不放弃，就一定能找到解决问题的办法。

我就算找不到出路，也要自己动手开辟出一条新路。

——马登

只要决心大，天下无难事。

——米拉博

在维护真理和正义的时候，表现软弱的政治家不比主张谬论和错误的保守派好多少。

——埃德温·珀西·惠普尔[①]

只要有钢铁般的意志把住关口，即使敌人有千军万马，也一样为你胆战心惊。瘦弱的矮子，只要挺身而战，也有可能扭转整个局面；只要胸怀必胜的决心，一样可以把巨人打得落花流水。

——塔珀

人只要下定了决心，坚信自己一定能成功，奇迹就会发生。我们的个性，是可以凭借意志的力量重新塑造的。

——马登

自我锻炼意志的力量，是一生的课题。时间和机会只会垂爱有准备的人。

——爱默生

推动世界进步的力量，来自坚定不移的意志和一颗善良的心灵。

——霍勒斯·波特[②]

胸怀大志的年轻人，他们的字典里没有失败二字。

——布尔沃

只要坚定信心不断努力，就一定能打败眼前的纸老虎。

——杰里米·科利尔[③]

① 埃德温·珀西·惠普尔（Edwin Percy Whipple，1819—1886），美国文学批评家、随笔作家。

② 霍勒斯·波特（Horace Porter，1837—1921），美国内战时担任过联邦军队的将军。

③ 杰里米·科利尔（Jeremy Collier，1650—1726），英国戏剧评论家。

海阔凭鱼跃和天高任鸟飞的前提是：意志坚定，百折不挠。

——约翰·福斯特

战无不胜的胜利之星，
从我胸口缓缓升起，
意志啊，
你是多么地平静、坚定而自信！

——朗费罗

“只要奥兰治王子能从天上摘下星星，从莱登的城墙上召来海神，我就相信荷兰舰队会下令解除已经持续了4个月的包围。”1574年，某西班牙士兵听到荷兰军队要撤退的传闻，不相信地讥讽道。在鹿特丹，发着高烧的威廉国王吃力地张开发干的双唇，命令道：“一定要打败荷兰鬼，把他们赶出我们的海域！”他的人民响应道：“就算我们的家园被淹没，也总比被敌人蹂躏强！”荷兰人的军舰停留在距离西班牙海岸15英里以外的海面上。西班牙人于是采取逐个击破的战略，首先瓦解敌人的主力。荷兰人不知道对方的军队是饿着肚皮在作战，还以为他们不敢正面交锋，便开始嘲笑起西班牙人。然而，上帝的天平往往倾向懂得在危难中奋起自助的一方。10月1—2日，暴风雨来袭，荷兰军舰被巨浪打到西班牙人的军营边。第二天一早，整装待发的西班牙军队实行反攻，狠狠教训了一番侵略者。荷兰士兵在夜色的掩护下纷纷夺命而逃。第三天，暴风雨突然改变方向，致使荷兰军舰无法作战，连驻守在甲板上的士兵也不得不躲进了船舱。荷兰人于是驾着他们的军舰驶离了北海。到了第二年春天，西班牙人齐齐走上大街庆祝胜利，并为了纪念这场战役建立了莱顿大学。

1837年，国会大臣肯特在其纽约的住宅举办了一次宴会，邀请很多国内知名人士参加。在这些显赫客人中，有一位年轻的法国人显得沉默寡言而且郁郁寡欢。莫尔斯教授当晚也受邀参加了宴会，他很注意这个年轻人，认为从他的额头来看，他一定是个不平凡的人。加勒廷先生用自己的手指摸了摸额头，说道：“是的，这个法国小伙非常聪明，但同时也非常狂妄。你相信吗，他居然认为自己将来会成为法国的统治者，多么荒唐的梦想啊！”

是的，做这样的梦在当时确实让人觉得不切实际。后来，这位年轻人独自一人闯荡世界，没有经济支持，也没有强大靠山，还被自己的祖国通缉，不得不逃亡国外。然而14年过后，他登上了法国帝位，实现了那个被世人公认为荒唐的梦想，成为法兰西第二帝国的皇帝——拿破仑三世[1]。为了实现这个目标，他坐过牢，甚至流亡国外过着颠沛流离的生活。尽管如此，14年漫长而艰苦的岁月并没有磨灭他的梦想，他顽强地挺过了一次又一次的灾难，最终戴上了胜利的皇冠。在实现目标的路上，他一往无前，是他的勇敢和坚定创造了奇迹。

当年，有人提出用蒸汽推动轮船从英国驶往美国。拉德纳博士大呼不可能，他在皇家学会发表演讲，证明一艘轮船根本无法承载足够让它穿越大西洋到达美洲的煤量。然而，汽船小天狼星却在19天内成功穿越大西洋到达目的地。在事实面前，拉德纳的理论不攻自破了。后来，又有人提出以铁为材料建造轮船。大部分人都反对道："只有木制的船才浮得起来，用铁造船只会下沉！"然而，事实再次证明，奇迹发生了，铁造的船一样可以浮起。从此，无论是用于打仗的军舰，还是用于运输货物的商船，都改用钢和铁来制造。假如人类没有实践梦想的决心，用比水重的钢铁造船永远都不可能发生。

《伦敦新闻画报》的创办人赫伯特·英格拉姆[2]在诺丁汉经销报刊出版物时，为了不让一个顾客失望，徒步走10英里去送一份报纸。他下定决心要满足所有顾客的读报需求。当时没有邮局，他于是每天凌晨两点就起床，走路到伦敦取报。正是这种让每个顾客都读到报纸的决心，造就了他日后的成功。

英国首相格莱斯顿任期内的最后一位邮政大臣亨利·福西特[3]年轻时和朋友去打猎，被鸟枪打中双眼，成了盲人。他的父亲悲痛欲绝，为儿子的前途感到无比担忧。而福西特却反过来安慰父亲道："父亲，请不要为我担心。我虽然失去了眼睛，但并没有失去前途。"福西特的故事被载入历史，震撼了无数心灵。多年过后，伦敦街上经常可以看到一个女孩儿牵着一个盲人走路的画面。那个盲人就是当上了国会议员的福西特，而那个女孩儿则是他忠诚的女儿。想想看吧！一个风华正茂的年轻人，突然就失去了视力，看不见东西，还能成为国家政要，为世人所敬仰。他的人生目标该是多么坚定，他的意志又该是多么强大啊！很多年轻人如果遭遇同样的不幸，首先就灰心丧气，弃械投降，从此默默无闻地消失在人们的视线之外。幸运的是，我们的世界还存在着许多像福西特、普雷斯科特、帕克曼以及卡瓦诺等不轻易放弃自己的人。

福西特的女儿同样是个了不起的人物。她虽然忙于照顾父亲，充当父亲的眼睛，同时也不荒废学业。她坚定不移的决心和勇于探索的精神使她成为几百年来牛

---

① 拿破仑三世（NapoleonⅢ，1808—1873），法兰西第二帝国皇帝，拿破仑一世的侄子。

② 赫伯特·英格拉姆（Herbert Ingram，1811—1860），《伦敦新闻画报》创办人之一。

③ 亨利·福西特（Henry Fawcett，1833—1884），英国盲人政治家、经济学家。

津大学唯一一位数学荣誉学位甲等考试的女状元，格莱斯顿也曾经获此殊荣。当时能够成为状元的人都是数学精英，在全世界的学术界都有很大的影响力。她是牛津大学历史上第一个当上该项考试状元的女性，她的前辈大都在后来创下了一番卓越的成就。有了这样的先例，还有谁会不相信那句老话——只要有恒心，铁杵也能磨成针？

格兰特从小就相信世上没有做不到的事情。只有任何时候都敢于挑战困难的人，才能推动世界向前发展。

弥尔顿说："成功的道路从来不会一帆风顺。只有经历过坎坷和挫折，才能最终获得胜利。"

克服逆境的唯一办法，就是成为逆境的主人。

虽然，一个人的成功离不开其意志和决心，但是并非主观能动性越大，成功的概率就越高。除了人和，成功与否还需要依靠天时和地利。不考虑客观因素，固执地自以为是，是不会成为下一个波拿马、皮特、韦伯斯特、比彻或者林肯的。我们在坚持之前应该先做好判断，有了充分的理论和常识支持才能够义无反顾地走下去；否则，结果只会把自己撞得头破血流。遇到不可改变的客观现实，再纠缠也是白搭。我们只能在自己的能力范围内确定一个目标并实现它。有些困难可能永远都无法克服，导致我们难以取得进步。但我们可以从其他方面取得突破。只要遵循客观规律，坚持不懈，就没有不可逾越的障碍。有决心、有智慧且有毅力的人，才能看清楚事物的本质，找到甚至自己开辟出一条解决问题的道路。

即便是生活在象牙塔的年轻学子也明白，出身不同，决定了你将来是当律师还是当医生，或者只是芸芸大众中其中一个寻求法律援助、上医院看病的普通人。学识平凡的神父可以因为家庭背景强大供职于最重要岗位；有钱人家的子弟尽管能力平庸，缺乏经验，也能坐上公司的最高职位。相反，才德兼备又受过高等教育，还拥有丰富实践经验的穷孩子就算奋斗一辈子也只是富家公子的陪衬。成千上万的年轻人不是没有才华，或者没有能力，但他们就是比不过那些有着家境优势的子弟，永远是他们的属下，收入永远望尘莫及。总结一句，最有能力的人不一定就能坐上最高的职位。出身和环境对于一个人职位的高低、收入的多寡以及身份的贵贱都有很大的影响。

有不少品行高尚的年轻人，尽管领导才能一流，依然不得不屈居人下。他们的上司或老板只因为生在了富贵人家，或者遇着了千载难逢的好机会，便永远骑在他们头上，除非奇迹发生，否则难以有所改变。要知道，在比赛场上，跑得最快的人不一定就会获得冠军。

事实上，不是任何时候都能以勤补拙，也不是任何困难都能依靠不屈不挠的精神得到解决。很多时候不可改变的现实就是不可改变，任凭你如何坚持不懈地努力也不可能取得突破。选择了、付出了不一定就会有收获。天生不擅长的事就算付出再多的精力和汗水都难以做好。老鹰就算被刺眼的阳光照得头昏目眩，也一样看得见乌鸦。

然而，只要不超出个人能力范围之外，不懈的努力总能带来朝向目标前进一步的喜悦。

人只要能淋漓尽致地发挥出自己的才能，便是最大的成功。

虽然家庭和社会环境无时无刻不在影响我们，但我们成长的步伐绝不会因此停下。玉米成熟了，是粒粒饱满圆润，还是干瘪瘦小；是拖着健康金黄的穗丝，还是发育不良，都取决于它所生长的土壤是肥沃还是贫瘠。不过，无论玉米种子在什么环境中成长，最终都只能结出玉米，不可能结出麦穗。人也一样，无论在怎样的环境生活，都不能改变我们的天性和本能。我们天生懂得改善环境，因此不会像玉米一样把自己的命运完全交给上天决定。为了赢得比赛，人类懂得如何另辟蹊径。

别人能做什么或成为什么并不重要，重要的是我们自己能做什么，我们自己想成为什么。

恶劣的环境也可以成为铺设通往成功道路上的垫脚石。

意志的力量诚然无法改变现实，却能创造奇迹。历史可以为此提供充足的证据。莎士比亚有一句台词写道：“亲爱的布鲁图①，真正该责备的并非宿命，而是我们自己，是我们自己决定了我们只会是微不足道的人。”

罗马某主教说：“没有人不曾被命运女神垂青过，只不过有些人没有做好迎接的准备，女神进门后便又从窗户飞走了。”机会是一个害羞的天使，你一不留意，或者总是懒洋洋慢吞吞的，很难注意得到它。而等你想抓住它时，它又一溜烟地跑掉了。只有在它出现在门口的一瞬间我们就有所察觉，才能在他飞走之前抓住他。

很多人认为，不能得意的人是因为运气太差。而在我看来，人格扭曲才是招来不幸的根本原因。脾气暴躁、骄傲自大、吊儿郎当的人缺乏通往成功必备的品质和热情。

迪斯雷利②曾说，环境影响人类，而人类创造环境。

难道机遇这东西在这个世界创造过什么东西？是建造了人类的城市，发明了电话、电报或蒸汽轮船，还是建成了大学、医院和监狱？难道凯撒能够顺利渡过卢比

---

① 布鲁图（Marcus Junius Brutus，公元前85—公元前42），古罗马政治家，刺杀恺撒之人。
② 迪斯雷利（Benjamin Disraeli，1804—1881），第三十九、四十一任英国首相。

孔河也是因为上天的眷顾？难道拿破仑、威灵顿、格兰特和毛奇将军创下了丰功伟业也只是因为运气好、机遇好？我们总喜欢把成功的功劳归于自己，把失败的责任推给命运。

人并非一粒小小的尘埃，不会任凭命运摆布却束手无策。

我们要相信意志的力量，宿命论只是败者的自我安慰。不要相信那种说你必须做但做不到的鬼话。

给我一个这样的人吧："他敢于打破出身不好的束缚，紧紧抓住每一个成就快乐的机会，敞开胸怀迎接环境的打击，同命运斗争到底！"

只有无知而迷信的人才会相信宿命说。

——"破除迷信的第一步要开拓思想。"

——"可命运是一堵无法穿越的墙。"

——"性格懦弱且意志不坚定的人才会对命运感到害怕。如果你做好自己，把自己的命运掌握在自己手上，不出几个月能逃出所谓宿命的束缚。"

坚忍不拔的意志加上坚定不移的信念，能使人在困境中找到出路，另辟新路。意志坚强者，不怕找不到生存的空间。

歌德说："意志坚定者改变世界。"雨果也说："不是筋疲力尽，是意志减弱了。"

立下目标并下定决心达到目标者，在为目标努力的路上，会遇到许多困难和障碍。迎难而上者不断提升自我，理想点燃了心中的热情，像火把一样熊熊燃烧，吞没对困难的恐惧，驱使自己孜孜不倦向前探索，闯出通往成功的道路。只要意志坚定，丧失信心者重拾勇气，筋疲力尽者重获力量。

超越众人之上的伟人，几乎都能出色地运用其意志的力量。与恺撒同时代的某君说道，恺撒的胜利不仅仅在于他非凡的军事才能，更在于他作战时的果断和坚定。刚从人生港口扬帆起航的年轻人总想把一切尽收眼底，不放过任何可以带来发展机会的细节。他耳听四方，捕捉所有声音；张开怀抱，随时准备不让机会跑掉。他珍惜不同的人生经历，绘出最丰富多彩的人生历阅图。他打开心阀，吸纳能够振奋斗志的新鲜血液。他们不说"如果"，不说"要是"，一往无前地朝目标前进。他们只要身体健康，任何东西都不会成为阻挡他们迈向成功的绊脚石。

即使天降灾异，暴君当道，严刑拷打也阻挡不了意志坚定者的决心。

上帝站在意志坚定者的一边。只要有决心，即使是看上去不可能完成的事情也一样会迎刃而解。"赛跑的时候，只要你比别人先把头伸过终点线就是第一名；打仗的时候，只要你比敌人先走一步就是胜利者；摔跤的时候，只要你比对手多坚持

5分钟就是最后的赢家。”一次又一次，卡特·哈里森[1]的固执让他成为芝加哥上流社会的公敌。然而，他的顽强和坚定让他不可打倒。他生于芝加哥，是芝加哥19世纪的一大奇迹。他力排众议参加民主党的选举大会，自告奋勇参加竞选。除了他自己办的报纸《时代周刊》，所有媒体都反对他参加选举。他就在一片非议声中，以2万票数当选。贵族憎恨他，而穷苦人民都支持他。他走进老百姓，倾听他们的声音，他们就把票通通投给了他。也许卡特·哈里森还不至于成为我们的偶像，但他年轻时候表现出来的意志和对目标的坚定，的确很值得我们学习。

中国的孔子也说：“三军可夺帅也，匹夫不可夺志也。”

贫穷到要去救济院卖鞋为生的聋人约翰·基托[2]，后来成为研究《圣经》的著名学者。他在日记中写道：“我从不迷信命运，不认为有什么障碍不可逾越。那些关于不用付出努力仅仅凭借天赋才能就获得成功的故事简直是一派胡言。我相信，只有付出了努力和抓住了机会的人，才能够实现目标，成为自己理想中的人。”

很多年前，一位年轻的造船工人在克莱德河边洗澡时，突然想到河的对岸去看一看。他于是游到了彼岸，发现那里风光旖旎，是一块未被开发的处女地。这个年轻的机修工人当下就对自己说，要成为这块土地的主人，在那里建造全镇最漂亮豪华的别墅，并以自己妻子的名字命名。某曾经拜访过该别墅的美国名人说道：“去年夏天，我有幸受邀到那所王宫般的别墅进餐，并亲耳听到克莱德河那位伟大的造船大师告诉我别墅的起源。”那个年轻的机修工人立下的，正是一个自己愿意耗尽一生的热情和精力来完成的目标。

翻阅历史，最光芒四射的一页属于林肯。他的故事是美国梦的最佳诠释。生于贫苦人家的林肯，在野蛮的边陲小镇成长，挣扎在社会的最底层。早年经济上的窘迫和政治生涯的失意，都没能阻挡他为美国的统一和人民的自由奋斗的决心。

正是林肯坚定的信念为他开辟了新的道路。他的朋友提名他为议员候选人，他的政敌对他极尽奚落。他身穿一件东拼西拼的牛仔外套，一条长度不够的亚麻裤子，一顶破破烂烂的草帽和一双陈旧掉色的靴子，就登台演讲，为选举拉票。他的外套太短了，他坐下来的时候都不能坐到外套的衣沿上。当时的林肯除了自身的人格魅力和朋友，几乎可以说是一无所有。

当年林肯的朋友推荐他学习法律，他还笑言自己不可能当上律师。他觉得自己脑子不够聪明，就天天跑到树底下赤着脚抱着法律书来读。邻居们都说，有时会看到林肯就在他工作的柜台上睡着了。他实在是太穷了，连一套体面的衣服也买不

---

① 卡特·哈里森（Cart Harrison，1860—1953），芝加哥第三十任市长。

② 约翰·基托（John Kitto，1804—1854），英国圣经学者。

起，到法院报到的时候，他身上的套装都是跟朋友借钱买的，甚至连路费都不舍得出，徒步走了一百英里才到达万达利亚。林肯在议会任职时，斯普林菲尔德的一位名律师约翰·斯图尔特[①]跟他讲克莱的故事，告诉他克莱上学的教室是间简陋的小木屋，连窗户和门都没有，但他一样受了很多教育。斯图尔特由此鼓励林肯继续往法律方向深造。

瑟洛·威德[②]，家境贫寒，不得不穿着破破烂烂的鞋在雪地里跋涉两英里，只为了能够借到书，赶在火光还没灭前把书看完。还有洛克，租住在一家荷兰人的小阁楼里，仅靠面包和清水维持生命。还有海涅，穷得要在牲畜棚里睡觉，还不忘看书。还有塞缪尔·德鲁[③]，穷得要靠勒紧腰带来代替吃饭。还有年轻时候的埃尔登爵士，通宵达旦地把柯克法律抄写在《利特尔顿论租佃》上。历史从来不乏这类人，他们不害怕失败，敢于为成功付出自己的所有。你以为罗马军团为什么总是屡战屡胜呢？

因为罗马人不把牵挂带上战场；
他们破釜沉舟，
土地、金币、妻子、儿子，
甚至生命都可以为胜利牺牲。
啊，那个遥远而勇敢的年代！

福韦尔·巴克斯顿在给儿子的信中写道："我相信年轻人只要努力，就一定能成为他想成为的人。"

马修斯博士说："人类字典上没有比'运气'更邪恶的词。"无论是犯了错误还是遭遇失败，人们总可以拿"运气"当借口，推卸自身的责任。一个因为生意失败而面临破产的商人，到上帝面前诉说自己的不幸，绝对不会承认是因为自己精力衰退导致生意经营不善，投资又连连失误，还要为昂贵的奢侈生活埋单才弄得倾家荡产的。他总能把自己不幸的原因一件件地算在运气的头上，好像他是迫不得已才犯下这些错误，并摆出一副饱受命运捉弄的倒霉鬼相。因为杀人或者伤人获刑坐牢的罪犯，为了减轻自身的罪恶感，往往有意无意地为自己的罪行辩护，好像自始至终他们都是大环境的受害者。去跟那些智力平平、成就平庸的人聊聊吧，你将发现

---

① 约翰·斯图尔特（John Stuart，1807—1885），美国伊利诺伊州议员、著名律师。
② 瑟洛·威德（Thurlow Weed，1797—1882），美国政治家。
③ 塞缪尔·德鲁（Samuel Drew，1765—1833），英国康沃尔神学家。

他们精神萎顿，没有活力，能力平庸，被这个世界远远地抛在后面。还有一种人，他们自视甚高，瞧不起别人，却一样深信宿命的力量。他们一遭受失败便把责任推给命运，以此来安慰自己受损的骄傲。总之，运气差便是他们对自己犯下的错误找到的最方便不过的借口了。”

帕里斯落到暴徒的手上，当局一片恐慌，又没有人可以信任。这时走来一个人说：“我认识一个人，他的勇敢和能力足以制伏这些暴徒。”“那就让他去！让他去把帕里斯救出来！”就这样，拿破仑带兵上阵，打败了暴徒，也颠覆了统治王朝，登上法国王座，继而征服了整个欧洲。

拿破仑的一生对那些犹犹豫豫、自哀自怜的人有很好的警醒作用。他们像幽灵一样游荡在各大高校、各个城市、各个国家，幻想成功来敲门的那天，为自己的不济寻找借口，不断地埋怨自己生不逢时。

成功与否很大程度要依靠意志的力量。意志力不够强大、完整都有可能让你和成功失之交臂。意志力也是可以培养的。意志一旦成为习惯，就能够很好地为人生服务。“人们缺乏的不是才能，而是不屈不挠的意志力；是坚定的信念造就了成功。”

对知识孜孜不倦的追求可以打败贫穷和挫折。约翰·莱顿是苏格兰一个牧羊人的儿子，每天独自赤脚徒步七八公里去上学。他对知识的渴望击败了贫穷，任何困难都不能成为他求知路上的绊脚石。从他走进书店的那一天开始，全世界的财富都摆在了他的面前。他贪婪地吸收各种知识，连续几个小时都沉浸在书海之中，吞下一卷又一卷的精神粮食。没有任何人或事能动摇他学习的决心。在他看来，阅读书籍和上课的机会弥足珍贵。不满19岁的他，还只是一个没有机会接受教育的穷小子，不得不靠帮人牧羊为生。后来他凭借流利熟练的希腊语和拉丁语震撼了爱丁堡大学的教授。

听说某外科医生在招聘文职助手，他下定了决心去应聘，尽管对医学一窍不通。只剩下6个月的时间招聘就结束了，他在短短的时间内就拿到了医学荣誉学位。沃尔特·斯科特听说后很为他的坚持和毅力感动，主要帮助他远赴印度继续深造。

韦伯斯特考入达特茅斯大学时还只是一个穷学生，穿着一双破旧不堪的皮鞋。他的一位朋友于是写信告诉他翻新旧皮鞋的方法。韦伯斯特回信感谢，写道：“非常感谢，但我的皮鞋不仅是外表破旧，里面更是会进水进沙子。”韦伯斯特后来成为举世闻名的伟人。

斯蒂芬·吉拉德的一生似乎都在命运的眷顾之下。他无论做什么事情，都能得到上天的帮助。他到费城闯荡，机会便一个个接踵而至。某天早上，一艘飘扬着法国国旗的帆船从特拉华海湾驶出。年轻的吉拉德当时是帆船的船长，正要把货物从新奥尔良运到加拿大港口。一位美国船长看到陷入困境的吉拉德，上前告诉他美国现在爆发内战，停泊在美国海岸的英国船只无法进港。他告诉吉拉德唯一的办法就是把船开到费城去。吉拉德不知道路身上又没带钱，船长借给他五个大洋让一个领航人带领他到费城。

吉拉德的船只在被英国军舰抓住前及时驶入了特拉华海湾。他在费城把船和货物都卖掉了，用卖来的钱做起了买卖。他不会说英语，又长得矮胖，模样也难看，还瞎了一只眼，没有人愿意买他的东西。但他不是会轻易放弃的人。他13岁的时候在船上充当乘务员，9年间来回穿梭在波尔多和西印度群岛。他在海上的每一秒都没有闲着，最终掌握了航海的技术。

8岁的时候，他瞎了一只眼睛。他的父亲明显认为吉拉德不可能有什么大的成就，没让他继续受教育，只供了他的弟弟去读大学。尽管如此，他并没有放弃，他刚刚到达费城，没有一技之长，找不到适合的工作。他于是从小商小贩开始，先是买卖杂货，然后经营二手商店。他卖的瓶装葡萄酒和苹果酒销量很好，利润也很高。后来他无论干什么事都能够成功。1780年，他重新占领了新奥尔良和圣多明戈的市场，发起了一次商业革命。成功的怀抱再次向他敞开。他在圣多明戈港口拥有两艘帆船，岛上爆发起义的时候，很多富有的农场主蜂拥而至，带着金银细软逃亡。吉拉德的两艘帆船恰好派上用场，成为这些富农藏放财宝的去处，以免被暴徒掠夺。这些农场主很多被暴乱的黑奴杀害，永远不可能回来取回宝物。吉拉德便顺理成章地成为这一整船价值5万美元财宝的主人。

很多人，其中包括他的商人弟弟，都眼红吉拉德的好运，认为吉拉德之所以能够取得成功完全是因为运气好。他的成功确实有运气的帮助，但他自己本身也是一个细心、足智多谋且精神充沛的人。机会来临的时候他牢牢地把它抓住了。他像数学家一样精确地计算好了一切，做好周密细致的安排。他在给外国港口的船长写信，还不忘附上详细的路径资料，并写上了各种应急方案。他的这些方案很系统，并富有前瞻性。重要的事情他总是亲力亲为，如果交代别人做事，他会给出很具体的指示，不允许出现一丁点差错。他曾对他的船员说，只要有一次没有按照他的指示行事，即使是为了要节省费用，他也绝不允许，因为一次的失误足以连累其他的九十九个生意。曾经有一艘船的船长擅自到其他港口买吉拉德吩咐进货的芝士，还省下了好几千块钱。吉拉德得知后勃然大怒，虽然是忠心耿耿跟了他很多年的老船长，而且满心以为自己为吉拉德省了一大笔钱，吉拉德同样把他解雇了。

吉拉德曾经住的地方又小又暗，他比他的雇员还贫穷。

无论发生什么事情，吉拉德的船都能平安归港。1812年，战争爆发，很多船主因此损失惨重，吉拉德却大发战争财。吉拉德的好运在于他良好的判断力和行动力，抓住机会就好好利用，并投以巨大的热情以得到最大的回报。

成功与否并非全靠上天眷顾。没有通过个人努力便得到的成功，根本不值一文。

数学家说，掷色子的时候，掷到你想要的号码的概率是1/30，3次连续重复掷到同一个号码的概率是百分之一，而重复的次数越多，成功的概率就越低。什么是运气？

很多年轻人肯定都读过约翰·沃纳梅克的故事。他罗曼蒂克式的工作全凭自己努力获得，而他却归结到运气好的缘故。他认为自己“受到命运的眷顾，幸运至极”。然而，一份对沃纳梅克的研究却显示，他早年刻苦工作的习惯、跌倒也不放弃的精神、坚定不移的信念、不受任何影响的集中力、面对困难不退缩的勇气、良好的自制能力以及一个好母亲和永远精力充沛的状态是他获得成功的重要原因。研究表明，沃纳梅克对于细节十分苛刻，待人诚实仗义，性格开朗，乐于助人。他远大的抱负和崇高的理想更决定了他成就的大小。

年轻人应当知道，环境是可以由自己改变的。一个贫穷的步行者在路上遇到障碍不能前进了，如果懂得寻找解决办法的人，就会发现旁边的吊桥，便从吊桥通过，也一样能够到达目的地。那些徘徊于障碍前面的人永远不能超越前面的人。诚然，出身富贵的子弟轻易就能得到他们胜任不了的职位，因为家庭背景强大，一个律师可能获得更多的客户资源，一个医生可能拥有更多的病人，一个普通的学者可能轻易得到教授的头衔。然而这些都不是成功的保障。我们应当告诉年青一代人，是金子终究会闪光，能者终究会坐上最高的位置，而坚持便意味着胜利。

懒惰的人和能力不足的人一样很少有能获得真正成功或过上辉煌人生的。命运女神只向那些卷起衣袖实干、敢于挑起担子的人展露微笑。只有不怕苦、不怕累、不怕脏、不怕琐碎的人才能得到命运的垂青。

我们应该向年轻人传输这样的观点：“敢于单独与命运抗争，像英雄一样活着的人很伟大。”“勤奋是幸运的母亲。”我们应该告诉他们，所谓的幸运或者宿命十有八九都是用来糊弄懒人和无所事事、没有人生目标的人的。通常人之所以会失败是因为没有抓住机遇。机会这家伙很狡猾，而且行动迅速，稍不留神或动作慢点就把它错过了。

傻瓜才懒洋洋地浪费光阴，
机会只留给意志坚定的智者。

还是俗语说得好，坚定、勇敢、不屈不挠的品质是无价之宝。在战争开始前这些品质便能使原本难以对付的敌人士气大减。

“如果艾瑞克晚上睡得好，身体棒棒的，在30岁的壮年时候便从格陵兰岛出发，”爱默生说，“再一直向西行驶，他的船则一定能够到达纽芬兰岛。再如果，让一个更强壮更勇敢的人代替艾瑞克成为船长，还能多行驶600英里、1000英里、1500英里的距离，到达拉布拉多半岛并发现新英格兰。然而，世上并没有那么多如果。”竖在人们面前的困难好比绵延的山脉，迫使人们停下脚步。人于是决定翻越山脉，开辟出一条新路。他到达了山顶，困难并没有吓倒他。他将困难转变为力量，暂时的失败成为他通往更大成功的踏脚石。

因为害怕困难，多少原本可以成为巨人的人竟满足于做生活的侏儒。他们全身上下都跳跃着音乐的灵感，却把这些灵感一起带进了坟墓。

许多大器晚成的人，都是突然发奋而成功的。

阿克赖特年近五十才开始学习英语语法并练习写作和拼写。本杰明·富兰克林过了50岁才开始学习科学和哲学。弥尔顿也是过了50岁才着手《失乐园》的写作，当时他还双眼失明了。斯科特55岁才开始用笔还清欠下的巨额债务。米开朗琪罗的作品获得巨大成功的70个年头过去了，他还认为自己“还需要学习”。

拥有坚定的意志力比拥有聪明的大脑重要。优柔寡断者注定要遭到世界的淘汰。他们遇到逆境和困难就停步不前。拥有钢铁般意志和磐石般决心的人，任何事情都不足以考倒他对事业的追求。如果再加上锲而不舍的毅力和大无畏的勇气，这人则一定会成功。我们也许没有太多的时间可以放在兴趣爱好上，但对于我们渴望的东西，我们一定要竭尽全力地取得。我们没有成功是因为我们还不够努力。饥饿可以使人击破坚固的石墙，只要到了迫不得已的地步，人总是可以开辟出一条解决办法的道路的。

成功不但可以使人变得神采奕奕，还可以使人的身体更加健康，意志力也更加坚定。约翰逊博士说：“决心和成功互相促进。”意志坚强的人一般都是成功者，因为想要获得巨大的成功，你没有足够坚强的意志是不行的。

假如一个人可以做到坚定不移地朝着目标前进，即使天堂在向他招手，也不分心，只把目光锁定在一个目标上，那么他肯定可以成功。我们几乎可以用意志力的大小来判定成功和失败的等级。像詹姆斯·麦金托什公爵、科尔里奇、拉·阿尔普以及许多其他跟他们一样的人，他们才华横溢，却没有做出与他们的才华相匹配的成就；他们总是使别人翘首企盼，以为他们要有什么大的举动，结果却大失所望。他们缺少的就是坚强的意志啊！只有一样才华的人，如果意志坚强，要比多才多艺的人更成功。博洛尼亚的一位著名语言学家精通一百门语言，但他是像狮子猎杀野牛一样，逐项学习攻破的。

我希望能够以形象的方式告诉我们的美国青年坚强的意志在人们获得成功和快乐的道路上扮演了怎样重要的角色。意志的力量是无可估量的。对于意志力足够坚定，可以坚持很久的人而言，几乎没有什么事情是做不到的。

我们常常听说，某年轻女人有一天突然发现自己平庸无比、毫无魅力。她于是决定改造自己，并充分发挥了意志的力量，通过不懈的努力，不但弥补了外貌上的缺陷，还获得了事业上的成功。夏洛特·库什曼[①]便是一个很好的例子。她没长相、没身材，却能攀上事业的最顶峰。很多年轻人也一样，深深被自己身体的缺陷和心理的不足所刺痛，下定决心改变自己。在坚持不懈的努力下，他们成功告别了平庸，并获得比责备他们的人更大的成功。

历史上这样的例子数不胜数，不论男女，都能凭借坚强的意志成功告别贫困、不幸以及羞辱。许多年轻人正是因为被人瞧不起，被人认为无能完成别人所能做的工作，在学校也被看成傻蛋，深受刺激才下定决心要超越那些嘲笑他们的人并获得成功的。像牛顿、亚当·克拉克、谢里登、威灵顿、戈德斯密斯、查默斯、柯伦、迪斯雷利等都是很好的例子。“无论你想成为怎样的人，都是与上帝为伍的，因为你的愿望包含了意志的力量。而只要你真的想，就一定能够成功。”严格来说，这句话不能算是完全正确，但还是有一定道理的。

正是像米拉博“敢于踩在一切不可能之上”，像拿破仑自己创造机会而不是等待，像格兰特“让敌人无条件投降”并改变世界！“我们只能拥有通过自己努力得到的东西，因为大自然把一切美好都紧紧握在大理石般的手上，需要费点力气才能将它打开”。

又有谁在意亨利·布尔沃是不是在不停地咳嗽，说起话来细弱得就像在低语？不论在议会上还是在爱尔兰教堂里，他的演讲都叫人终生难忘。

“我做不到，这是不可能做到的事情啊！”一个遭受挫败的中尉对亚历山大大帝说道。然而，这个征服世界的马其顿人大声叱道：“失败了就失败了，只要你愿意，没有什么是不可能的。”

很多人对生活抱有很高的期望却依然失败了，我认为他们还是意志不够坚强，决心不够大。没有决心或者犹豫不决的人就像没有蒸汽的蒸汽机，永远受别人意志的摆布。意志力坚强与否事关一个年轻人将来的成就。他是否有足够的意志紧抓梦

① 夏洛特·库什曼（Charlotte Cushman，1816—1876），美国第一位伟大的戏剧女演员，擅长悲剧角色，饰演了超过200个角色。1915年入选美国伟人名人堂。

想不放？只有能够坚持的人才能成就更好的人生。一个年轻人如果没有坚定的意志，没有把握自己人生的毅力，在这个充满自私自利和贪婪的拥挤世界，在这个自己不去争取就只能遭受淘汰的世界，将怎样立足？拿破仑说：“真正的智者，是懂得坚持就是胜利的人。”只拥有钢铁般意志的人也许只是另一个拿破仑，然而，意志加上品格则能够成就另一个威灵顿或格兰特。

坚定的意志，
能从虚无的空中，
奏响人类之歌。

第四章

困难造就成功

伟人在通往胜利的路上，从没发现过康庄大道，从来只有崎岖山路，只有付出汗水，坚持不懈才能走完。

太容易获得的胜利过于廉价；来之不易的成功才有价值。

——比彻

人在与困难的厮搏中成长，其过程称为奋斗；再回首便能惊奇地发现，曾经以为不可逾越的困难都已然成为了历史。

——埃普斯·萨金特[①]

坚持高举自己国家旗帜的人，没有一个会在朋友背叛、被开除出党、家产轰然倒塌等变化中放弃希望，反而在逆境中崛起，拖垮敌人，到达目的地。

——爱默生

我坚信，
智慧的果实是公正的；
每天与困难作斗争的人，
终将赢得自由和掌声。

——歌德

不幸使弱者更弱，强者更强。

——华盛顿·欧文[②]

“我们这里有三辆车将前往斯坦顿岛（Staten Island），”1806年的一天，一个12岁的男孩儿对在新泽西州南安博伊开旅馆的一位老板说道，“只要你答应放我们通行，我就把一匹马押给你。如果我48小时内没把那6美元还给你，那匹马就归你了。”

旅店老板不明白男孩儿的意图，男孩儿解释道，他的父亲跟人签了合同，承诺把搁浅在桑迪岬船上的货物用帆驳船运到纽约。男孩儿的任务是用三辆各配备了两匹马和一个马车夫的大篷车，将从船上卸下的货物从沙洲运到驳船上。男孩儿仅仅从家里拿了6美元就出发了，从泽西沙漠到达南安博伊时已经身无分文。旅店老板从男孩儿明亮的眼睛里看到了诚意，说道：“好的，成交。”而男孩儿也很快还了钱把马赎回去。

① 埃普斯·萨金特（Epes Sargent，1813—1880），美国诗人、剧作家。
② 华盛顿·欧文（Washington Irving，1783—1859），美国作家。

1810年的5月，这个男孩儿对大海产生了极大的兴趣，便向母亲借100美元买船。他的母亲说道："儿子，到了这个月的27日你就16岁了。如果你在那以前把家里8英亩（1英亩=6.0720市亩）满是石头的荒地犁好并种上玉米，我就拿钱给你去买船。"结果男孩儿不仅完成了任务，而且还完成得很出色。这个男孩儿便是科尼利尔斯·范德比尔特[①]。他从小的经历为他以后积累庞大的财产奠定了基础。他总是工作到很晚，白天也从不擅离岗位。他不久便成为纽约港上最出色的商人。

1813年，战争一触即发，英国军舰很快就会对纽约发动袭击，很多船主纷纷竞标申请为军队运送物资的机会。科尼利尔斯的父亲问他道："你为什么不去参加竞标呢？"年轻的科尼利尔斯回答："他们的报价都太低了，我肯定标不到的。"他的父亲鼓励道："去试下吧，又没有什么损失。"为了讨好父亲，科尼利尔斯尽管不抱任何希望，还是递交了申请书。宣布结果的那天，科尼利尔斯甚至都没有去听。直到他的同行们一个个都拉长了脸回来，他才跑到军粮供应处询问。"噢，是的，结果已经出来了。"一军需官说道，"是一个叫科尼利尔斯·范德比尔特的人中标。"科尼利尔斯大吃一惊。那人问道："你就是科尼利尔斯·范德比尔特？"科尼利尔斯回答："是的。"军需官道："你知道我们为什么选择和你签合同吗？"科尼利尔斯忙问："为什么？""因为我们要确保供货商准时无误地把物资送到。如果是你，我们就可以放心了。"科尼利尔斯的人品为他赢得了信任。

1818年，科尼利尔斯在纽约港拥有三艘最好的斯库那帆船以及9000美元的资产。但当他看到轮船相对于帆船的优越性，便义无反顾地改用轮船运输，每年还要花费1000美元。尽管如此，12年来，他不断往返纽约和新泽西州的新布伦兹维克。直到1829年正式成为轮船公司的老板前，曾经一度倾家荡产。三十年河东，三十年河西，他没落后很快又发达了，轮船的数量增至100艘。他早年的时候还投资国家铁路建设，成为那个年代美国排名第一的大富翁。

巴纳姆（Barnum）同样是白手起家建立起自己的商业王国。他15岁时甚至要靠赊账才买得起参加父亲葬礼的鞋子。他也是在艰难困苦中一步步迈向成功的典型例子。他跌倒了就重新爬起，任何挫折都不能使他气馁，任何困难都吓不倒他。一个到了50岁的人还能经受得起失败。当时他负债累累，却还能振作起来，以坚忍不拔的毅力重新爬起，在跌倒的地方获得胜利。

"你一定天生就是雄辩家。"柯伦[②]的朋友如此说道。柯伦答："事实上，我出生后23年零好几个月才培养出辩论的本领。"他谈起自己第一次参加辩论俱乐部

---

① 科尼利尔斯·范德比尔特（Cornelius Vanderbilt，1794—1877），美国亿万富翁、铁路巨头。

② 柯伦（John Philpot Curran，1750—1817），爱尔兰政治家、雄辩家。

的情景："我站在那里，每一根神经都在发抖，只记得自己是要模仿塔里的演讲。我鼓起勇气开口，只说了一句'尊敬的主席'就泄气了。我惊恐地发现房间里每个人的眼睛都集中到了我身上。虽然那个房间只能容下六七个人，但惊慌失措的我感觉有成千上万双眼睛盯着我，凝神屏息地等我开口。我紧张到话都说不出来。我的朋友们嚷嚷着鼓励我，而我还是说不出口。"从此柯伦就被冠以"哑巴演讲者"的绰号。还有更糟糕的一次，他在对方"列举一系列弄错年代的例子进行论证"的时候，吃惊地看着说话人，结果反被对方讽刺："我们的哑巴演说家无疑很有辩才，但我希望除了沉默他将来还能展示出更多的才华。"柯伦愤然而起，情绪激动下一口气就把自己的想法滔滔吐出。经过那一次的成功，他痛下决心要苦练演讲。他每天坚持朗读，挑选自己最喜欢的文章清晰而大声地读出来，并抓住每一次当众演讲的机会，以此来矫正口吃的毛病。

班扬在塞牛奶瓶用的纸上完成巨作《天路历程》；吉福德还在鞋匠铺当学徒的时候，在不用的皮革片上解数学难题；天文学家里滕豪斯在耕地的犁耙上计算出日食和月食。

一个满脸麻子常常被伙伴取笑的爱尔兰穷小子，以给街头艺人写歌谣为生，平均每天收入8美分左右。他靠给乡下的农民唱歌和演奏笛子挣钱，一路流浪，到过法国和意大利。他28岁来到伦敦，身无分文，只能住在斧头巷的流浪收容所。贫穷的他到伦敦郊外行医生活，身上永远穿着一件锈色的二手绒里外套，左胸处还缝了一块补丁。他上门出诊的时候就用一顶三角帽巧妙地遮掩补丁。在一则关于他的逸闻趣事里，一位病人坚持要求他把压在胸前的帽子放下，他礼貌地拒绝并更加虔诚地把帽子往胸口上压。他经常为了填饱肚子把衣服典当出去换食物。20美元是他写《伏尔泰的一生》所卖的价格。《欧洲古典教育》是他熬过了一生中最艰难的时期后出版的。这本书让他家喻户晓。紧接着他又出版了《旅行者》，让这个窝在舰队街为生活挣扎的男人知道自己出名了。他的房东太太曾经逮住他向他追讨房租。他拿出《威克菲尔德的牧师》的手稿，卖了300美元。他完成《遗落的村庄》初稿后，又花了两年时间进行修改。虽然他的《地球和大自然的故事》为他赚得4000美元，《她弯一弯腰就胜利》也同样获得了巨大成功，由于他过于慷慨，自负虚荣，又毫无远见，常常受人利用，导致自己负债累累。但命运的坎坷和他自身的小缺点都没能阻挡他获得成功，变得声名煊赫。虽然上帝的帮助和回报总是姗姗来迟，但在威斯敏斯特的教堂里，绝对不会漏掉这位创作了《威克菲尔德的牧师》的作者，他的腼腆、温柔和博爱都被上帝看在了眼里。他就是奥利弗·古德史密斯。

塞缪尔·约翰逊[①]贫穷、多病、眼睛也几乎看不见。他还是个男孩儿的时候被母亲带到安妮女王跟前，请求得到女王的亲吻，赶走身上的病魔。他以仆人的身份进入牛津大学，跟一个学生借上课的笔记学习，其他男孩儿都取笑他的寒碜，鞋子已经破烂到连脚都看得到了。有人把一双新鞋放在他的房门前，他扔出窗外。强烈的自尊心让他难以接受别人的帮助。因为实在太穷，他最终还是离开了学校。26岁的他娶了一个48岁的寡妇为妻。在妻子的资助下，他办了一所私人学校，但只招到3个学生，学校也不得不关闭了。他后来到伦敦闯荡，一天只有9美分的收入。苦闷的他还能写下"在贫穷的重压下缓慢抬头，一切都是值得的"这样的诗句，被世人广为传颂。他在伦敦生活的13年都贫困潦倒，曾经还因为欠债13美元遭到逮捕。他在40岁出版的《人类欲望之虚幻》中写道：

学者的人生将面临多番考验，
辛苦的工作，别人的嫉妒，赞助人的更换，以及牢狱的危险，
种种困难将造就学者的人生。

有人问他对过去的种种失败做何感想。他回答"它们就像纪念碑"——永远不变、永不动摇。他自己也很辛勤地工作，只花了一个星期的夜晚就把《拉塞拉斯》写好。在6个助手的帮助下，他花费7年的时间完成字典的编撰工作。因为他编撰的字典，他成了名人。一流大学争着要授予他学位。乔治国王也邀请他到白宫去坐坐。

曼斯菲尔德勋爵[②]凭借自己不折不挠的努力，从只有燕麦粥可喝的穷小子奋斗成为英国王座法庭首席大法官。

每年有5000多篇文章投稿至《利平科特》杂志，仅200篇被采纳。荷马在创作《伊利亚特》及但丁在构思《神曲——天堂篇》的时候，又需要搜集多少资料作为参考？望远镜的发明者作为第一个窥见外太空秘密的人，得到的回报是被关进地牢；显微镜的发明者作为第一个发现万物本质的人，却被驱逐出家园并活活饿死。显然，上帝在降大任之前必先苦其心志，空乏其身。莎士比亚的《哈姆雷特》在他生前仅卖出25美元的价格，而他的手稿却高达5000美元。

艾萨克·牛顿在其最伟大的发明诞生10年间，竟付不起每周两先令的皇家学会

① 塞缪尔·约翰逊（Samuel Johnson，1709—1784），英国文学大家。

② 曼斯菲尔德勋爵（Lord Mansfield，William Murray，1705—1793），生于苏格兰佩思郡，1730年成为一名律师，1742年和1754年分别出任皇家副总检察长和总检察长，1756年至1788年出任王座法庭首席大法官，是英国法律史上一位里程碑式的大法官，被誉为英国的"商法之父"。

会费。而当他的朋友提出帮他申请免付会费，牛顿却拒绝了。

爱默生的传记中，有一段故事非常有意思。他小时候因为没有父亲，母亲付不起5美分的图书馆借书费，因此他在看完一套书的上册后便无法借到下册了。

林奈① 还在学校念书的时候家里很穷，经常需要折纸掩盖他鞋的破洞，还不得不常常到他朋友家蹭饭吃。

拿破仑登上帝位后，又有谁会想起这位法兰西第一帝国的皇帝曾经住在康蒂码头的小阁楼上，困难到连一个金路易都要向塔尔玛借。

大卫·利文斯顿② 10岁就必须到格拉斯哥附近的羊毛厂做工。他用第一个星期赚到的工钱买了一本拉丁语法书，并连续几年坚持到夜校学习。他早上6点就必须到羊毛厂上班，还常常学习到深夜，直到母亲赶他上床睡觉。他读了很多书，凭借自身的勤奋消化了维吉尔和贺拉斯的著作，还自学植物学。求知若渴的他把书带到工厂，放在珍妮纺织机上。不管机器的声音如何嘈杂，他依然静心地看他的书。

乔治·艾略特回忆《罗慕拉》多年艰苦创作的过程时说：“我着手下笔的时候还是一个年轻女人，书写完了我也老了。”在爱默生的一本传记中这样描述他那种不断校对、修改、删除、重写的写作方式：“他的苹果都是经过了精挑细选的，只有最完美、最珍贵的极品才有资格留下来。有些苹果虽然不差，还可以充实他的果园，但他照样毫不犹豫地丢弃。”卡莱尔著书可谓是不遗余力。就算是一些不重要的细节他也费尽心思考究到底。他在写一篇关于狄德罗③ 的文章前，以每天一卷的速度读完狄德罗的25部著作。他告诉爱德华·菲茨杰拉德④，为了确定内斯比的地形，他总共查阅了20次关于内斯比战役的文献资料。

伊利法莱特·诺特⑤ 神父是一个布道演说家。伟大的政治家亚历山大·哈密尔顿⑥ 在与阿伦·伯尔⑦ 决斗中枪死后，他在其葬礼上做的布道尤被世人称道。诺特虽然取得了布朗大学的学位，但他成为牧师后曾经很贫穷，连一件大衣都买不起。到了1月，他的妻子就给家里的宠物羊剪毛，做成一件羊毛外套给诺特穿。而那只羊只好披着麻布袋抵抗寒冷。

伟人从不等待机会降临，他们自己创造机会。他们不会等到有好的条件或设

---

① 林奈（Carl von Linne，1707—1778），瑞典自然学者，现代生物学分类命名的奠基人。

② 大卫·利文斯顿（David Livingstone，1813—1873），苏格兰传教士、冒险家。

③ 狄德罗（Diderot，1713—1784），法国唯物主义哲学家，百科全书派代表人。

④ 爱德华·菲茨杰拉德（Edward Fitzgerald，1809—1883），英国诗人、翻译家。

⑤ 伊利法莱特·诺特（Rev. Eliphalet Nott，1773—1866），美国著名的长老会教牧师。

⑥ 亚历山大·哈密尔顿（Alexander Hamilton，1755—1804），美国政治家。

⑦ 阿伦·伯尔（Aaron Burr，1756—1836），美国政治家、美国独立战争英雄，美国民主共和党成员，曾任美国参议员、美国副总统。

备出现才开始动手。手里有什么，他们就用什么来解决问题。他们自己创造有利条件。年轻人只要有意志、有意愿，也就不怕找不到出路。富兰克林不需要多么精良的设备，仅利用最普通不过的风筝，就把电从云朵带到了地面。瓦特发明的冷凝式蒸汽机借用了一种古老的仪器模型，把用来抽干尸体血液以方便解剖的注射器原理用在蒸汽机上。布莱克博士[①]仅用一盆水和两个温度计就检测出隐藏在地底深处的热力。牛顿用一块棱镜、一块透镜和一块纸板就分离出光谱，解密出太阳光的组成。汉弗莱·大卫[②]在厨房找来了一些盆盆罐罐就做起了实验。法拉第[③]还在从事书本装订工作的时候，利用废弃的瓶子在休息时间做关于电的实验。伍斯特侯爵是英国贵族，但被关在了伦敦塔。他所处的时代科学刚开始萌芽，谁能想到这样的人还能为世界贡献什么。但他即使身陷囹圄也没有浪费时间。看到水沸腾把盖子给冲开，他推此及彼，写了一本叫《科学发明之世纪》的书。他在书上阐述了蒸汽的力量，而纽科门正是由此获得灵感，发明了蒸汽机。瓦特后来进行了改良才有了工业蒸汽机的出现。弗格森躺在地上，仰望星空，用绳子对照星星的位置打出一个个小结，做出了星象图。

弥尔顿写出《失乐园》的时候，不是正值年富力强或者处于政治事业的高峰期，相反，他目瞽年衰，还遭党派排挤。

伟人在通往胜利的路上，从没发现过康庄大道，从来只有崎岖山路，只有付出了汗水，坚持不懈才能走完。

乡下人伊莱休·沃什伯恩[④]在学校教书的时候，每月挣10美元。他最早学会的一课就是要积累到100美分才有一美元。后来他到议会工作，专门调查国家财产的“盗贼”，由此获得“国库看门犬”的外号。身为一名老议员，他渐渐以“国会之父”为人所熟知。他曾经三次主持副总统斯凯乐·科尔法克斯[⑤]的就职宣誓仪式，并推荐格兰特为志愿骑兵团上校。格兰特后来当上了总统，任命他为国务卿，后来又为法国领事馆大使。巴黎公社革命爆发后，几乎所有驻巴黎领事馆的外国使者都仓皇逃跑，只有沃什伯恩还坚守在岗位上。炮弹在他办公的四周狂轰乱炸，巴黎陷入一片火海，他依然没有撤离。有一段时间，他简直成为驻巴黎所有外国领事馆的大使，代表普鲁士处理使馆工作长达一年。普鲁士国王威廉一世授予了他一枚红鹰勋章和一颗镶嵌着宝石的珍贵星章。

---

① 布莱克博士（Dr. Davidson Black，1884—1934），加拿大古人类学家。
② 汉弗莱·大卫（Humphry Davy，1778—1829），英国化学家、发明家。
③ 法拉第（Michael Faraday，1791—1867），英国物理学家、化学家。
④ 伊莱休·沃什伯恩（Elihu Benjamin Washburn，1816—1887），美国政治家，曾任国务卿。
⑤ 斯凯乐·科尔法克斯（Schuyler Colfax，1823—1885），美国政治家，曾任副总统。

穷小子伊莱休·伯里特[①] 一天到晚都在铁匠铺工作，怎么还有时间进修学习？他的帽子就是他的图书馆，那里放着他唯一的一本书。这个看来毫无机会成功的人后来成为美国历史上的一大奇迹。

加菲尔德[②] 曾经只是一名穷教师。他唯一的一条牛仔裤破裂了，就用别针别住破口，蒙混过白天。房东太太在他早下课的时候过来帮他补裤子，对他说道："等你成为美国国会的一名议员，谁还会在意你在教书的时候穿的是什么衣服。"

米开朗琪罗既是建筑大师、雕塑大家，还是著名画家。他设计的圣彼得大教堂圆顶、雕塑作品《摩西像》以及壁画《最后的审判》足以让他在艺术的殿堂上永垂不朽。如此一位艺术大师，人们在他现藏于大英博物馆的书信中惊讶地发现，他在建造朱利叶斯二世教皇的巨大铜像时，穷得只能跟他的3个助手挤一张床睡觉。他的弟弟想到波洛尼亚看望他都没有地方可容身。

"我的钱包总是紧巴巴的。"左拉谈起早年艰苦的写作生涯时如是说道。"我常常连一个苏[③] 都没有剩下，也不知道去哪里找钱。早上4点起床，咽下一只生鸡蛋后，我就开始学习了。不论如何，那些日子还是美好的。我到码头散完步，回到我的小阁楼，享用完只有3个苹果的大餐，就坐下来开始工作。写作的时光总是快乐的。冬天我也不允许自己生火取暖，因为木柴太贵了。只有过年过节我才舍得奢侈一回。但不管怎么穷，烟斗和蜡烛都是必不可少的。想想看吧，一支用三个铜币买回来的蜡烛，对我来说就代表了一整晚的文学之旅啊！"

詹姆士·布鲁克斯[④]，曾经《纽约每日快报》的主编和所有者，有名的国会议员，年轻时候在缅因州的一家小商店当文员，21岁时收入就只有一大桶新英格兰朗姆酒。他十分渴望上大学，于是自己背个行李箱就往沃特维尔出发了。他毕业后身无分文，回家的时候同样是自己把行李箱背到了车站。

伊莱亚斯·豪[⑤] 在伦敦制作了他的第一部缝纫机。当时他穷困潦倒，不得不四处借钱维持生活。他靠朋友接济的豆类食品填饱肚子，甚至连接自己妻子回国的费用都是借来的。他以5英镑的价格卖掉了自己的第一架缝纫机（实际应值50英镑），并典当了缝纫机的专利权以付房租。

---

① 伊莱休·伯里特（Elihu Burritt，1810—1879），美国社会改革家、语言学家、和平主义者，组织过多次国际和平大会。

② 加菲尔德（James Garfield，1831—1881），美国第二十任总统，南北战争期间参加联邦军，为反对奴隶制投笔从戎。后被林肯赏识，弃军从政。1881年7月2日晨，被一个谋官未成者枪杀身亡，是美国第二位被暗杀的总统

③ 苏（SOU），昔日的法国铜币。

④ 詹姆士·布鲁克斯（James Brooks，1810—1873），美国纽约议员。

⑤ 伊莱亚斯·豪（Elias Howe，1819—1867），美国缝纫机发明人。

阿克赖特[①]从地下室的一个小小理发童做起，到他死后家财已经高达150万英镑。现实世界像打击所有人的创造力一样打击他的发明创造，在他的人生路上设置了数不清的障碍。他一次次被拒又一次次振作起来，最终成就了自己富有而受人尊重的人生。

得到公众认可的人，无一不是在别人的诽谤中伤甚至蓄意迫害中一路战斗过来的。海涅说："伟人的身边总是不乏敌人。"

世上造福人类的一切新发现和新发明基本都要经过一定的挫折和阻挠才得以被世人认可。有时甚至会遭到来自时代领航人的阻力。

甚至连德高望重的海军将领查尔斯·纳比尔爵士也对把蒸汽能运用在皇家海军上表示强烈反对。在众议院的会议上，他义正词严道："议长先生，当我们选择为女王的海军服务时就做好了战争来临的各种准备。我们不怕被敌人的乱刀砍死，不怕子弹在我们身上打出多少个洞，也不怕让大炮炸得粉身碎骨。但是议长先生，我们不知道原来还要做好被滚水活活烫死的准备。"

国会的一名议员问道："有谁可以解释下没有灯芯的灯怎样发光？"18世纪末，威廉·默多克提议在楼房里埋设输送煤气的管道，并用煤气点火照明，引起一片哗然。就连当时颇具威望的科学家汉弗莱·大卫也讽刺道："难道你打算把圣保罗大教堂的穹顶换成煤气罐子？"沃尔特·斯科特也认为这个主意很可笑，怎么可以让伦敦在烟熏火燎中得到光明？但很快，在阿伯兹福德就用上了煤气灯，而汉弗莱·大卫也因此成就了自己最成功的发明——安全燃煤灯。

提香一度自己从花朵里提炼颜料，在提洛尔父亲家的白墙壁上练习绘画。他包罗万象地画了很多，使得那些从他家经过的登山者都禁不住驻足欣赏他的画作。

一名老画家在看一个年轻人画下其工作间的所有瓶瓶罐罐、画笔、画架和小板凳后，惊呼道："这小子总有一天要超越我！"这个赤足的年轻人便是米开朗琪罗，他以非凡的毅力战胜了所有困难，成为著名的艺术大师。

当时威廉·希克林·普雷斯科特[②]还只是一名大学生，因为一场"饼干大战"的游戏，一只眼睛被击中从此无法视物，而另一只眼睛也渐渐看不清了。他鼓起勇气面对生活，下定决心要活出价值。他定下成为历史学家的目标，从此全身心投入研究历史。在朋友的帮助下，他还没决定写什么书就已经花了10年的时间打基础。在写《费迪南和伊莎贝拉》的时候，他又花了10年工功夫查阅文献，钻研手稿。他从一个"未来毫无希望"的男孩儿成长为历史学家，他的一生都是年轻人的榜样。对于那些轻易放弃机会浪费人生的人来说，更是最有力的警醒。

---

① 阿克赖特（Richard Arkwright，1732—1792），英国棉纺工业时期的发明家和企业家，水力纺纱机的发明者。

② 威廉·希克林·普雷斯科特（William Hickling Prescott，1796—1859），美国历史学家。

爱默生说："伽利略用一副看戏用的小望眼镜，就观察到了许多了不起的天文现象，而那些拿着天文望眼镜的科学家反倒不如他。哥伦布发现新大陆的时候，乘坐的船甚至连甲板都没有。"

人们常说的不利的生长环境并不能束缚一个人才华的施展。在埃文郡的低地里，莎士比亚用他的文字征服了世界；在新罕布什尔州的岩石山上，孕育了美国最伟大的政治家和演讲家丹尼尔·韦伯斯特。苦难和贫穷是孕育时代领导人的沃土。耶稣降临人间时，很多人不相信他就是救世主，因为他出生在贫穷的家庭。人们难以置信道："像拿撒勒这种穷乡僻壤能出什么好事？"

弗雷德里克·道格拉斯[①] 说："我认识一个黑人小男孩儿。他失去双亲的时候仅仅6岁。因为他是奴隶的孩子，没有人会去照顾他。他一个人住在杂物间，睡在布满灰尘的地上，天冷的时候就把头蜷缩在装稻谷的袋子里，双脚藏在灰烬中取暖；饿了便烤一棒玉米填肚子，或者爬到鸡棚找鸡蛋吃。他常常将鸡蛋拿到火上烤完了便吃。他不像你我有裤子穿，身上仅覆盖一件长亚麻衫。他没学可上，便对着一本陈旧的韦伯斯特字典自学拼写。他在地窖和谷仓前边习字边大声朗读，以引起别人注意，得到及时的指正。不久，他已是能说会道、远近闻名了。他荣任总统选举人，曾经当过美国警长、会议记录员、外交官，积累了一定的财富。他如今穿得起体面的衣服，也不用跟桌子底下的狗抢饭吃了。我，弗雷德里克·道格拉斯就是这个男孩。既然我都可以做到你又有什么理由做不到？不要因为自己的肤色较深就丧失斗志。要努力学习知识，只要一天不摆脱无知的阴影，就不会得到别人的尊重。"

谈起自立自强，还有谁能比林肯更叫人印象深刻？无论是他的人生、事业甚至死亡。他出身卑微，连父母是谁都无从考证。生活在贫穷、肮脏的环境中，看不见一线曙光，生活中没有半点优雅，年轻时候的林肯饱受着怪梦和幻象的困扰。然而，生活的磨炼造就了他不凡的品质。他晚年得志，被历史推向权力顶峰，担负一个国家的命运。他所属党派中有很多前途无量的领导人，他们在社会上的地位更高、经验更丰富，如苏厄德、蔡斯、萨姆纳等训练有素的政治名人，都不得不给林肯让路，接受冥冥中上天安排给他们的领导者。

这个故事的主人公是一个伦敦人。他失去了双手和双脚，却学会了用嘴写字。他多才多艺，靠自己的力量过上体面的生活。他准备几张纸，把它们摊开钉在角落上固定住，提笔在上面写下诗句，然后再画上漂亮的花边作为装饰。从嘴里放下笔后，他又用嘴叼起针线，把纸张缝在一起。有时他还叼着画笔作画，总而言之是一个

① 弗雷德里克·道格拉斯（Frederick Douglass，1817—1895），19世纪美国废奴运动领袖，杰出的演说家、政治活动家。

了不起的人。身患残疾的他不但没有成为家庭的负担，反而是最重要的经济支柱。

亚瑟·卡瓦纳议员生来残疾，没有手也没有脚，据说竟是一名神枪手、技术高超的渔夫和水手以及穿越爱尔兰的最佳骑手。他能言善道，工作能力很强，叫人难以相信竟是一个不得不把刀叉固定在断臂上吃饭、用牙齿咬住笔写字的残疾人。他骑马的时候必须和马鞍捆绑在一起，用嘴巴咬住缰绳。曾经在印度生活的他一度失去经济来源，便一如既往以最大的热情投入工作，获得了一份邮差的活儿。

很多人不理解为什么格莱斯顿要委任盲人亨利·福西特为大英帝国的邮政大臣。但事实上，历届担任该职位的健康人并不比福西特做得更好。

马萨诸塞州布里斯托尔县的约翰·B.赫雷斯霍夫[①] 15岁时就双目失明，由他一手创建的造船厂却成为世界著名船厂之一。在他的带领下，世上部分最快的鱼雷艇和帆船游艇便是从他的厂里诞生的。他常常亲自试驾自己厂生产的快艇。他的弟弟纳撒尼尔给予了他很大的帮助，但即使弟弟不在身边，他自己照样可以画出船体设计图并与人洽谈生意。对船体或船的模型检查一番后，他可以准确无误地给出指示，造出一艘一模一样的船来，甚至比视力正常的造船师仿造出来的还要精准。

威廉·H.米尔本[②] 神父从小便看不见东西。他主修神学，还没毕业就被任以神职。10年间，他为了传教走了20万英里的路程。在他著作的6本书里，人们可以清楚地了解密西西比山谷的发展历史。他还长期担任国会下议院的专职教士。

住在纽约的范妮·克罗斯比[③] 是个盲人，多年从事教育工作，同时也是盲人孩子的老师。她写了将近3000首赞美诗，其中包括《噢，和蔼的主，不要把我遗弃》《拯救堕落者》《救世主比我的生命更重要》《耶稣使我依十字架》等。

以上所列举的只是全身心投入人类事业的盲人中的一分子。仅在美国，就有150名盲人钢琴调音师，150位盲人音乐教师，500名盲人家庭教师，100名盲人教堂风琴手，15名或者更多的盲人作曲家和盲人音乐家，还有好几位盲人乐器制作商。

成功的殿堂没有永远敞开的大门。想要进去的人只能自己造门，而这扇门让你通过后就再也不会打开，就算是对你的孩子也不会格外开恩。

大约40年前，在11月一个阴霾的下雨天里，费城的一位年轻单亲妈妈正在烦恼怎样养活3个没有父亲的孩子，突然想起身为海军军官的丈夫曾经说过，在一个箱子里放有什么东西。单亲妈妈于是从箱子里找到了一个信封，里面装着指示如何制作用于夜晚海上彩色信号灯的说明书。制作方法不尽完善，单亲妈妈于是做了一些改

---

① 约翰·B.赫雷斯霍夫（John Brown Herreshoff，1850—1932），美国第二届铂金奖章获得者。美国通用化学公司总裁，罗德岛赫雷斯霍夫造船厂创始人。

② 威廉·H.米尔本（William Henry Milburn，1823—1903），美国卫斯里宗神父。

③ 范妮·克罗斯比（Fanny Crosby，1820—1915），美国诗人、作词人、作曲家。

进。她后来到华府向海军部长推荐这个发明，得到的回音竟是认为彩色信号灯的构想虽然很有价值，但没什么实际作用。单亲妈妈没有放弃，经过了几年零几个月的努力，她终于制造出能够发射出各种颜色光亮的灯。美国海军得知消息后以2万美元的价格买下了这项发明的生产权。内战期间，这种彩灯发挥了很大的作用，甚至被认为是用来救生的无价宝，几乎所有入侵者都是在科斯顿彩灯的帮助下抓到的。这名单亲妈妈，也就是科斯顿夫人后来把这项发明推广给欧洲好几个国家的海军，从此不用再为生计而发愁。

某当代作家说，天赋的才能，这个上帝赐予人类最贵重的礼物偏偏要在贫穷中滋养成形，实在算是世界的一大奥秘。人类最伟大的作品出自淹没在绝望和泪水中的伤心人之手。天赋不会在精英汇聚的沙龙，或是装饰豪华的图书馆，还是在一个人安逸得意的时候冒出头来。往往失意落寞的人在穷得买不起柴火取暖的小阁楼上，耳边全是浑身脏兮兮的孩子的哭闹声以及家里人的吵闹声，绝望得简直不可自拔。正是在这种境况下，一个人的意志才能得到最好的磨砺。当他靠自己的力量从万丈深渊中爬上来、迎接第一道曙光之时，也就是功成名就之时。只有经历过苦难的人才能成为人类的导师，才能拥有足够的影响力带领全人类登上另一座高峰。

昌西·杰罗姆[①] 在当地一所学校上了3个月学后便没再接受任何教育。他10岁时被父亲带到康涅狄格州普利茅斯的一家铁匠铺当学徒，学习锻造铁钉子。当学徒的薪水非常低，小昌西曾经砍了一扎木柴只换来1美分的报酬。他还常常踏着月光为邻居们砍柴，一捆柴也只换来不到一个铜板。他父亲在他11岁时去世，他母亲不得已把他送到一所农场去做工。小昌西就这样含着泪水拎着装衣服的小包袱一个人出去挣钱养活自己。新的老板要求他每天早早起床砍树，一直到夜幕降临才能休息。21岁以前他从没拥有过一双靴子，不得不穿着容易渗入雪水的鞋干活。14岁的时候，他到一家木匠铺当学徒，开始了长达7年只能得到住宿和衣服的打工生活。好几次他都不得不背着沉重的工具走30英里路到不同的地方干活。他学成后也经常背着工具箱步行30英里接一桩活计。一天，他听见人们在谈论普利茅斯的伊莱·特里[②]，说他竟下定决心要造200台钟。其中一人说道："都不知道他够不够寿命去制造那么多的钟。"另一个人说："就算他能活到那一天，也不可能把全部钟都卖出去。这个想法实在太可笑了。"昌西对这个谣言很感兴趣，他自己就一直梦想有朝一日成为一名出色的钟表匠。他于是去向伊莱·特里拜师，学习如何制作一台木钟。他接到订单，要12台钟，每台给出一美元的价格。昌西认为自己交财运了。一天夜里，他灵

① 昌西·杰罗姆（Chauncey Jerome，1793—1868），19世纪早期美国著名的钟表师。

② 伊莱·特里（Eli Terry，1772—1852），美国发明家、钟表师。

机一动想到用黄铜制钟不比用木材更贵，而且黄铜还不会像木材一样因为天气的变化而热胀冷缩甚至变形。他想到了就做，成为制造黄铜钟的第一人。他的黄铜钟远销他国，每天给他带来600美元的利润。很快，他便成了百万富翁。

《英国人民的历史书》是约翰·理查德·格林[①]在与病魔作斗争的时候完成的。他搜集了数量可观的相关资料，虽然病情突然加重，医生也表示无能为力，他还是动笔开始写了。在病情恶化之际，他依然坚持工作，日复一日和死神作斗争，争取更多的时间完成创作。他整整写了5个月，就连医生都惊叹不已，认为在那5个月里，每一个小时都是上天的恩赐。如果他没有强大的意志力和坚定不移的信念，很难完成这本英格兰史书。他病得只能躺在床上，连拿起一本书、握住一支笔的力气都没有，有时还连续几个小时忍受病痛折磨，却依然坚持一个字一个字地口述，在别人的帮助下写了下来。在死神阴影笼罩下的他，足足修改了5次，才完成书上最杰出的篇章。他开始另一个章节《征服英格兰岛》，全部写完检查时，觉得不满意，又重新再写。死神冰冷的手指已经伸入他的心脏，此时此刻的他说道："我还可以做得更完美，再给我一个星期的时间，我一定写得更好。"直到生命真的要离他而去了，他才说出"我无法再工作了"的话。

圣贤说："没有经历过苦难的人又懂得什么？"席勒在被病魔折磨得最痛苦的时候创作了他最好的悲剧；亨德尔在与身体的痛楚和精神的抑郁斗争得最激烈的时候，死神的靠近让他写出了最伟大的乐章，从此他的名字在音乐界流芳百世；莫扎特在病重和债务缠身的情况下，创作了几部最伟大的歌剧和《安魂曲》的最后乐章；贝多芬在双耳失聪、心情抑郁寡欢的时候，谱写出了最宏伟的乐章。

也许在面对困难和挫折时，我们都不如狄摩西尼[②]努力。狄摩西尼讲话常常上气不接下气，又结巴又小声，连一句简单的话总要停顿了好几次才能讲完。他第一次尝试在众人面前演讲，就被扑面而来的嘘声和嘲笑声淹没。唯一一次收获胜利发生在与监护人抗辩的时候，他成功地要回了被骗走的银子。多次的失败让他彻底绝望了，他决定不再练习当众演讲。幸运的是，一个听过他演讲的人却认定这个年轻人很有天赋，并鼓励他继续坚持下去。他于是鼓起勇气再度站在演讲台上，却再一次被一片嘘声冲倒。下台后他灰心丧气地耷拉着脑袋，极度怀疑自己是否真有演讲天分。当时很著名的一位演员萨提洛斯[③]走了过来，鼓励他加强训练，把口吃的缺点改掉。狄摩西尼实在是结巴得厉害，有一些单词甚至都说不出来，每讲一句话都

---

① 约翰·理查德·格林（John Richard Green，1837—1883），英国历史学家。

② 狄摩西尼（Demosthenes，公元前384—公元前322），古希腊著名政治家、演说家、雄辩家。

③ 萨提洛斯（Satyrus），公元前4世纪一位著名演员。

要气结好几次。他下定了决心要改掉这些缺点，不管付出多少代价也要成为一名演说家。他于是天天跑到海边，放几块小卵石含在嘴里，耳里听着大海的咆哮声大声练习演讲。口含石头说话是为了克服口吃，面对大海练习是为了锻炼自己面对听众非难的勇气。为了克服讲话喘不过气来的毛病，他专挑海岸边最陡峭险峻的山坡登爬。他讲话时不自觉手舞足蹈的习惯，也通过长期站在镜子面前练习演讲得到了纠正。

在南方，因为棉籽很难从棉花中剔除，很多种植农开始考虑放弃种植棉花。仅仅清干净一磅的棉花，就够一个奴隶忙活一整天了。来自新英格兰在路易斯安那州教书的年轻人伊莱·惠特尼[1]看到这个问题后，决心发明可以用来完成这项工作的机器。他秘密在地窖里研究了很长一段时间，终于发明出速度和性能都一流的轧棉机。长期辛苦的工作终于要迎接成功的嘉奖时，一群盗贼闯进他的工作室，偷走了模型。虽然伊莱最后找回了模型，但制造轧棉机的制造原理已为人所知，很多厂商在没有经得发明者同意的情况下便擅自进行了生产。他把盗窃者告上法庭，得来的却是陪审团的一致打击。当时他已是百万富翁，在南方拥有自己的工厂。法院却跟偷盗他专利的盗贼联手，白白摘取了他智慧和劳动的结晶。对整件事充满鄙视的惠特尼最后不再纠心于法院的不公，把注意力转移到枪支的改进上。他再次获得成功，并积累了大量的资产。

罗伯特·科利尔[2] 27岁带着他的新娘来到美国的时候坐的还是下等舱。他在宾夕法尼亚州干起了铁匠活，且一干就是9个春秋。这样的人后来当上了牧师，并举国闻名。

观察力敏锐的人如此评价移民到美国的中国人："他们一踏入这个陌生的国度就开始工作。对他们而言，无论是多么卑微或者辛苦的工作都无所谓，只要可以挣到钱。他们对自己十分节俭，挣来的钱几乎不花多少。他们好像不用过日子一样把所有钱都存了起来，等积累到一定的资产，就做点小生意，然后再慢慢做大。土生土长的美国人看不起这种从事贱役还乐此不疲的穷人。然而中国人却有耐心忍受这种劳苦的工作，慢慢地积累财富。过不了几年，他们就会拥有自己的仓库，揽下承包商的活，从国外进口货物，雇佣新移民来美国淘金的同胞。他们不太在意别人的看法，也关心政治，认为搞政治既危险又没有利益可图。他们为了提高自己的社会地位，可以很容易就接受新的信仰，并小心翼翼地奉行之。他们和西班牙人一样在美国兴旺起来，然而后者在呼呼大睡的时候，前者已经在辛勤工作了。荷兰人惊讶于他们办事的速度，居然还可以一边抽烟一边砍价。英国人素来以要求严格著称，

---

① 伊莱·惠特尼（Eli Whitney，1765—1825），美国发明家、企业家。

② 罗伯特·科利尔（Robert Collyer，1823—1912），美国唯一神话派牧师。

而中国人照样游刃有余地完成工作。季节的变化似乎对他们毫无影响。无论寒暑他们都不会停下手上的活计，就算要死了也会拼尽最后一口气捞钱。他们无论从事什么行业，生活在国外还是国内，是怎样的一个人，都拥有勤劳、温顺、任劳任怨的特点。他们一言既出驷马难追，欠债还钱毫无怨言。总体而言，他们大多性情宽厚、品格高尚，只有少部分来自偏远海边的流浪华人没有被美国文明同化。”

哥伦布像傻瓜一样被人赶来赶去，还坚持不懈地四处游说，一次又一次被国王们拒之门外，被王后们嗤之以鼻。他始终忠诚于灵魂的选择，丝毫不背离既定的方向。寻找新世界的梦想深深烙在了他的心上。荣誉、安逸、快乐、地位甚至生命都在所不惜；恐吓、嘲笑、排斥、风暴、漏水的船只以及叛乱的船员都无法动摇他追逐梦想的脚步。

人只要下定了决心，任何其他人都不能阻挡他获得成功。在他的路上铺设绊脚石，他就拿来当作通往成功的垫脚石。取走他的钱财，让他一穷二白，他就以贫穷为刺激激励自己奋勇向前。跛脚的司各特写出了小说《威弗利》，蹲地牢的班扬写出了永垂不朽的《天路历程》。从小在穷人家长大、在荒野中奔跑的孩子，长大之后最有可能进入国会大厦，成为世界大国美国的国家栋梁。

奋斗中的年轻人啊，从古到今，凡在这个世上做出些成就的人，无一不是经历过漫长的艰辛，孜孜不倦每天辛勤工作的。

化学家拉瓦锡① 在行刑前恳求多给他几天时间把实验完成。执政者拒绝道：“共和国不需要哲学家。”普里斯特利博士② 的房子被一群暴徒放火烧毁，他们在打砸他的化学实验室时喊道：“打倒哲学家！”普里斯特利不得不逃离到国外。布鲁诺③ 因为揭露了天堂的真相，在罗马被活活烧死。维萨留斯④ 因为解剖了尸体被定罪。然而，他们的名字将永垂不朽。科苏特⑤ 在布达佩斯坐牢的两年间，依然勇敢地坚持工作。约翰·亨特⑥ 说：“我获得的几次成功，都是在极大的困难中完成，并遭遇到最强烈的反对。”

罗杰·培根⑦ ，有史以来最博学的思想家，因为对自然哲学的一些研究遭到了

---

① 拉瓦锡（A.L.Lavoisier，1743—1794），法国著名化学家，现代化学的奠基人之一，提出了氧化学说，阐明了氧气对于燃烧的作用，并用实验证明了化学反应中质量守恒定律。因为其包税官的身份在法国大革命期间被处死。

② 普里斯特利（Joseph Priestley，1733—1804），英国著名化学家，发现了氧气、二氧化氮、氨和二氧化硫。

③ 布鲁诺（Giordano Bruno，1548—1600），文艺复兴时期意大利伟大哲学家、科学家，发展哥白尼日心说，提出“宇宙无限说”，极大地撼动了教会的统治地位，在罗马百花广场被施以火刑。

④ 维萨留斯（Andreas Vesalius，1514—1564），比利时解剖学家，曾祖、祖父和父亲都是宫廷御医，发表了《人体构造》一书，受到教会的迫害，在归航途中遇险不幸身亡。

⑤ 科苏特（Louis Kossuth，1802—1894），1849年匈牙利共和国元首，匈牙利民族解放运动领袖。

⑥ 约翰·亨特（John Hunter，1728—1793），英国解剖学家，近代实验室外科学和解剖学的奠基人之一。

⑦ 罗杰·培根（Roger Bacon，1214—1292），英国科学家、炼金术士，一个带有传奇色彩的博学家。

迫害，甚至被指控为巫师。他的书被当众烧毁，他也被判入狱10年。尽管如此，他依然没有放弃对科学的钻研，并获得了巨大成功。我们的伟大总统华盛顿因为坚持支持约翰·杰伊赴伦敦与英国签订的《杰伊条约》，没有迎合主流意见，结果在大街上被一群暴徒袭击。然而，他一如既往的坚决态度动摇了广大人民的立场，获得了民众对他的支持。威灵顿公爵走在伦敦大街上，被众人包围。他家的窗户碎了一地，他妻子的尸体躺在了地上。尽管如此，这位铁爵爷也毫不让步，坚定不移地朝着既定目标前进。

威廉·菲普斯[①]年轻时听波士顿街上的海员说，有一艘西班牙船在巴哈马岛边失事了，船上载满了金银珠宝。菲普斯决定马上出发去寻找这艘船。经过了千辛万苦，终于给他找到了遗失在船上的宝藏。不久后，他又听说在阿根廷的拉普拉塔港口有一艘失事多年的船一直没找到。他于是再次出发，先航行到英格兰寻求国王查尔斯二世的帮助。庆幸的是，国王爽快地提供了罗斯·阿尔及尔号供他使用。他徒劳寻找了很长一段时间，不得不回到英格兰修理他的船。詹姆士二世登位后，他足足筹了4年的资金才得以回国。他的船员后来叛变，扬言要把他扔到海里去喂鱼，最终还是被菲普斯平息了。一天，一个印第安人潜到海底寻找一种稀有的海底植物，意外发现好几架大炮埋在海底。50年前失事的船终于重见天日了。菲普斯刚开始寻找之旅时只有一个模糊的谣言引导他，后来他满载150万元大洋回到了英格兰。英国国王任命他为新英格兰的最高长官，不久后又兼任马萨诸塞湾殖民地的总督。

本·琼森[②]被派到林肯律师学院当泥瓦匠，手里拿着铲子在工作，口袋里还装着书。约瑟夫·亨特[③]年轻时是个木匠，罗伯特·彭斯[④]出身农民家庭，济慈当过药剂师，汤姆斯·卡莱尔、休·米勒[⑤]也都当过泥瓦匠，但丁和笛卡儿曾入伍当兵，安德鲁·约翰逊当过裁缝。托马斯·沃尔西[⑥]、笛福和柯克·怀特[⑦]都是屠夫的孩子，法拉第是铁匠的儿子，而他的老师汉弗莱·大卫[⑧]在药店当过学徒。开普勒在"德国旅馆"当过侍应，班扬当过补锅匠，哥白尼是波兰一位面包师的儿子。赫谢

① 威廉·菲普斯（William Phips，1651—1695），美国马萨诸塞州殖民地总督。

② 本·琼森（Ben Jonson，1572—1637），英国文艺复兴时期剧作家、诗人和演员。他的作品以讽刺剧见长。代表作：《福尔蓬奈》、《炼金士》等。

③ 约瑟夫·亨特（Joseph Hunter，1783—1861），英国唯一神论派神父，考古学家。

④ 罗伯特·彭斯（Robert Burns，1759—1796），苏格兰诗人。彭斯被视为浪漫主义运动的先驱，在死后成为自由主义和社会主义的灵感来源，是苏格兰人的一个文化偶像。

⑤ 休·米勒（Hugh Miller，1802—1856），苏格兰地理学家、作家和民俗学家。

⑥ 托马斯·沃尔西（Thomas Wolsey，约1471—1530），英国政治家、大法官、国王首席顾问；同时也是神职人员，历任林肯主教、约克主教及枢机。

⑦ 柯克·怀特（Henry Kirke White，1785—1806），英国诗人。

⑧ 汉弗莱·大卫（Humphry Davy，1778—1829），英国化学家，发现化学元素最多的人，被誉为"无机化学之父"。第一代旷工灯的发明者。

尔小时候靠演奏双簧管吃饭。米歇尔·内伊[①]，“勇者中的至勇”，从最低职位做起，一步步为自己赢得“不可战胜”的称号。苏尔特[②]当了14年的小兵才升上巡佐的位置。没当上法国外交大臣前，他对地理可谓是一窍不通。理查德·科布登[③]曾在伦敦一家仓库打工。他第一次在国会演讲彻底失败了。然而越败越勇的他很快就成长为同时代最伟大的雄辩家。罗杰·谢尔曼、亨利·威尔逊、吉迪恩·李、威廉·格雷厄姆、约翰·哈雷、H.P.鲍尔温、丹尼尔·谢菲，美国政府成立后首个世纪的国会7名议员，都曾当过补鞋匠。

为获得成功与恶劣环境不停地作斗争，是成就一番事业的前提。

没有经过一路厮杀，没有在身上留下战斗伤疤的人，是不会明白成功的最高意义。

拼了老命向上爬以摘到胜利果实的人，金钱只是附属得到的东西，而不是成功的全部，甚至算不上最重要的回报。塞勒斯·韦斯特·菲尔德[④]经过多年艰辛的劳动，承受了无数次失败的打击、众人的嘲笑和反对后，终于成功在海洋底下铺设了电缆。当他用手指轻敲电报机时，电流不仅穿越了大西洋，更是流遍了他的全身。当爱迪生在门洛帕克公园见证自己发明的电灯取得商业成功时，灯光发射出来的光线同样照亮他灵魂最深处。爱德华·埃弗雷特[⑤]说：“成功到来的那个时刻，对于多年付出智慧和汗水的人而言，快乐都集中到了一个瞬间。我想象得出，当伽利略把他新发明的望远镜对向天空，亲眼见证到哥白尼的预言，并发现金星同月亮一样有圆缺时，他的心情该是多么激动。那种快乐，同门茨和斯特拉斯伯格收到第一本印刷出来的《圣经》，哥伦布在1492年10月12日发现圣萨尔瓦多的海滨，牛顿敲开了万有引力的大门，富兰克林在拉风筝的线上得到了雷电，以及勒威耶[⑥]从柏林返途中遇见潮汐的涨落中发现新行星时，是一样的。”

“观察你邻居家后花园种的树吧，”在布尔沃的小说里，扎诺尼对维欧拉说道，“了解它们是如何长大，如何弯曲，长成千姿百态的大树。有时因为风把种子播撒到各处，甚至在岩石的裂缝里也有枝芽冒出。有时因为自然大山或者人为建

---

① 米歇尔·内伊（Michel Ney，1769—1815），法国军人、法国大革命和拿破仑战争期间的军事指挥官，拿破仑一世手下18名法国元帅之一。

② 苏尔特（Nicolas Jean de Dieu Soult，1769—1851），法国军事首领和政治家，绰号铁手。在法国历史上他是26名第一帝国元帅和6名大元帅之一。他担任过三次法国首相。

③ 理查德·科布登（Richard Cobder，1804—1865），英国制造商、政治家。自由贸易的倡导者。

④ 塞勒斯·韦斯特·菲尔德（Cyrus West Field，1819—1892），美国金融家，创立了大西洋电报公司。

⑤ 爱德华·埃弗雷特（Edward Everett，1794—1865），美国政治家、牧师、教育家、外交家、演讲家。历任州长、国会议员及哈佛大学校长。

⑥ 勒威耶（Urbain Jean Joseph Le Verrier，1811—1877），法国数学家、天文学家。计算出海王星的轨道，根据计算，柏林天文台的德国天文学家伽勒观测到了海王星。

筑，树苗被包围在阴影之下，终其一生都在努力靠近阳光。它们长得弯弯曲曲，是因为遇到障碍物时，会绕道而行，只为把枝叶伸向蓝天。为什么它们能在贫瘠的土地上，长出翠绿的树叶；能够展开臂膀，拥抱温暖的阳光？孩子，那是生存的本能啊！得不到阳光的照耀，它们就必须努力长高，为自己争取太阳光下的一片位置。要得到阳光，看到美丽的天空，就必须以一颗积极奋进的心，穿越重重障碍，冲破命运的束缚。只有在与困难作斗争的时候，强者才会得到更多知识，弱者也会感受到更多的快乐。”

每个人都能用自己的双手掌控船前进的方向，
同时应当注意观察海浪的大小，
洋流的方向，以及什么时候应该扬起风帆。
我们要做好各种准备，
狂风暴雨时我们应当带什么，
晴空万里时我们应当带什么，
船漏水了怎样应对，
搁浅甚至撞到岩石时又当怎么办，
大自然的各种风暴应当怎样预防……
我们的人生之船是跌入地狱，还是驶入天堂，
一切尽在我们自己的掌握之中。

第五章
在跨越障碍中学习

真正伟大的雕塑家不会因为眼前障碍重重就灰心丧气。为了雕刻出最完美的作品，他就算是再贫苦，也会采取一切办法，用锤头、凿子甚至炸药也要把人雕刻出来。

大自然给你添加困难，即给了你一次增长智慧的机会。

——爱默生

很多人之所以事业有成，全拜遇到过的困难所赐。

——司布真[1]

恶只会让善更善，如同踩烂花瓣，香气犹存。

——萨缪尔·罗杰斯[2]

灾难对于人如同黑夜对于星星。

——扬

没有敌人的人不可能获得成功。

——霍姆斯

人遭遇的困难越多，挫折越大，成就也就越高。

——贺拉斯·布什内尔

逆境往往能够激发人在顺境时处于冬眠状态的潜能。

——贺拉斯

真金不怕火炼。真正有才能的人，即使身处逆境，也一样能够脱颖而出。

——赛拉奇

富足宠坏脑袋，贫穷锻炼智慧。

——黑兹利特[3]

逆境对伟人是财富，一帆风顺造就不了任何成功。

——约翰·尼尔[4]

风筝不是顺风飞翔，而是逆风而起的。

——马登

① 司布真（Charles Haddon Spurgeon，1834—1892），19世纪英国著名浸信会牧师、演说家。

② 萨缪尔·罗杰斯（Samuel Rogers，1763—1855），英国浪漫主义诗人。

③ 黑兹利特（William Hazlitt，1778—1830），英国散文家。

④ 约翰·尼尔（John Neal，1793—1876），美国作家、文化评论家、律师和建筑师。

哈里特·马蒂诺[1]谈起父亲不断失败的生意时说道："我们不知道埋怨了父亲多少次，但如果不是因为他总亏本，我们很可能就像其他大小姐一样安守本分地过日子，年复一年在家里缝衣数钱，为一点鸡毛蒜皮的小事斤斤计较，心胸和见识都将变得越来越狭窄。正因为父亲养不起我们，我们才学会了独立，学会自己闯荡世界，自己建立交际圈，为自己赢来好名声。我们的视野不再局限在家里，而是放眼世界。换言之，多亏了苦难，我们得以充实地活着，而不是庸庸碌碌。"

"我相信，上帝是为了让弥尔顿写出千古绝唱，才夺走他的视力的。"乔治·麦克唐纳[2]说。

世上最伟大的三部史诗中，就有两部的作者——荷马和弥尔顿，是盲人。而第三部的作者但丁晚年时眼睛也几乎看不见。史上很多伟人在身体上无不遭受某些残疾，好像只有这样，他们才有可能毕尽一生的精力只为完成一部著作。

"我跌倒了，但并非永远都站不起来。"梯也尔[3]在众议院的演讲失败后如此说道。"我现正在奋笔疾书，完成我的第一篇论文。演讲坛如战场，某次的失败往往意味着另一次的成功。"

某杰出科学研究员说，每当他遇到难以逾越的难题，便是离重大发现不远的时候。

"带着感激之情回忆挫折"是很多作家的体会。失败因能够唤醒人潜在的能量和沉睡的才能，激发其更大的斗志，往往更能带领人们走向成功。牡蛎将进入身体的异物沙子转变为珍珠，积极进取者则把失意化成为动力。

"狂风暴雨只能把雄鹰托得更高，把不利你的言论攻击看成是助老鹰腾飞的逆风吧。"

风筝之所以飞得起来，是因为一端系着绳子。人生同理。那些肩负着家庭重担的人，往往飞得更稳更高；而孑然一身的单身贵族，因为无人牵挂而随风飘荡，很快就掉进了泥里。如果你想在这个世界飞得更高，就让你的家人在大地的一端守望着你。

英格兰杰出律师彭伯顿·利[4]谈及自己早年贫穷的生活和艰苦的工作，说道："它们是丰收前的准备。其间，我学会了把没完没了的工作当作成功的铺垫，把经济上的独立，视为同美德和快乐同等重要。债台高筑的危险，无论如何都必须避免。"

---

① 哈里特·马蒂诺（Harriet Martineau，1802—1876），英国女性社会家。

② 乔治·麦克唐纳（George Macdonald，1824—1905），英国诗人。

③ 梯也尔（Marie Joseph Louis Adolphe Thiers，1797—1877），法国政治家、历史学家。

④ 彭伯顿·利（Thomas Pemberton Leigh，1793—1867），英国政治家、律师、法官。

拿破仑在同学们嘲笑他出身卑微和贫穷的时候，发奋读书，很快就在学术上超越他们，赢得了尊重。他不久后便成了全班最耀眼的明星。

在本职工作上做出卓越成就的某法官说：“年轻人要想在法律界发展，就必须学会像隐士一样生活，像马匹一样干活。半饥状态对于年轻律师总是有益无弊的。”

天资聪颖的人在这个世上有千千万万，但他们不曾学会和困难做誓死搏斗，在披荆斩棘中激发潜能，于是迷失了自我，找不到自身的天赋所在。即使在适合自己的职业道路上，想要通往成功，也不会一帆风顺。

贫穷和卑微的出身也许能够绊住我们前进的步伐，但像河里的冰山或者暗礁，在迫使水流形成旋涡后，同时也增加了它们冲破障碍流入大海的力量。两者并非不可逾越的障碍，相反，它们往往成为激发潜能的催化剂，使人目标更坚定，身体更强壮。

种子在发芽的时候，如果必须冲破顶上坚硬的土地和厚重的石头，才得以探出脑袋呼吸空气、享受阳光，还不时要遭受暴风雨的摧残和霜雪的侵袭，那么其长成大树后一定既坚实又健康。

“你难道希望人生一点考验都没有？”一位当代的老师问道，“可那样的人生不会完整。没有考验，你无法估计自己的力量。就像学游泳，我们不可能躺在桌上比画两下就学得会，必须要深入到水底吃点苦头。考验是促人成长、培育独立的天然沃土，是出高徒的严师。人如果一辈子都顺顺利利，不用经历一点波浪，很难说是一个完整的人。上天给人类降下苦难，其实是想磨炼和考验人的意志。我们应当将其视之为天降大任的预兆，往更高处走的机会。”

塔列朗[①]说：“想有所作为就要给自己树立敌人。”

敌人往往才是最佳的朋友，爱敌人也是一种智慧的人生哲学。敌人敢于揭我们的短，而朋友总是美化我们。敌人的冷嘲热讽和尖刻批评就像一面镜子，让我们看清自己的不足。敌人说出来的话虽然刺心，但却能推动我们更加努力，获得更大的成功。面对我们的缺点，朋友很少会当面批评指正，而敌人则一定毫不留情地揪出并猛烈抨击。我们害怕敌人揭我们的短，暴露我们的缺点，就像害怕外科医生的手术刀。刀虽然会刺痛我们，但同时让我们看清了隐藏在自己身上的病因，致使我们从责备和羞辱中重新审视自己。

敌人造就了我们的成功。为了打败他们，我们获得了成长，增长了力量。没有他们的敌对，我们永远不可能把自己修炼成坚固的城墙，就像橡树一样经过暴风雨

① 塔列朗（Talleyrand，1754—1838），法国政治家。

的洗礼才会生长得更加强壮。我们所经历的一切悲伤和考验同样助我们成长。

战胜困难的人脸上带有胜利的表情。他周围的空气都弥漫在成功者的自信中。

十七、十八世纪的新教创始人约翰·卡尔文[①]被疾病困扰多年，罗伯特·霍尔[②]也同样有过被病魔折磨的时期。推动世界进步的伟人都不是舒舒服服、顺顺当当就成长起来的，他们无不经历过无数的挫折和一段艰苦的岁月。

"神明最喜欢看到一个诚实正直的人如果战胜困难获得成功的故事。"

阿那克西曼德[③]在被其他男孩儿嘲笑其唱歌难听时说："那我得再多加练习把歌唱好。"

棕榈树要经历过风吹雨打才能长高长壮，人也一样。长期与不幸作战的人，成功到来时反倒会不知所措。突交好运会让人一下子失去战斗的源动力，就像是习惯于温暖气候的民族，一旦到达酷热的赤道，将很难习惯。很多人不遭遇一点挫折和失败，不被周围人小瞧，永远都发掘不出自己的潜能。通过人生考验的人收获更多的美德；经历过失败，胜利也就不远了。

挫折使人坚强，使人坚韧，使人不可打败。失败激发人的斗志，不是要镇压敌人，而是要追求自由。

伟大的品格需要苦难来塑造。在和平年代，不会诞生像格兰特那样的伟人。如果没有战争，世人也不会知道林肯、俾斯麦。如果没有奴隶制度，菲利普斯和加里森也不会史册留名。

人们对意大利之行一位新出道的画家评论道："此人难道不是未来又一位伟大的画家？"诺斯科特回应："不可能。""您有什么依据？""此人每年都有6000英镑的收入啊。"在财富的照耀下，很少有人登得上艺术的高峰。只有在逆境，一个人的才华才会得到激发。要成就伟大，必须先经历一段艰苦的奋斗。

宝剑锋从磨砺出，梅花香自苦寒来。越是坚硬的钻石，越是光彩耀目，磨炼它的力度也越大。只有它自身磨出来的尘粉，才有足够的硬度，让这颗价值连城的钻石展现它最美的一面。

打火石要经过摩擦才会产生火花，人要经过磨炼才会绽放光芒。火车前进的秘密在于消耗其四分之一能量的阻力。给铁轨涂上润滑油让摩擦没了，火车也不再前行。同理，人如果失去对手或阻力，不用付出努力便能拥有财富，或者在别人的照顾下一帆风顺地度过人生，那么此人永远都不会有进步。

---

① 约翰·卡尔文（John Calvin，1509—1564），法国新教神学家。

② 罗伯特·霍尔（Robert Hall，1764—1830），英国神学家。

③ 阿那克西曼德（Anaximander，公元前610—公元前546），古希腊哲学家、米利都学派的学者、泰勒斯的学生。

“正因为人无完人，时不时会陷于穷途末路之中，人类一辈子都要奋力挣扎不让自己被水淹没，不让大灰狼闯进屋里，这个社会才不至于崩溃。如果人人都过着富足无忧的生活，世界很快便会陷入一片混乱。”

有次一辆电轨车突然剧烈地晃动起来，熄火停下，迎面驶来一辆载满货物的敞篷卡车。因为雨天的缘故，路面又湿又滑，卡车直向电车轨道冲来。司机刹不住车，马匹也无法把车拉住。电车司机平静地铲起沙子撒在路上，卡车降慢了速度，缓缓停下。电车上某乘客松气道：“是摩擦救了我们。”

哲学家康德以鸽子为例，假设空气不存在，鸽子在没有任何阻力的情况下飞翔，是不是就可以飞得更轻松更快了呢？事实上，如果空气当真被抽空，让小鸟在真空中飞起来都不可能。因为阻挠飞翔的环境恰恰就是实现飞翔的条件。

凶险的大海造就合格的水手。同理，时势造就英雄。没有南北战争，我们这个时代的很多伟人也许都只能默默无闻。

奋斗是荣耀的，即便劳而不获，我们也会在斗争中变得更加坚强。

漫无目的、懒散及愚笨的头脑，在紧急情况出现前，早已失去了应对的能力和魄力。遭遇父母去世或者家境败落的孩子，往往更早当家，因为灾难夺走了他的依靠，使之不得不自力更生。监狱激发了许多品格高尚者内心的火山。像《鲁滨逊漂流记》《天路历程》《生活与时代》《独裁者》《没有困难就没有成功》都是在狱中完成的。沃尔特·罗利爵士[①]在13年的铁窗生涯里写出了《世界史》。马丁·路德在瓦特堡监狱翻译了整本《圣经》。但丁流亡在外20年，甚至被判过死刑。他的著作在他死后还被当众焚烧。

从同一棵橡树上摘下两个相同的橡子，一个种在荒凉的山上，一个种在茂密的森林。种在山上的橡树得不到任何庇护，任凭风吹雨打。它的根牢牢地抓紧岩石，深深地插入大地，并向四面八方蔓延开来。它的每一条支根都为支撑起橡树的庞大身躯而奋力作战。有时，它似乎好几年都不再长高，猛然一看，才发现它的根支已经紧紧地绕住一块巨岩。山上的橡树以傲人的姿态不断成长，为抵抗即将到来的飓风做好了准备。狂风越肆虐，橡树越结实。

而在丛林里长大的橡树还只是一棵弱不禁风的小树苗。在众多大树的保护下，它不需要奋力伸展，向大地寻求依靠。

找来两个各方面都相差无几的男孩儿，将其中之一带到远离城市温床和繁华的乡下抚养，那里只有县立学校、主日学校以及寥寥无几的书籍。如果该男孩儿

① 沃尔特·罗利爵士（Sir Walter Raleigh，1552—1618），英国伊丽莎白时代著名的冒险家、作家、诗人、军人、政治家。

本质优良，即使没有财富，甚至没人支持，也一样能够飞黄腾达。每一次挫折都是其增长力量的机会，每一次跌倒都是其收获坚毅的时候。就像橡皮球，越是用力抛，越是反弹得厉害。困难和挫折是锻炼其勇气的运动器械。嘲笑他贫穷的人最终不得不尊重并认可他。让另一个男孩儿去享受范德比尔特家的生活，去享受法兰西或德意志保姆的照顾，去过无忧无虑、所有愿望都得到满足的生活。他拥有名师指导，在哈佛大学接受高等教育，每年的零花钱多得花不完，全世界都留下了他的脚印。

两兄弟相遇时，城市长大的男孩儿为自己有个乡下土弟弟感到羞耻。他的衣着是那样寒酸，手掌是那样坚硬，还一脸的黄褐色。最可怕的是他的言行举止，跟城里长大的兄弟相比，显得粗鲁无比。乡下男孩儿为自己的艰苦生活哀叹，对被送到城里的兄弟羡慕不已，暗自怨恨自己时运不济。他当时还在心里埋怨上帝的不公，明明是亲兄弟，境遇却如此不同。而当他们成家立业后再次相聚，彼此都为对方的改变吃惊不小。虽然从外表上看两人还是同以前一样，穷小子那饱经风霜的脸庞和他兄弟那享尽荣华富贵的尊贵身躯相比，就像长在山上的橡树和长在森林的橡树一样一眼便可以区分开来。想知晓之间的差间，就分别用两种木材来建造船底，在凶险的大海上一试，便知哪艘船经受得住惊涛骇浪。

当上天想给你传授知识时，会把你送到社会大学磨炼，而不是名牌大学。约瑟夫就是一个从社会底层走向最高权力的典型例子。我们总是没有意识到自己身上隐藏的潜能，没有意识到我们背后还有上帝的支持，直到人生磨难的出现，或者感情发生挫折，才让我们不得不调动所有的能力去应对。保罗死于罗马监狱，约翰·赫斯在康士坦次湖被施以火刑，廷代尔[①]在阿姆斯特丹的监狱抑郁而终。弥尔顿在大革命爆发之初，还到阿尔盖特街为两个男孩儿上课；戴维·利文斯通[②]在非洲内陆某黑人家里孤独离开了人世。他们的人生似乎都过得很失败，事实上屈辱的生活锻炼了他们的意志，从而才得以实现上帝赋予他们神圣的使命。

两名以拦路抢劫为生的强盗经过绞刑架时，其中一人发出感叹：“如果这个世界没有绞刑就好了。”另一人答道：“笨蛋！你脑袋进水啦！如果没有绞刑，该有多少人跟我们抢饭碗！”无论我们追逐什么梦想，在艺术上的还是商贸上的，正是因为有难度，才得以把部分人给先筛掉了。

斯迈尔斯说：“在克服困难的过程中，成功慢慢与你靠近。没有困难，就没有

---

① 廷代尔（William Tyndale，1494—1536），英国16世纪著名的基督教学者和宗教改革先驱，被认为是第一位清教徒。

② 戴维·利文斯通（David Livingstone，1813—1873），英国探险家、传教士，维多利亚瀑布和马拉维湖的发现者，非洲探险的最伟大人物之一。

成功。困难是人类进步、国家兴盛、个人成功之母。没有它，我们这个时代的所有发明创造都不可能诞生。”

门德尔松进伯明翰交响乐团前对他的批评者说道：“用你们锋利的爪子紧紧抓住我不放吧！我需要你们告诉我哪一个乐段不好听。我不是来听你们赞美的。”

约翰·亨特[①]认为，一个外科医生的医术是否会进步，关键在于他有没有勇气在公开成功病例的同时，也把自己的失败公之于世。

皮博迪说：“人在年轻的时候要懂得一个道理，任何东西都不是可以轻易得到的，任何目标都不是可以轻松达到的。极少有人能够不遭遇一点困难，不经历一点失望，就能达到梦想中的那个位置。如果正确地对待困难，你会发现它们其实并不可怕，反而会是你成长的助力。没有比克服困难、翻越障碍更有益的运动了。”

据说但丁对佛罗伦萨更换市长一事耿耿于怀。经过了10个世纪的民族失语，接下来的10个世纪（或许更长），将不再听到但丁的《神曲》。

塞万提斯在马德里监狱完成巨著《堂吉诃德》。他写作的时候穷到连纸都买不起，不得不在一些没用的皮革碎片上继续写作。某个很富有的西班牙人拒绝对塞万提斯伸出援手，并回应道：“是上天决定要苦其心志的，他现在贫困潦倒，世人得到的精神财富就越多。”

“永不停息地战斗，在逆境中奋起搏杀，才能获得成功，在事业上有所建树。”

“她歌唱得不错。”某知名音乐家如此评价一位有潜质但缺乏热情的女歌唱家，“但她还可以获得更大的成就。如果我还没结婚，一定把她追到手，然后娶她，再欺负她，让她为我心碎。这样等到第六个月，她将成为全欧洲最炙手可热的歌唱家。”

贝多芬如此评价罗西尼：“他很有天赋，只可惜没有受过苦。生活的安逸和富足都表现在他作出来的曲中了。”

我们为了追求心中的理想，拼尽了全力。马丁·路德也一样，把事业做到最好，不断修炼自身的人格，尽管还因此得罪了教皇。晚年时，他的妻子问道：“我们还在天主教会的时候，是多么地虔诚啊，几乎天天都去教会。为什么现在反倒冷淡了呢？”

艾尔登[②]穷困潦倒的时候，瑟洛公爵[③]反而收回承诺，不推荐他担任破产委员会的专员，认为不向艾尔登伸出援手更是为了他好。艾尔登表示理解：“他知道我天

① 约翰·亨特（John Hunter，1728—1793），苏格兰外科医生、科学家。

② 艾尔登（Lord Eldon，1751—1838），英国律师、政治家。

③ 瑟洛公爵（Lord Thurlow，1731—1806），英国律师、政治家、大法官。

生懒惰，除非万不得已，绝对不会勤奋的。”

沃特斯说，在追求知识和提高自身修养的路上，人的思想、能力、把持力和判断力都有所加强，而且能变得更加独立，也更有思想，更有品格的力量。

“慷慨的神灵恩赐予人类风暴的洗礼，”艾迪生说，“给了人类发挥潜能的机会，让我们得以发扬美德，安心享受怡人的季节和生活的宁静。”

温室里的植物过于娇嫩，让人感觉没有朝气。不像长在田野上的谷物和水果，摇曳在阳光下、微风中；或者是奔跑在草原上的牛群、逆流而上的鱼儿。它们才是自然界的食物来源。用路边那些不需要照料的花朵提炼出来的香水更精纯，用森林里经历风吹雨打生长起来的树木才能作为建造神庙和轮船的材料。

爱默生说：“我不明白为什么有些人能够放弃锻炼他们意志和身体的活动，他们明明就有机会参加的。这些经历对于人生而言，就像珍珠和宝石一样珍贵。只有经历过无休无止辛苦工作的人，经历过灾难和生活贫困的人，曾经有过怒气填胸的人，才能增长智慧，修炼口才。真正的学者视浪费机会为力量的损失。”

科苏特① 认为自己的灵魂因“暴风雨的吹打”而变得坚强，眼神因“苦难的折磨”而越加锋锐。

本杰明·富兰克林逃离了家人的庇护，乔治·劳② 曾被拒之门外。他们才华横溢，并于早年便学会了如何战胜困难。

小鹰具备飞翔的体魄时，其父母便将他们推出鸟巢，让它们自己学会飞翔。这种粗暴的训练方法使得小鹰长大后成为当之无愧的空中鸟王，能够精、准、狠地捕捉到猎物。

那些曾经遭受过同伴挤兑的男孩儿更容易获得成功。而从来没有这种经历的男孩反而不容易出人头地。

“失败而非成功使我变得坚强。”年迈的西登汉姆·波伊兹③ 说道。

从人类有历史记载伊始，希伯来人就不断遭受迫害。尽管如此，他们仍能为这个世界贡献出最神圣的诗歌、充满智慧的格言以及曼妙无比的音乐。迫害给他们带来更多的是民族的繁荣。他们能在其他民族倒下的地方站起来，并成为其他国家的脉搏之源。“艰难困苦就像降霜的春晨，冻死了害虫，反助植物更好地存活下来。”

在克里米亚战争中，一枚大炮击中了城堡，摧毁一座美丽的花园。就在一片狼藉中，一股温泉从地下喷涌而出，后来人们把它建成一座活喷泉。从战争带来的满

---

① 科苏特（Kossuth，1802—1894），匈牙利革命家、政治家，匈牙利民族英雄。

② 乔治·劳（George Lan，1806—1881），美国金融家。

③ 西登汉姆·波伊兹（Sidenham Poyntz，1598—1663），英国内战中著名的勇士。

目疮夷里，竟也能喷出快乐的古老泉水。

不要为了失去的财富伤心。上帝也不敢保证不会出现更大的惊喜。不要太纠结于失去的东西，要站稳双脚，集中精力修炼自己的人格。每个人都是未经雕琢的钻石，只有像贫穷一样的打击，才能磨出钻石的光芒。

生命最饱满的旋律，是由苦难和对原则的坚持共同谱写出来的。经历过霜冻、大雪、暴风雨和闪电打击的种子，才能够成长为一棵强壮的大树。严冬和漫长的暑天一样不可或缺。一粒橡实拼命地汲取成长所需的营养，并不断地与大自然抗争，最后才能成为有用的木材，用于建造船只。没有经历过风雨的人没有毅力，经不起打击，很容易放弃原则，他们很难收获到什么好谷子。最结实茂盛的树木不是长在热带雨林里，而是经过风吹雨打、霜寒严冬的树木。

很多人直到失去了所有才真正找回自己。失意让他们重新审视自己。苦难和挫折是一把凿子和锤头，把经得住捶打的人生打造成夺目的佳作。山腰上的岩壁总在埋怨施工的吵闹，认为火药的爆炸声打乱了它千年来的宁静。它不喜欢施工工人在它身上凿来凿去的。可是从它身上采下的石头都变成美丽的雕像和石碑，可以留传千年，向一代又一代的人类讲述它们如何脱胎换骨的故事。

如果这些雕像没有经历过轰炸、捶打和打磨的痛苦，永远都只能是一块大理石而已。只有经受过人生的磨难，我们才能到达更高的人生境界。

遭遇了时运逆转或巨大苦痛的人，才能散发出平静耐心的可爱品质。

很多商界的成功人士无不经历过失去一切甚至健康的不幸遭遇，但正是这些不幸造就了他们更大的成功。没有经历过人生磨难，没有遇到过艰难困苦的人，是不会看到生命天使的。

一道闪电把他最后的希望都击碎了，却给他打开了一道新的裂缝，为他呈现一片崭新的世界。

连最大的希望都被葬送到了坟墓里后，往往能激发一个人从未在身上出现过的品质：耐心和坚毅，并重新燃起了新的希望。

埃德蒙·伯克[①] 说："逆境是人类的良师益友。它比我们更了解我们自己，也更爱我们。它磨炼我们是为了使我们的心理变得更坚强，能力变得更强大。我们的敌人是它的助手。它给我们设置困难，逼迫我们去更加地努力。因为它的存在，我们不再肤浅。"

品质高尚的人不会因为困难险阻就轻易抛弃自己的原则。他们不会跌倒了就起

---

① 埃德蒙·伯克（Edmund Burke，1729—1797），爱尔兰政治家、作家、演说家、政治理论家和哲学家。

不来，任何苦难都只能使他们变得更加强大。

卡斯特拉说：“如果不是遭遇不幸，萨伏那洛拉[1]只能是一位好丈夫、好父亲，却不能在史册上留名，不能在时间的沙漏上留下痕迹，在人类的灵魂上留下印迹。事实上，他没能逃过命运的魔爪，他伤透了心，他的灵魂已经沉浸在深深的悲哀之中，阴郁的藤蔓爬上他的眉头，他因此而不朽。他把人生的希望都寄托在他爱的人的身上，他的生命就是为了拥有她而开始的。然而，因为贫穷，因为，她的父母拆散了他们。他相信，死亡很快就回来夺走他的生命，他不知道的是，伴随着死神的，还有永生。”

伟人大多出身卑微。据说从贫民窟里走出来的天才和名人，要比从皇宫里走出来的多一万倍。

奥佩靠锯木为生，却成了皇家艺术学院的一名教授。他10岁时只能爬到屋顶上作画。安东尼奥·卡诺瓦[2]的父亲是当临时工的。托尔瓦德森[3]的家同样很贫穷，但他的父母是靠自己的双手挣钱养家的。阿克赖特[4]从前是个理发匠，他跟他们一样都是从社会最底层崛起的。班扬曾经当过补锅匠。威尔逊则当过补鞋匠。林肯铺过铁路，格兰特制过皮革。他们都在各自的领域做得很出色，最后成为著名的发明家、作家、政治家、军事家。

在逆境中，蠢人发怒，懦弱者叹气，智者和勤者却能充分调动其潜力，谦逊者则借助机会锻炼自己，富贵子弟望而却步，懒散者却变得勤劳起来。成功和财富往往都不能使人感觉到自身的价值和快乐。逆境好比大海上的暴风雨，激发人的灵感和才能，磨炼人的毅力和技能。古代的殉道者，也需要外部的灾难激发他们对崇高理想的追求，为了英雄主义牺牲生活的舒适和生命的安全。如果一个人长年累月都生活在晴朗的天空下，就会变得像八月的大地一样，又干又裂，无法播种。人需要一点挫折让自己成长。生活中没有阴霾的朋友可以到那些被贫穷和疾病缠身的家庭走走，增长一些社会见识。越是黑暗的地方，就越能显示出钻石的光芒。不要到处跟别人述说你的不幸，因为没有人会喜欢和不幸者为伍的。

贝多芬创作出最伟大的乐章时，双耳几乎完全失聪，他的生活笼罩在一片悲伤之中。席勒在身体忍受巨大痛苦的时候完成了他最好的作品。15年来，他的病痛就从来没有间断过。弥尔顿在写作《失乐园》的时候，不仅生活贫困，而且疾病缠

---

① 萨伏那洛拉（Girolamo Savonarola，1452—1498），意大利道明会修士，曾任佛罗伦萨的精神和世俗领袖。

② 安东尼奥·卡诺瓦（Antonio Canova，1757—1822），意大利新古典主义雕塑家，他的作品标志着从戏剧化的巴洛克时期进入到以复兴古典风格为追求的新古典主义时期。

③ 托尔瓦德森（Bertel Thorvaldsen，1770—1844），丹麦雕塑家。

④ 阿克赖特（Richard Arkwright，1732—1792），英国第一家棉纺厂创办者，发明了水力纺纱机。

身，双目失明。然而他还能说出“磨难成就伟大”的话来。班扬说，如果上帝允许，他祈祷赐予他更多的麻烦，而不是享受。

裴森博士[①] 躺在病床上时微笑地问道：“您知道上帝为何让我们挺直腰板做人？”来探病的朋友回答道：“为了让我们可以向上展望。”另一个朋友说：“我们来不是为了安慰你的，我们是希望和你分享快乐的。在我看来，现在还没到伤心的时候。”裴森说：“我很高兴你能这么想。我已经很久没有听到别人对我说这样的话了。事实上，我并不需要别人来安慰我，但每个人都坚持认为我需要更多的安慰。而当我身体还健康的时候，作为一名成功的牧师，我却更需要别人慰问的话语，然而大家都忙着恭喜我和奉承我。”

德国有一名骑士决定造一把巨无霸的伊奥利亚竖琴，便把琴弦系在城堡的两个塔尖上。然而等琴造好了，却没人弹得响它。后来起了一阵微风，骑士隐约听到远处传来音乐的声响。暴风雨袭击了他的城堡，用塔尖造成的竖琴经过大自然的手弹出了激昂美妙的音乐。

当可怕的瘟疫夺走了数以万计人类的生命，一场大火吞噬了寒碜邪恶的伦敦小镇，一个更大更伟大的城市如同凤凰涅槃般，从这片废墟中崛起。

火蜥蜴在熊熊燃烧的火炉里生活得更好。

奥尔宾·图吉[②] 说：“每个富翁都有过破产的经历。格兰特还在当中尉的时候，因为一次失败把自己推向将军的位置。而我的一次失败则让我成就了从来没有想过的事业。”

在人生的战场上，我们召集志愿军消除无知和谬误，并在军营高高竖起知识和真理的旗帜。带着希望，把挡在你前进道路上的障碍一一消灭吧。将你做人的原则高高竖起，带着坚定的步伐和无畏的目光，稳步前进！

困难和汗水造就了男子汉，而不是一帆风顺和舒适的生活。苦难是成功必须付出的代价，人格也在此过程中慢慢形成。很多伟大的诗歌都“产于苦难的摇篮，并在苦难中学习，以诗歌的形式吟出”。

拜伦19岁就发表了第一部著作：《闲暇时刻》。他在著作受到严厉批评后，便痛下决心要在文学界做出一番成就。麦考利[③] 评论拜伦道：“历史上从来没有一个人能像拜伦一样，在如此短的时间内取得如此令人瞩目的成就。”仅过了几年，拜伦便同斯科特、索西以及坎贝尔等名人齐名。同样，还有很多雄辩家也是在别人的

---

① 裴森博士（Edward Payson，1783—1827），英国公理会牧师。

② 奥尔宾·图吉（Albion W. Tourgée，1838—1905），美国律师、作家、政治家、外交家、民权活动家。

③ 麦考利（Thomas Babington Macaulay，1800—1859），英国诗人、历史学家、辉格党政治家。曾担任陆军大臣和财政部主计长。

嘲笑声中受到了刺激才发愤努力取得成功的，如“口吃的杰克·柯伦”以及“演说家鼻祖”。

我们处于一个不用自己思考的时代，随处可见“帮助你解决××问题”的广告。研究所、学院、大学、老师、书籍、图书馆、报纸、杂志等都为我们把思考这件事做好了。我们的每一个问题都能找到最佳的解释和解决办法。我们的学生常常在学校接受老师灌输的知识，却很少自己去学习。这个世纪的人们总想找到解决问题的“捷径”。为了轻松学完大学课程，很多学生喜欢耍点小聪明。我们从报纸上了解政治，从教堂的布道了解自己的信仰。世人已不再流行自行解决问题和学习知识了。上帝似乎已经解除了伊甸乐园对人的禁忌，重新收回世间的苦难，发挥其神奇的力量让人类重返无忧无虑的乐园。

然而千万不要误会上帝的意图。他解放了我们肉体的劳累，是把工作交给了大脑和心脏。他减轻了我们身体上的负担，是想让我们追求更高尚的目标。

最坚强的个性和最美丽的心灵都不是在温暖的气候下成长起来的。相反，它们是在一片贫瘠的土壤和恶劣的气候中得到锻炼。如果每天只付印度农夫一个便士以及美国工人一美元的薪酬，墨西哥即使矿产丰富经济也不会发达，新英格兰即使只有贫瘠的岩石和冰川，也照样富裕。因为环境的逼迫必须去努力，因为贫穷的刺激必须去奋斗，人类才能够坚持下来，走出野蛮，走向文明。因为劳动，人类才知道世界有多广阔，才造出了美丽的花园。

正如雕塑家看到一块大理石，眼里看到的不是一块石头，而是石头里蕴藏着的天使，而大自然同样也只在意人类的那副臭皮囊里装着的人性。对于这块石头是否价值连城，雕塑家是一点也不想知道。同样在大自然的眼里，人类的肉体也只是一副呼吸的泥娃娃罢了。如同雕塑家会把除了里面的那个天使外的其他部分通通摒弃，大自然也一样会无情地剥掉外在的东西，专注于把我们的内在打造好。我们的钱财、骄傲、野心、荣誉，在修炼品格面前都变得无足轻重。大自然将想尽一切办法激发我们潜在的人性。钱财、地位和荣誉都只是身外物，品质好才是最重要的。

人类被创造出来不是为了舒适、愉悦或者幸福而活的。大师之所以为大师，是因为他们的画作把人这个主题很好地表现了出来。在画布上，一切都是围绕这个主题而设置的。树叶、花朵、星星，大自然赋予万物同样的意义。

哲学家说：“拒绝斗争和痛苦的人不是真正活着。我们活在这个世上，就有无数的责任和义务，不论我们愿不愿意承担。世界不会因为害怕吵醒我们而踮起脚尖轻声走路。它起早摸黑，操起家伙便开始工作。成千上万的劳动者挥洒着汗水和眼泪，乒乒乓乓便开始了劳作。建造神殿的工人，用劳动的吼叫和捶打充实生命。敌人、仇恨、灾难、失败、狂欢，这些构成了人生，我们无法躲避。而且我们为什么要躲避呢？我们躺在上帝的铁砧上，让上帝把我们打造成更好的人。”

天性乐观的人，就算遭遇挫折，希望破灭，也保持着自我，从失败中学习。这样的人才是真英雄。

在我们内心深处，
有一股力量，
很微弱；
然而，天堂的光芒将穿过薄膜，
找到隐藏在内的宝石。

——赫曼斯夫人[①]

“远方的光芒如此耀眼，
照射到双手却化为乌烬；
美德诞生于艰苦岁月，
而不是别人赠予的礼物。”
“伟大的灵魂往往与苦难为伍，
从伤痛中得到教育，
从挫折中奋发图强，
就算皱起了眉头也绝不是因为运气。”
不为别人的冷漠而生气，
因为世界本不平坦，
每一次挫折，都是新的开始。

——布朗宁

① 赫曼斯夫人（Felicia Hemans，1793—1835），英国诗人。

第六章

坚持一个目标不动摇

找到自己的人生目标，然后穷尽一生去实现它。只要坚持不懈，你总有一天会成为大人物的。

人生如箭/找到箭靶/瞄准目标/拉满弓/不再迟疑/射箭！

——亨利·范·戴克[①]

是否树立了远大的人生目标非常重要，接下来就看天分和毅力了。

——歌德

专注一个目标者战无不胜。

——查尔斯·巴克斯顿[②]

两只兔子都追，都落空！

三心二意者事事无恒心。

——马登

想成功，首先明确所长、树立目标，然后坚持之。

——富兰克林

年轻人在事业上朝三暮四比停滞不前更危险。

——马登

勤观察但不见异思迁，人人都能成为天才。

——布尔沃[③]

专注造就天才。

——巴尔扎克

米开朗琪罗的一位朋友曾经问道："你为何要这样孤单地生活？"这位艺术大师的回答是："艺术是嫉妒的情人，要求占据你全部的身心。"据迪斯雷利说，米开朗琪罗在西斯廷教堂工作的时候就拒绝会见任何人。

"那天我们往西航行，因为那是我们的航线。"哥伦布在日记里每天都记录下这句话，虽然只有寥寥两句，但是意义重大。航行的时候希望时隐时现，恐惧和绝望随时可能因为指南针的诡秘变化降临船员心中。然而哥伦布依然镇定自若，毫不动摇地往西行驶，每晚都在日记本上写下勉励自己的两句话。

① 亨利·范·戴克（Henry Van Dyke，1852—1933），美国作家、教育学家、神职人员。

② 查尔斯·巴克斯顿（C. Buxton，1875—1942），英国政治家。

③ 布尔沃（Edward Bulwer-Lytton，1803—1873），英国小说家、诗人、剧作家和政治家。

“再割深一点，”拿破仑的禁卫队士兵对检查其伤口的医生说道，“那样你才能找到我的心脏。”拿破仑对目标有着坚定不移的信念，是他的执着使他永垂不朽，他的名字刻在了巴黎大大小小的石碑上，留给每个法国人甚至每个欧洲人不可磨灭的深刻印象。今天的法兰西依然臣服在这个名字的巨大魔力下。在塞纳河边，那个神秘的“N”字母，随时随地都有可能跳入人们的眼帘。

崇高目标的力量足以创造奇迹！世界的面貌也因此改变！拿破仑心里明白，法兰西不缺伟人，只是他们不知道坚定不移朝一个目标前进的力量。正是依靠这股力量，拿破仑改变了欧洲的命运。他看到了平衡力量的后果，只有强权才是正道，否则千千万万的民众只好生活在无政府状态中。他以铁一般的意志紧紧控制住局势，和威廉·皮特①一样，他从不为担心成败费心思。对他而言，没有偏左或偏右，没有游离主道的时候，也没有空中楼阁。他的目标只有一个，他的目光只注视前方，向前、向上、直奔目标。因此，往往获胜的都是他。他屡战屡胜的原因在于目标的明确。他就像取火用的聚光玻璃，把阳光聚集到一个小点，去到哪里都可以点燃火苗。他成功的奥秘在于集中力。一旦发现敌人的弱点，他马上集中兵力攻打，招招致命，一波连一波，直到成功攻破。他将集中力发挥得淋漓尽致，不论在生活的细节还是征服整个帝国上，都能够全心全意地投入对待。然而，物极必反，拿破仑坚持用最强的兵力攻打一个据点，结果反被自己曾经成功的做法打败了。

当今社会，要成功就要全心全意地往一个目标努力，要有只许成功不许失败的决心。所有诱惑他忘记目标的欲望都必须强加抑制。

新泽西的港口虽多，但都窄小，水位也浅，所以整个新泽西都发展不起船舶运输业。而在纽约，唯一的海港既宽阔又是深水港，引领了整个美国的船运业蓬勃发展。从纽约港，船只络绎不绝地驶往世界各地，而它临港的小船就只能在附近的海域活动。

频繁转行或者换工作的人不会有多大的出息，还不如坚持在一个行业里打拼，即使工作卑微，总有一天会闯出名堂并捞到金桶的。

即便是有着活跃大脑的格莱斯通，也不敢说自己可以一心二用从事两份职业。他把全部的精力都投入到现有工作当中，就连娱乐都离不开工作。像格莱斯通这样的天才都需要集中精力干一份事业才能成功，我们这些普通人又怎能三心二意呢？

伟大之人多能集中精力、心无旁骛地干好一件事。维克多·雨果在1830年法国大革命期间创作《巴黎圣母院》，当时战火都烧到他家门口了，子弹嗖嗖地飞过他

---

① 威廉·皮特（William Pitt，1708—1778），英国辉格党政治家，曾任英国首相。

家花园。雨果竖起衣领，兀自一人躲在房间里继续写作，整个冬天都包裹在毛毯里写啊写，任凭外面怎样喧闹都不动摇，他把生命全都倾注到作品里。

天才靠的是精神的集中。亚伯拉罕·林肯小时候专心听过的布道长大后仍然可以一字不落地背出来。奥利弗·温德尔·霍姆斯博士还在安多弗读书的时候，学习起来眼睛一眨不眨地盯着书看，那认真的程度就好像在看一份百万遗嘱似的。

某广告商写信给一个纽约运动员，请教如何才能不让猎枪走火，并附上25美分求解答。该运动员回信道："你只放一颗子弹，就不怕猎枪走火啦。"

专心做好一件事情的人在这个世界才会走得更远。哪类演员最受欢迎？是把一生都奉献给《李伯大梦》的杰斐逊，是一心一意把一个角色扮演好的布思、欧文和基恩，而不是那些什么角色都想尝试的肤浅演员。专心从事自己所长，不容易受外界影响的人才能成功。就像爱迪生、莫尔斯、贝尔、豪、斯蒂芬森、瓦特……亚当·斯密斯，花了10年时间写成《国富论》；吉本，用了20年创作《罗马帝国兴衰史》；休姆，每天工作13个小时创作《英格兰通史》；韦伯斯特，36年的时间才完成字典编撰工作；班克劳夫，用26年完成《美国史》；菲尔德，在全世界的嘲笑声中50次穿越太平洋，只为铺设一条缆线；牛顿，把他的《古国编年史》修改了16遍；格兰特，呼吁人们"花一个夏天解决一个问题也在所不惜"。他们，都是在史册上留名的伟人。

只擅长一件事情的人往往比多才多艺的人成就更高，因为他们一心一意从事自己所擅长的领域，而后者把精力分散，从来不知道自己想要干什么。最弱小的生命，只要能够集中精力干好一件事，同样能有所作为。最强大的人，什么都想尝试，结果一事无成。柔软的水滴就是因为连续不断地从一个方向击打石头，才能穿过坚硬的石头。卡莱尔指出，风暴尽管肆虐，但一阵咆哮过后，身后什么都没有留下。

伟大的目标不是一蹴而就的，在生命的长河中，它是一块磁铁，把所有的金属都吸引过来。

扬基佬懂得多种不同的打结方法，而英国水手只知道打得最结实的一种。而正是这种只专、精一门技术，心无旁骛只朝一个目标前进的人，才能穿越一切障碍、抵制一切诱惑向前进。培根那个上知天文下知地理的时代早已一去不复返，像但丁那样能够一人打败巴黎大学十四才子的天才不再诞生。一人能精通12门学科的时代已经成了历史。在我们的世纪，只有专业才是真正的王道。

科学家认为，只要把所有阳光都集中起来，在不到50英亩的太阳能板上，就足够给全世界的机器提供运转所需的动力。然而太阳是移动的，因此地球才不至于陷入一片火海。只要用一块凸透镜把部分阳光汇集起来，就足以熔化坚硬的花岗岩，把钻石变成气体。很多人拥有各方面的才能，却不懂得融会贯通。所谓的“全才”或“通才”其实是最无用的。他们不能把所有才华都用在一件事上，所以才有成功与失败的分别。

到过维也纳皇家陵墓的旅行者告诉我们，奥地利那个绝望心碎的国王约瑟夫二世的墓志铭上刻着：“这里躺着拥有雄心壮志，却一事无成的王。”

詹姆斯·麦金托什爵士[①]能力超凡。每个认识他的人都对他抱有很高的期望。大家都很关心他的发展，满心期待看到他震撼世界。然而他的人生漫无目的，时时满腔热情地幻想干出一番大事业，每次都在做出决定之前热度消失了。他性格上的这个致命弱点使得他的人生漫无目的，结果一事无成。他太过于贪心，缺少恒心，无法为一个目标牺牲别的精彩。他甚至在写一篇文章的时候花了几个星期的时间决定是用“用处”还是“用途”。

把一种才能用在一件事情上，远比拥有十项才能用在十件事上要成功。在步枪枪管里加入一点点火药，子弹就可以很给力地射出去。火药加得太多了反而不利。火药的威力要通过枪管发出，否则，加再多的火药也没用。学校里最平庸的学者往往比那些才华横溢的人在事业上干得更出色。因为他们能力有限，只能专心从事一个方向的研究，而后者因为多才多艺，从不甘心放弃其他可能美好的前程。

埃德温·惠普尔[②]说：“真正的自信不是自欺欺人，而是全心全意投入到对一个梦想的追求中，甚至超越了对危险和死亡的恐惧，以近乎超人的力量坚守信念。”

世人常以为过于专心的人可笑，然而改变世界的正是此类人。在任何事情都求专求精的今天，没有唯一目标、无法把全部热情投入到一个理想上的人，不可能取得多大的成就。希望取得举世瞩目成就的人，必须打破现有文化的传统，推陈出新，拼足马力完成一项改革创新。摇摆不定在19世纪是没有前途的。“善变的想法”是很多人失败的原因。这个世上充满了形形色色的人把生命浪费在无意义的事上，就好比费力气摇下空桶到一口空井里取水。

“A君常常取笑我头脑简单，知识面窄。”美国一位年轻的化学家说，“他懂得很多事情，上天入地无所不谈，而且立志样样精通。而我只知道，如果想在事业上有所突破，就必须把全部精力投入到一件事上。”这位年轻的化学家，曾经只是一个默默无闻的教师，在乡下一间小木屋里靠着松木烧火照明学习。几年过后，他

---

① 詹姆斯·麦金托什爵士（James Mackintosh，1765—1832），苏格兰大法官、辉格党人、历史学家、哲学家和政治理论家。

② 埃德温·惠普尔（Edwin Percy Whipple，1819—1886），美国散文作家。

得以在伯爵面前表演电磁实验，不久升任英国最大科学研究所所长。他便是亨利教授，后来到华盛顿史密森学会工作。

道格拉斯·杰罗尔德认识一个人，他学过24门语言，却不会用其中的任何一种来表达自己的思想。

歌德说，对于没有希望取得更大进步的领域，我们应当放弃。如果我们执意勉强自己，结果只能自怨自艾，为自己因此浪费的时间和精力痛心。古语说得好："只需精通一门手艺就可养活一大家子，学得再多也只会把自己饿死。"

瞄准一个目标的人才能成功。能够在史册上留名的都是目标明确专一的人。他们聚集所有能量在这个目标上，以至于他们的名字都深深地刻在载满荣誉的羊皮卷上。爱德华·埃弗雷特才华横溢且能力超凡，却连朋友的期望都无法达到。他涉猎广泛，每个国家的文化都略知一二，但他没有做出什么伟大的成就，他的名字不像加里森或菲利普斯那样留在世人的记忆中。伏尔泰把法国人拉·阿尔普比喻成一个不断加热却煮不熟食物的烤炉。哈特利·柯勒律治[①]才华盖世，却和詹姆斯·麦金托什爵士一样，缺乏明确的人生目标。因此，他的一生只能以失败告终。他就像水一样随着地势的高低流动，没有定性，什么都做不成。他的叔叔索西这样评价他："柯勒律治毛手毛脚的。"一旦离开他自己的小天地，他就变得异常羞怯，连拆开一封信双手都不住地在发抖。他虽然常常暗下决心重整旗鼓，让那些忽视他的人对他另眼相看。遗憾的是，同麦金托什一样，直到生命走完，他仍然只是一个"前途无量"的潜力股。

世界往往只为有目标的人敞开大门，如俾斯麦和格兰特。瞧瞧鲁弗斯·乔特[②]是怎样打动陪审团的。他不厌其烦地一遍遍宣传自己的思想，逐一打破陪审团的心理围墙，直到所有人都认同他，都被他所感染，最后看他所看，思他所思，感他所感。他锲而不舍，直到所有人都接受他的思想，他用自己的个人魅力渗透进别人的生命。他紧紧抓住目标，说的每一句话都围绕了一个目的。他的言辞很有说服力，他的逻辑无懈可击。他曾经对年轻的律师说："无论如何都得先打动陪审团。就算是颠倒黑白也要使他们相信你说的话。接下来再尽最大的努力和法官周旋法律层面的问题。"

成功人士往往都是善于制订计划的人。他们先做好规划，然后严格执行。成功人士总能一往无前地朝一个目标前进，就算半路遇到无法翻越的障碍，他也会想尽办法凿开它。持续不断地为一个目的运用自身的能力能够给予人力量，而漫无目的

① 哈特利·柯勒律治（Hartley Coleridge，1796—1849），英国诗人、传记作家、散文家、教育家。

② 鲁弗斯·乔特（Rufus Choate，1799—1859），美国律师、演说家、国会议员。

只能损耗自身的才华。我们应当专注于一个目标，否则将像失去平衡的机器一样，四分五裂了。

专注做好一件事的能力，不管是受过高等教育的人，还是有才华高智商的人，还是各行各业的普通人，都应当掌握的。拿破仑在带兵操练的时候，比任何一个兵都更专注。

坚持一个目标就是胜利。经常换工作的人永远不会成功。某年轻人在服装店干了五六年，得出的结论竟是自己更适合到杂货店工作。他轻易地就放弃了自己用宝贵的5年时间换来的工作经验，转到另一个完全用不上这些经验的行业重新开始。他的大半辈子都在重新学习新的行业知识，不记得曾在某行业花了几年时间积累而来的工作经验是用金钱换不回来的。不精一门专业，什么都只学了半吊子的人，不可能过上富裕成功的生活。

有多少年轻人能够对一份工作坚持下来，在打算放弃跳槽前有所成就。我们总能看到别人工作的辉煌，却只能看到自己职业的荆棘。一位从商的年轻人走在街上，看到坐马车拜访病人的医生，就理所当然地认为医生这个职业既轻松收入又高，相比自己的职业，又枯燥又困难重重。他一点也没有想到这个医生从医前花了多少年寒窗苦读，学习枯燥无味的解剖学，背诵数不清的药名和专业词汇。

科学家告诉我们，在自然界没有什么在强聚光的照耀下会不显得美丽。成为一个行业的专家能使最枯燥无味的细节都变得有趣起来。掌握了一门学科，形成有始有终的习惯，给人以力量和优越感，足以消除工作上单调乏味的部分。我们对工作越上手，就越能感受到其中的乐趣。找到属于自己的职业并成为专家的人，不论是农民、木匠，还是杂货店老板，都不容易被其他更光鲜的职业吸引，不会愿意放弃自己所从事的工作去成为州长或者议员。找到自己的所长并充分发挥，找到自己的位置并游刃有余，成功就在你身边了。

当一个人在工作上达到一定的效率，多产且技术纯青，成为炙手可热的资深人才，他便能感到自己拥有强大的力量。只要能够达到这种程度，之前在学习和探索上所花费的时间都可以忽略不计了。他在此期间积累了很多工作经验，结识了很多圈内同行，并树立起真诚、正直、值得信赖的形象，赢得了别人的信任。他积累了足够的知识和技巧，拥有足够的人脉，扩大了影响力，这些便是他获得成功的秘诀。他建立的信用，结下的友谊，塑造的形象，帮他获得创业的资金，登上通往财富的高速公路。如果年轻人各行各业都涉猎不深，在成为专业人才前便半途而废，永远不可能获得成功。他之前的经历完全浪费了，不能为他将来的事业所用。

往往成功人士一生只经营一份事业，而不像现今许多年轻男女一样，频频跳槽，今天从事这个行业明天又跳到别的行业去。虽然他们换工作就像扭转开关一样容易，但没有哪两种职业是相通的，就好比修路，不是每条路都适合同一辆车行驶的。今日的美国，这种现象尤为普遍，以致年轻人见面时第一句话就是："你现在在做什么工作？"因为他不确定这个朋友自上次见面后又换了什么工作。

有人就说，那么我们只要坚持下去就一定成功咯？这种想法也是错误的。如果不拟订计划，盲目地坚持，不比不带指南针就出海愚蠢。行驶在半途方向舵坏掉的船只，不愿意放弃前进，随便一个方向就向前行驶，就算燃料充足，也总有用完的一天。除非受到了命运的眷顾，否则到达港口的希望极其渺茫。就算幸运地靠了岸，船上的货物也不一定适合那里居民的需要。我们在行驶船的时候，应该方向明确，把船上的货物运到一个有市场的口岸。明确了正确的方向后我们才应该坚持下去，不论刮风下雨都继续朝目的地前进。想要得到成功的人就不要在茫茫的人生海洋上盲目飘荡。他不仅要在风平浪静或者顺风时候保持前进的速度，即使遇到风暴袭击，大雾迷眼的天气，也一样坚持既定的方向向前行驶。丘纳德号油轮就从来不为恶劣天气而停止航行。在险象环生的海上，他们只朝一个目的地航行。不论天气如何恶劣，遇到怎样的困难，他们总能在既定时间里到达目的地。人们可以确定，如果船是要开往波士顿的，它绝对不会在萨姆特要塞或者桑迪岬靠岸。

在南美草原上，生长着一种花，不论刮风下雨，它的叶子永远都朝向北方。旅客如果没带指南针或旅行图，一旦迷路了找到此花就一定能重新找到方向。有很多目标明确的人，无论遇到多大的困难，遭遇多大的反对，都不会退缩或动摇，人们可以十分确定地预知到他们最终的结果。他们会因逆风或逆流延迟了到达口岸的时间，但他们不会放弃，也不会改变方向，继续朝既定路径前进。可以确定的是，无论他们失去什么，都会握紧指南针和方向舵。

这种对目标执着的人，不论是被风暴吹离了航线，还是船上的桅杆倒在了甲板上，抑或受尽生活的打击，灰心失望，他心中的指南针依旧指向北极星的方向。任凭如何不幸，他都不会放弃目标。航行至目的港口，即使船已是破败不堪，也总比听任命运的安排，毫发无损但随风飘荡至不知名的港口强。

帮助漫无目的的人生找到方向不容易，因为没有明确目标的人生早已迷失在茫茫空虚的梦幻之中。我们随处可见游手好闲吊儿郎当的人，或者瞎忙碌却不知道在忙什么的人。给自己制定一个积极向上又可以达到的目标，就不会茫然乱撞。在理想面前，一切的失望、不满都微不足道。有了目标，过程就算再枯燥辛苦也让人觉得有价值，对自己的怀疑和否定，很快就能随风逝去。有目的地工作才有动力和热情，也才能干得好。不断树立更大的目标，工作才有意义。

仅仅干劲十足是不够的，人要成功还必须目标坚定。当今世上最常见的莫过于一事无成的天才。“浪费天赐的才华”甚至成了一句俗语。每座城市都不乏受过高等教育却过着平庸生活的人。发挥不出作用的教育和才能毫无价值。在这个时代，样样都懂一点等于什么都不懂。法国巴黎有一位卡纳德先生声称自己“会记账目，会写花语，还会炸土豆”。“万金油”永远都不可能成为某个领域的专家。

这个时代需要能够专注于一份事业，不因此失去自我或者变得眼光狭隘的年轻人。全心全意投入到对理想的追求中，是教育、天赋、才能甚至勤奋都无可取代的。没有目的的人生注定不会成功。如果这些才华和能力得不到用武之地，又有什么意义？如果木匠手艺不精，他就算装备再精良也无济于事。受过大学教育又怎样？学富五车又怎样？没有发挥的机会，都是无用的。

没有目标的人很容易被人群淹没，他没有个性、软弱、没有主见。这样的人很难在这个世界留下印痕。这种人的个性和思想逐步被大众所同化，很轻易地就被淹没在人群中迷失了自己。

“人生苦短，若想成就一番伟业，就必须调集一生的精力忘我地工作，在那些贪图享乐的看客眼中，这样的人像是疯子。”

皮特的政治生涯便是最好的例子。从小开始，皮特就梦想成为像他父亲一样的政治家。他早早就全心全意地为这个目标做准备，大学毕业后就成功进入了众议院工作。一年时间便当上英国财政大臣，两年后当选英国首相，一干就是25年。他对任何跟政治无关的事情都毫不关心，不谈情说爱，不迷恋艺术，不阅读文学作品。他的生活只为一个目的，就是把国家管理好。他把他的灵魂和所有的热情全都献给了政治。

邮票之父罗兰·希尔[①]对英国首相说：“想想看吧，陛下，仅是给爱尔兰寄去的一封信，再从爱尔兰寄回来，就花掉了我们国民五分之一的周薪。对民众寄信权利的限制，也就是鼓励他们变得关闭心门，减少和亲朋好友的联络。”罗兰很清楚，一封穿越404英里（1英里＝1.609344公里），从伦敦到达爱丁堡的信件只需花费十八分之一美分，而政府却要收一张薄薄的纸张28美分的运费，如果再多附一张纸，价格又要上升一倍。虽然遭到了邮政部门的强烈反对和指责，罗兰毫不动摇，最终于1840年1月10日成功在全国推行1便士邮寄服务。他担任推介这项改革的使者，每年获得1500英镑的报酬。罗兰·希尔的成功鼓舞人心，然而在新政施行两年末，托利党首相却提出要停止支付罗兰薪酬，并获得议会表决通过。公众获悉此消

① 罗兰·希尔（Rowland Hill，1795—1879），英国邮政改革家、邮票创始人。

息后义愤填膺，马上就为罗兰募集了6500美元。最后，在维多利亚女王的要求下，国会再次通过投票表决，同意支付罗兰每年11万美元的生活费。

基督也认为，人只能将一生奉献给一项事业。他说："一仆不能事二主。"我们的热情和精力，只能消耗在对一个目标的追求上。与目标无关的事情，很难再全心全意地对待之。我们可以同时制订几个计划，但只能服务于一个最高目的。

人生正是因为有了目的才有意义。为了这个目的，我们集中全力，克服自身的软弱不足，调动一切力量为实现目标奋斗。

"绘画是我的妻子，作品是我的儿女。"米开朗琪罗被问及为何不结婚时如此回答。

"半吊子"的人肤浅无用。什么都知道一点，却什么都不真正了解的人又有多大用处？"保持双眼向前看，脚下走过的都成了路，不要向左偏，也不要向右偏。"圣保罗力量的源泉正是其矢志追求的理想。因此任何困难都吓不倒他，甚至连罗马皇帝都不能使他缄默，牢狱之苦不能使他屈服，任何障碍都吓不倒他。他对信仰的狂热追求，对人类的影响持续了好几个世纪，并永不熄灭。

甘必大[①] 到巴黎念大学前他的母亲嘱咐道："努力学习，将来成了大人物再回家。"这个年轻人衣衫破旧，钱只够租一间小阁楼学习生活，贫穷压得他难以喘气。然而，他下定决心一定要闯出一番事业来。年复一年，他像被绑在书桌旁似的日日夜夜地学习、工作，工作、学习，直至机会向他招手。当时朱尔斯·法夫尔[②]正准备推选接班人，虽然躺在病床上，他仍然选择了这个毫无名气，看上去粗俗老土的年轻人接任他的职位，事实上甘必大也完全有能力胜任。他为了得到这个机会不知准备了多少年。他一上任，就发表了一篇前无古人的伟大演说。第二天巴黎的报纸全是对这匹黑马的溢美之词。很快全法国人都知道他是共和党的领袖。对于甘必大而言，这种突如其来的崛起并不出于偶然或者运气。他一路走来遭受了贫穷的磨难和重重的障碍，但他都坚定不移地朝目标前进。如果他不是准备好了，突然被委以如此大的重任，不闹出笑话来才怪。昨天他还是一个生活在阁楼里跟贫穷作斗争的无名小卒，今天他当选共和党的代表人，成为他们的领袖。即使在法国消息最灵通的人都从未听说过他的名字。他的不羁导致他被神学院开除出校。而仅过去了两周的时间，这个意大利商贩的儿子就成功进入国会，为法国推翻拿破仑帝国，建立共和国贡献了力量。

---

① 甘必大（Leon Gambetta，1838—1882），法兰西第二帝国末期第三共和国初期著名政治家，曾任内阁总理和外交部长，在普法战争中抗击普鲁士，为粉碎旧王朝复辟、建立第三共和国做出了贡献。

② 朱尔斯·法夫尔（Jules Favre，1809—1880），法国政治家。

路易斯·拿破仑兵溃色当，把国家拱手让给普鲁士人。普鲁士军队占领巴黎，甘必大冒着极大的危险乘坐热气球逃出城，幸运地躲过了敌人的枪林弹雨，在亚眠着陆。他不可思议地募集了80万大军，不但满足了他们的食宿要求，还亲自指导士兵训练。德国的一位军官说："现代史会被甘必大的巨大能量所震撼，他的名字将为后世所传颂。"当其他年轻人在香榭丽舍大道上悠闲散步，他则在阁楼里挑灯夜读度过青春。年仅32岁，他就成为法兰西共和国名副其实的统治者，最了不起的演说家。个人的力量如此强大，即便以前过着荒唐的生活，醒悟过来后一样可以获得成功！甘必大的首次演讲震撼了整个法国，从此一发不可收拾。他没有因为突然名气大增而忘乎所以，反而继续住在那间发霉的阁楼上，继续当他的穷人。虽然他的名气足以助他迅速发财，但他依旧保持两袖清风。《费加罗报》在悼念甘必大一文中写道："法兰西共和国痛失了史上最伟大的人物。"

世上没有什么比看到一个热血青年为了崇高而远大的理想奋斗更让人欣慰。这样的人注定要成功，他要通过的道路全世界都将为他让开。意志力坚定的人不论怎样都能走出一条大道。而那些犹豫不决、没有目标的人则像漂浮的木头，四处碰壁，却又没有力气把障碍推开。年轻人为了实现理想斩除一切困难，翻越所有障碍，并能够把让普通人望而生畏的困难当成自己前进的垫脚石，这一幕难道不叫人热血沸腾吗？失败是一座健身房，进去得到锻炼后出来便拥有了新的力量。而敌人只能增强我们的能力，危险只能增加我们的勇气。不管遇到什么，疾病、贫穷还是灾难，敢于迎接挑战的人是绝对不会移开盯紧目标的双眼的。

"Duos qui sequitur lepores, neutrum capit."（追求两个目标的人往往一个都实现不了。）

第七章

有播种才有收获

种瓜得瓜，种豆得豆。早年种下了什么种子，晚年便收获什么果实。因此，从一开始就必须走对。

上帝是不会被蒙骗的。人播下了什么种子，就只能收获什么作物。

——《迦拉太书》

播种行为，收获习惯；播种习惯，收获性格；播种性格，收获命运。

——乔治·博德曼[①]

没有扶正的树苗长大成树后也只能是弯曲的。

——蒲柏

习惯是在平时一举一动中养成的。

——莎士比亚

小溪汇流成河，河流奔腾入海；

小小的习惯积少成多后，也会发生质的变化。

——约翰·德莱顿

好习惯的形成离不开日常生活里所接触到的人、物、事。只有真正道德高尚的人才有资格教导别人遵守道义。

——柏拉图

习惯串成的链条常常细小得叫人感觉不到它的存在，然而它又如此牢固，叫人难以剪断。

——塞缪尔·约翰逊[②]

第一次犯罪愧疚不安，第二次心情坦荡，第三次轻车驾熟，第四次以此为乐，第五次后便习以为常。久而久之，此人将变得怙恶不悛，不知悔改。死后必入地狱。

——杰里米·泰勒[③]

流氓的形成过程大同小异，学会叛逆的那天便是堕落的开始。

——马登

习惯比埃及历史上任何一种瘟疫散布得都要快。

——约翰·福斯特

---

① 乔治·博德曼（G.D. Boardman，1828—1903），美国牧师。

② 塞缪尔·约翰逊（Samuel Johnson，1738—1784），编撰了《英文字典》（*A Dictionary of the English Language*），著作了《诗人列传》。

③ 杰里米·泰勒（Jeremy Taylor，1613—1667），英国国教圣公会牧师。

形成撒谎习惯的人无论怎么努力，在任何情况下都不可能说出真话。

——弗雷德里克·威廉·罗伯逊[①]

我们用色彩编织生命，
在命运的田野上，
收获播种的作物。

——惠蒂尔

“陪审团的先生们，现在请你们重新考虑最后的判决。”著名律师坦特登爵士[②]回光返照时说完最后一句话就永远闭上了双眼。拿破仑气若游丝地喃喃自语道：“我是一军之首……”然而没等他说完，“对称霸的野心使他气愤难平，很快便一命呜呼了。”切斯特菲尔德在生命弥留之际用一贯谦恭的语气说完“拿一张椅子给戴罗尔斯先生[③]”就升天了。“年轻的朋友们，千万不要给自己留下罪恶的案底。”约翰·高夫[④]一失足便再也无法翻身。

“当责任成为习惯，习惯便造就美德。大自然的安排是多么奇妙啊！”

法国的土伦市神秘地暴发了霍乱。医疗队经过仔细调查，发现病源竟是在政府所属轮船蒙特贝罗号上工作的两名水手。蒙特贝罗号多年失修，早已被用来储放一些废旧的军用设备。其中的一些设备曾经属于在塞瓦斯托波尔病死的士兵。医疗队还查出，那两个可怜的水手在把深藏在蒙特贝罗号最里面的设备移出来时，不幸感染到霍乱病毒，到瓦尔纳医院治疗时又传染给其他病人，导致土伦市霍乱的暴发。这些霍乱病毒在死去士兵的衣物上沉睡了30年，重见天日后又继续危害人间。

都灵的博内利教授被一条风干了16年，浸泡在酒里长达30年的响尾蛇毒伤。不论是好习惯还是坏习惯，都跟这条蛇一样，不管沉睡多少年，一逮到机会就会死灰复燃，帮助或者伤害我们。在一具四千年前的木乃伊手里握着的麦粒，播撒到土壤里再给它们浇水晒太阳，照样生根发芽焕发勃勃生机。

在杰斐逊的戏剧里，李伯·凡·文克屡次发誓戒酒，又屡次受不住诱惑喝酒。每次他喝下一杯后都要自我开脱道：“这次不算数。”詹姆斯教授于是发表评论讽刺李伯的无数次“不算数”。就像无数人嘴里轻易吐出的“不算数”一样，都是自欺欺人罢了，他没有算数可上帝却是一次不落地全部记录在案。而在李伯的神经细胞里，在他的肌肉纤维上，在他身上的每一个分子里，都清晰地记录下他的每一次

① 弗雷德里克·威廉·罗伯逊（Frederick William Robertson，1816—1853），英国神学家。
② 坦特登爵士（Tenterden，1762—1832），美国律师、法官。
③ 戴罗尔斯先生（Solomon Dayrolles，？—1786），英国外交家。
④ 约翰·高夫（John Gough，1817—1886），美国禁酒运动演说家。

破戒，累积起来形成强大力量击败他戒酒的决心。从科学角度上说，我们所做过的一切都不可能彻底抹清。我们的神经系统会记下我们的行为并有规律地不断重复这一行为。康贝博士说，神经疾病不可能完全治愈，在一定的周期内还会循环复发。“如果我们每天固定在同一个时间段进行同样的精神活动，长此以往就会发现，时间一到，我们自然而然就会进入同样的精神状态。”

“教育的最大作用就是使我们的神经系统养成对我们有利的学习习惯。我们的大脑就像银行，我们把学到的知识和积累的习惯储存在那里，定期生成利息，并以此利息为生。因此，我们越早积累好的行为习惯就越好，产生的利息也就越多。而我们对不良习惯的免疫力会不断加强。”

人的神经系统就像一部有生命的留声机，比爱迪生发明的机器不知要灵敏多少倍。无论声音多么细微，这部留声机都能感应得到并立即启动记录工作。这部“活机器”一生当中可能要被彻底改造许多次，但那些记录下来的东西永远都不会消失，对主人性格的形成能够造成一辈子的影响。很多年轻人就像李伯一样，拿“这次不算”当借口，以“偶尔尝试一下就当作试验”的心理纵容自己。初从乡下到大城市生活的年轻人这样说，第一次碰酒精的人也这样说，“我只在社交场合喝酒。”在美国老家还虔诚淳朴的人们到了巴黎或者维也纳也以同样的借口放纵自己。“就试一次”摧毁了无数人原本高尚的生活。很多人因此失去平衡坠入邪恶的万丈深渊。某年轻人问船长：“您既然在这条河上开了25年的船，应该对这里的每一处岩石和沙滩都了如指掌了？”船长答道：“不一定。但我知道这条河最深的水域在哪里。”

为了摆脱这次的困境撒一次小谎也没有关系，一定下不为例！不就是挪用一点公款嘛，又没有人知道，等到公家需要用时我会返还的！就放纵这一次，不能作数，晚上睡个好觉第二天又是原来的我！不就是工作上的一点小疏忽嘛，不会造成多大的影响的，而且我平时工作都很细心，一点点小错误可以原谅。

年轻人啊，不管你愿意与否，做过的事情是不可能用一句“不算不算”就可以当没发生过。即使是最不起眼的小细节，也被一支铁笔深深刻在你的记忆中。这位记录下一切的小小天使就隐藏在我们的身上，它事无巨细一一尽责地记录下来。成千上万件我们本以为忘记的事情，那一幕幕回放真实的画面，到了我们生病发热，临死回忆，或者受到其他强烈刺激的时候又会不自觉地在脑海中浮现。有时过去的点点滴滴会在一瞬间全部闪现，有时则在无意识的情况下影响人的感受和思想，甚至让人产生一些莫名其妙的冲动。

我们的所作所为在我们的身体里培养了一善一恶两个天使；
它们就像影子一样永远伴随左右，至死都不离开。

在寓言故事里，其中一位掌管命运的女神手很巧，织出来的线细得用肉眼都难以看见。然而，她却作茧自缚，被自己织出来的得意之作捆绑在纺织机旁无法离开。

斯胡马克神父到印第安人中传教，花了10多年的时间在这些原始部落间传播文明。经过了15年的努力，他竟又回到原点，在劝说部落酋长把那件象征野蛮未开化的毛毯收起来。他无奈地说道："我花了15年的时间劝他们把它脱下，仅仅15分钟他们又重新穿上了。"

生理学家说，一百年或者一千年后，在马匹、驴子和骡的腿上和肩部，会出现类似斑马身上的黑色条纹。而在海岛上，因为体型大的鸟没有天敌，它们渐渐丧失了飞翔的能力。

罪犯遭砍头后，胸口依然有知觉，因为疼痛的刺激数次举起了双手。据说暗杀革命家马拉的女凶手夏洛特·柯黛在头被砍下来后，看到自己的身体受士兵的凌辱，气愤地涨红了脸。

洪堡① 在南美洲考察时发现了一个失落的原始部落，那里唯一会讲部落语言的竟是一只鹦鹉。鹦鹉的主人虽然已经离开了人世，但这只鹦鹉依然保持着模仿主人说话的习惯。

卡斯珀·豪泽② 一出生便被禁锢在地下室里生活，那里看不见阳光，也听不到任何来自外面的声音。他长到17岁了精神层面却还停留在婴儿阶段，不是哭就是一个人在那里牙牙自语。被放出来后，他感觉阳光太过于刺眼。他刚学会说一点话，就马上要求返回地下室生活。只有阴冷寂静的环境才能使他自在舒服。别人觉得快乐的事情他只能够感受到痛苦。就算是最美妙的音乐在他听来都是难以忍受的噪声，除了又黑又脏的面包，他无论咽下什么都会使劲地吐出来。

在生命的最深处，习惯的力量无所不在。常常重复某一行为的人久而久之便成为这种行为的奴隶。尽管他对自己感到厌恶，试图改变这种行为，但早已训练有素的神经系统总能战胜其意志。因此我们在选择要不要做某事时应当三思而后行，一旦成为习惯，便很难改正了。人所做过的所有事情就像万有引力牢牢地捆绑住两个原子一样深深地影响我们。因为重力的作用，抛过来的石头能被人抓住；因为习惯

① 洪堡（Alexander Von Humboldt，1769—1859），德国科学家，近代地理学的主要创建人之一。

② 卡斯珀·豪泽（Kaspar Hauser，1812—1833），德国著名人物、野孩子。一生充满传奇，富有手工和绘图的才华。

的影响，我们的性格和命运都因此改变了。乔治·艾略特说："不像小孩子有那么多的限制，我们种下了一种行为，将来则一定会受到此行为的影响。"曾经做过错事的年轻人最容易受到外界的动摇和影响。

准确来说，人类做出的所有成就无一不是托了习惯的福。我们惊叹于格莱斯通的精力，他一天竟能干成如此多的事情。如果我们好好分析其力量的源泉，就会知道那都是习惯的力量。格莱斯通工作时的动力来自习惯的力量。他用了一生的时间养成了许多良好的习惯。起初要养成勤奋工作的习惯很不容易，但是格莱斯通坚持了下来。他还养成了勤思考、坚持不懈并锻炼身体的好习惯。他做事务求精确、善于观察的习惯使得什么都无法逃出他的眼睛。他半天在伦敦所发现的事情要比20个人加起来观察到的还多。他因此进步很快。精益求精的个性使他免做许多无用功，他因此节约了许多宝贵的时间。这些好习惯是很多钦佩他的人轻易丢弃的。

格莱斯通从小便养成积极乐观的生活态度。西德尼·斯密斯认为"他的乐观堪比得到1000英镑的年薪"。凡事都往好处想的习惯为他省下了许多精力。他曾透露，在议会上如果有争吵，他一般都会进入睡眠状态。很多人如果能够凡事少计较，把与人争吵的精力投入到其事业上，也不至于一事无成。

乐天派的思维习惯可以为最平凡的生活注入美与和谐。习惯的力量之大，只能用同等威力的意志力来平衡。养成固定好习惯的人通常更容易满足，即使从事最卑微的职业，也照样自得其乐。通过训练的意志力，只要运用得当，就可以消除思想上的混乱，给心灵带来平静。唯一的前提就是不要半途而废。已经养成良好习惯的人，剩下要做的就是坐下来认真思考人生的出路。如果因为一点小事扰乱已然形成的习惯，即使后悔莫及也无济于事。

往悬崖底扔石头，在重力的作用下，这块石头将以越来越快的速度往下坠。如果以16英尺每秒的速度抛出去，下一秒这块石头就会增速至48英尺每秒，然后80英尺每秒、144英尺每秒……再过10秒钟，它的速度就高达304英尺每秒，不断加速直至到达地面。习惯同样也是通过这样的累计过程形成的。我们每做过一件事后便不再是从前的自己，不论变好还是变坏，总是改变了。我们的行为，不是给自己的个性增添营养就是消耗营养。

拉斯金[①]说："我一生都没有犯过傻，没有犯下足以剥夺我快乐、削弱我观察及理解能力的错误。我曾为正直和善良付出种种努力，如今这些付出总算有了回报。"

"有多少天才写字比我还潦草，"英国拉格比市某小学生对老师的批评不以为

① 拉斯金（John Ruskin，1819—1900），英国艺术评论家。

然，“根本就没有必要为这种小事情着急。”然而10年后，这个学生成为驻克里米亚的官员，他因为字写得太潦草，传错了指令，害得无数勇敢的士兵丢掉了性命。

俗语说得好：“从一开始就要学会抵制诱惑。”小时候没有及时改正的坏习惯到了青春期就会结出恶果，成年后很可能就衍变成犯罪。

1880年，位于奥本市的州监狱释放的897名罪犯中，有147名再次锒铛入狱。他们为何要一而再再而三地触犯法律？其实，绝大多数犯下罪行的人都打心底里厌恶自己的行为，是习惯的唆使导致他们行不由己。做一点好事和做一点坏事的区别太大了，总是背离真理和正义的人总有一天会犯下错误。习惯的力量是神奇的，当一个行为重复多了，变成了习惯，以后想改都很不容易。

某妇人因其丈夫酗酒殴打而奄奄一息。临死前她把丈夫叫到床边，用尽最后的力气恳求丈夫看在孩子的分儿上把酒戒了。妇人那瘦削颀长的手指紧紧抓住丈夫的手，迫使他立下誓言。“玛丽，我对天发誓，一旦把我手上的这杯酒喝掉我就再也不碰酒精了！”当晚，他又给自己倒了满满一杯酒，溜进安放妻子棺材的房间，把杯子塞进妻子冰凉干枯的手上，再拿出来一饮而尽。这是约翰·高夫告诉世人的一个真实故事。可见我们人类在旧习面前是多么软弱无力，不仅丧失了意志力，就连最起码做人的尊严都没有了！彻彻底底地沦为习惯的奴隶！

沃波尔[①] 讲述了一个因为一次中风而深陷赌场无法自拔的赌徒故事。当时那人中风后，他的朋友开始打赌他是否会恢复健康。医生在治疗的时候甚至被禁止采用放血的疗法，说是怕影响到打赌的公平性。美国第二十任总统加菲尔德命悬一线时，人们也热衷于打赌他是死是活，甚至还有人为此赌钱。

霍乱会引起巨大的恐慌。有一个人得知自己被传染后依然无动于衷，甚至对朋友的疏离感到不解。他的眼泪流干了，就算想哭也挤不出泪水；他的身体又冷又湿，摸上去的感觉就像一条死鱼，但他还是会告诉你他很热，需要冰过的开水。习惯的力量甚至超越人对死亡的恐惧，你难道还有见过如此不把死亡放在心上的人？

在纸醉金迷中，人们往往感觉不到被截肢的痛苦，而恶魔早已开始对你的灵魂大卸八块。当你恢复正常的知觉，就要为缺失的灵魂和人格潸然落泪了。

麻风病人总是等病情恶化了才知道自己得了麻风病，因为该病早期不会有痛感，等感觉到疼痛的时候都已经是晚期了。桑威奇群岛的某首席律师兼公务员一次不小心打翻一盏点燃的油灯，砸到自己的手，却一点痛感也没有。该律师这才意识到自己患了麻风病，于是辞去工作，到麻风岛度过了余生。同样，罪恶之花刚开放

---

① 沃波尔（Robert Walpole，1676—1745），英国辉格党政治家、伯爵。英国历史上的第一位首相。

时不会对人造成任何痛苦，相反还有可能使人产生快乐的幻觉。

堕落和放纵的生活习俗在罗马可谓司空见惯，故其产生的破坏力也在罗马得到了最佳的呈现。

尼禄[1]统治下的罗马人民，品味沦丧且有点病态，任何悲剧的表演方式都无法满足他们猎奇的心理。他们冷血、自私，追求所谓的“美学至上”，残忍地要求舞台上表演被杀的英雄应当真正死去。他们轻视生命，追求感官刺激和享受，认为只有真正的流血场面才是悲剧，而喜剧不过是一场闹剧。如果在舞台上表演纵火抢劫的场景，他们就要求真的放把火烧掉房子，抢走家具。在上演《洛勒奥鲁斯》的时候，他们希望看到演员真正被钉死在十字架上或者被黑熊咬成重伤的场景，如果看不到，他们则宁愿一头撞到舞台上用自己的鲜血染红舞台。他们认为，扮演普罗米修斯的演员应当真正被铁链捆绑在岩石上，狄尔克应当真正被一头野牛咬得遍体鳞伤，俄耳甫斯应当真正被一头黑熊撕成碎片，伊卡洛斯应当真正高飞起来，然后再重重跌死。为了附和“穆奇乌斯·司凯沃拉”式的英雄主义，他们强迫真正的罪犯把手伸入火焰，一动不动、一声不吭地任其燃烧。而扮演赫拉克勒斯的演员被迫爬上火葬堆，活活被烧死。可怜的奴隶和罪犯被迫扮演英雄角色，好让观众看到活生生的火刑场面。

恶名昭著的海盗吉布斯在纽约接受处决时自曝第一次打劫时良心十分不安，就像被打入地狱似的难过。然而，经过了几年的“锻炼”，他渐渐可以做到在杀死全部船员后若无其事地躺下睡觉，而且还睡得很安稳。人只要一失足便能一错再错，最后沦为罪恶的奴隶。为了掩饰自己的罪过，犯下更加令人发指的罪恶。

戈登是加利福尼亚有名的驿站司机。他临死前突然把脚伸出床边，来回摆动。旁人不解，他就解释道：“现在到了下坡路，我踩不到刹车。”

在大博物馆里，收藏着千百年前显示雨痕以及古生代飞鸟留下爪痕的化石。一场雨和一次不经意地走过，在柔软的沙土上留下了痕迹。沧海桑田，昔日柔软的沙土变成了坚硬的岩石，那轻轻印出来的痕迹则永远留在了上面。同理，小孩子对什么都感到新鲜，很容易接受新的思想，在心里留下的印象永远都不会磨灭。

某印第安部族袭击白人居住地后把在那里居住的白人通通杀死。其中一位印第安妇女偷偷把一个白人小孩儿藏了起来，之后带回家当作是自己的孩子一样抚养。这个小孩儿于是跟印第安人的孩子一起长大，除了肤色不同，其他各方面都和印第安人没有两样。他同样认为，把敌人的头皮撕下来是世上最光荣的事情。在他长大

---

① 尼禄（Nero Calaudius Caesar Augustus Germanicus，37—68），罗马帝国皇帝，在位期间，着重外交及贸易，并着力提高帝国的文化素质。

一些后，被几个旅行至此的商贩发现并将他带回文明世界。他很快就适应了新的生活，并对知识有着强烈的渴望，希望将来从事神职工作。他顺利完成了大学学业，获得了梦寐以求的圣职。他尽责尽职，工作上游刃有余，生活也过得快乐满足。几年过后，他到离战场很近的一块殖民地工作，英国和美国的战争刚刚结束不久。他从家里出发时还穿着笔直的黑色外套和干净的白色衬衫，脖子上打着领带。然而等他回来后，一名认识他的先生遇到他，立刻就为他的改变大吃一惊。他虽然还是和从前一样害羞，但他的神情不一样了，双颊涨得潮红。问完英美战争的情形，这位绅士突然惊呼道："你受伤了吗？"男孩竭力否认："没有！""还说没有，你的衬衫都被血染红了！"男孩迅速将手紧紧地捂住胸口，他朋友则以为他在掩盖身上的伤口，于是坚持拉开男孩的衬衫。男孩的胸口原来藏着一张血淋淋的人头皮！"我不是有意的，可就是忍不住！"这个受早年生活所害的可怜男孩儿满腔歉意地说道。他说完飞快地转身逃跑，重返印第安部落生活，从此再也不出现在白人社会里。

某印度人养了一头幼狮，因其弱小无害而不加以管束。狮子一天天长大，变得越来越强壮，难以控制，并最终野性大发，扑向主人将其撕成碎片。恶尚在摇篮时就应该及时扼杀，否则对恶仁慈的人只能自食其果。

我们应当时刻警惕恶播撒在我们身上，因为恶一旦生根发芽，就会长出美丽的花朵，使我们迷惑。

对于中年人，早年养成的习惯实际上决定了他一生的命运。20年来习惯于懒散度日的人，难道会在第二天清早突然变得勤快起来？一辈子都习惯挥金如土的人，难道会突然勤俭持家？浪荡放纵的淫徒，难道会突然变成君子？满口粗言秽语的人，难道还能吐出象牙来？

古希腊一位吹笛高手收已经在别的老师那里学过吹笛的学生两倍的学费，因为要帮他们改正错误的吹笛习惯比从头教一个什么都不懂的学生更加费力。

此时此刻的我们，就是未来的我们。我们从小养成的习惯和个性，使我们错过了一些事情和感受。我们此时此刻的行为、工作甚至想法，都幻化成声音录入神经细胞的留声机，造就未来的我们。

巴贝奇[①]说："空气里储藏了全人类想过、说过、做过的一切。"我们犯过的罪，衍变成形影不离的朋友，出现在我们话破口而出之时，并不时干扰我们的思想，植入邪恶的欲念。无论你选择了哪条道路，它们都能投下阴影，就像班柯的幽

---

① 巴贝奇（Charles Babbage，1791—1871），英国数学家、发明家、机械工程师。因提出了差分机与分析机的设计概念，被视为计算机先驱。

灵阴魂不散，叫你一辈子不得安宁。你以为你是自由人了？你犯过的每次罪恶都是你的主人。它们控制你的行为、性格甚至文字。

正直的个性是在平时养成做好事的习惯中形成的。有人习惯于说真话，他就撒不了谎，因为那违背了他诚实的天性。我们都知道，在细节上无可指摘的人是值得信任的。还有一种人一开口就谎话连篇，骗人的话说多了，他们的心灵变得扭曲，而这种扭曲便体现在他们的言语之间。

一天，吕利耶尔对塔列朗① 说："我一生从来没有干过一件蠢事。"塔列朗问："你所说的一生止于何时？"当然是止于离世的那天。只要犯下一个错误，就足以毁灭一个人的一生。

有多少人梦想有朝一日醒来从乞丐变成罗斯柴尔德② 或阿斯特③ ？从笨人变成所罗门？但在"种瓜得瓜，种豆得豆"的现实世界，如果你播下的是懒惰、邪恶和愚蠢，收获的只有更多的懒、恶、蠢。这便是所谓的"种下风，收获的是飓风"。

习惯就像小孩儿一样喜欢重复做过的事。只要养成了习惯，某种行为或者动作便会不自觉地伴随一生。然而，习惯的力量又像风，既能够对船的前行形成阻力也能推波助澜。如果没有运用好风力，船只还有可能撞上礁岩搁浅在岸上。

人生需要一个好的开端。每一个年轻人都晓得，第一步选择的方向决定了未来的走向。然而旁观者清当局者迷，我们都能清楚地从约翰·史密斯的含糊其词和躲躲闪闪中看到谎言，却不知道别人也早已看穿了自己。我们常常责备别人虚度光阴碌碌无为，却轻易就原谅自己的懒惰和无能。

坏习惯之间有一种类似血缘的联系。人只要沾染到坏习惯，哪怕是最微不足道的一种，很快就能把其他兄弟姐妹都请进门来。养成懒惰习惯的人，不久连上班都会迟到。先是给自己找借口、道歉，然后便搪塞、撒谎以求蒙混过关。迟到的人总有诸多的借口，但十有八九都是谎言。

在海边，有一些船随着浪潮上下起伏，但就是不前进。那是因为在看不见的水下，有一根粗绳将其牢牢绑住，不让其飘走。我们也常常看到一些条件优越，又受过良好教育的年轻人停滞不前，心智和性格都不成熟，那是因为在他们的灵魂深处，藏着不可告人的秘密罪恶，束缚了他们前行的步伐。

---

① 塔列朗（Talleyrand，1754—1838），法国政治家、外交家。

② 罗斯柴尔德（Mayer Amschel Rothschild，1744—1812），罗斯柴尔德家族创始人、国际金融之父、欧洲银行巨擘，创建了全球第一家跨国公司，首创国际金融业务。

③ 阿斯特（John Jacob Astor，1763—1848），德裔美国皮毛业大亨，当时美国首富，阿斯特家族创始人。

一错容易再错；一失足则连回头的机会都没有了。

小小习惯莫忽视，要知大恶从此生。

“我的罪过紧抓着我不放，使我抬不起头，我的心在徒劳挣扎。”当大卫哭着说出这句话，众人都表示了同情。麦克白夫人的双手沾满了洗不去的血污，诅咒她被幻觉困扰不得安宁。造物主让我们的罪恶反过来惩罚我们自己。“我们在享受罪恶所带来的快感时，报应就在路途上。”

柏拉图在他家的门上写道：“不懂几何的人禁入此门。”学习古典文学和数学的好处是可以从中养成严谨的好习惯。习惯养成的那段人生十分关键，我们需要心无旁骛，专心致志地投入到学习中来。

华盛顿在13岁时就给自己规定了110条关于文明礼貌的行为准则。富兰克林则制订出一套帮助自己塑造品格、自学成才的计划书。毫无疑问，他们之所以人格高尚、成就非凡，离不开早年的努力和养成的良好习惯。

英国作家亨利·菲尔丁[①]的小说《乔纳森·魏尔德[②]传》中，有一段描写魏尔德与伯爵玩纸牌的桥段。对此，菲尔丁自己评价道：“书中的两个人物都是受了惯性的害。魏尔德先生明明知道伯爵的钱袋空空，仍然忍不住要伸进手去探索一番。而伯爵也明明知道魏尔德先生身无分文，仍忍不住要和他赌上一把。”

蒙田说：“习惯是残暴、狡猾的。它步步为营，偷偷摸摸地扩大自己的权威，等到时机成熟便撕下温柔谦虚的假面具，露出暴君的本色，迫使你连抬头看它的勇气都丧失了。”习惯致使一个纽约人为了赢得一杯威士忌，拿刀砍掉自己的手，使成千上万天性纯良的人，堕入了酗酒和放纵的深渊。

高夫便是一个很好的例子。他到美国时才9岁，拥有极高的天赋却在底层苦苦挣扎，奋力摆脱奴隶的锁链，以求获得自由并享受天堂之光的照耀。凭借极高的歌唱天赋和模仿表演能力，他最终获得了成功，但却没有禁得住诱惑。

“他在鲜花和掌声中迷失了自我，坠入永恒的深渊。”

他晚年常说：“我愿用我的右手换回过去那段放荡堕落的7年。”然而，他灵魂与渐渐淡化的欲望抗争时所留下的创伤无法痊愈。他声泪俱下，极力劝说年轻人要把持住自己，免得被习惯的锁链套住而无法自拔。

在法拉第的实验室里，一个工人不小心把银杯掉进了装硫酸的广口瓶里。杯子

---

① 亨利·菲尔丁（Henry Fielding，1707—1754），英国小说家、戏剧家。

② 乔纳森·魏尔德（Jonathan Wild，1683—1725），18世纪英国最有名的罪犯。他发明的手段令他控制了该年代最成功的一帮盗贼。他控制了出版业，加之社会的恐惧，令他成为1720年代民众最爱戴的人物。可惜东窗事发，其罪恶揭发时，民众的爱变成了对他的恨。他死后，成了赤裸裸的贪污和伪善的符号。

与硫酸发生化学反应便消失不见了。法拉第于是往硫酸里加了一些化学药品，瓶底又析出了银，被送去银匠铺又重新打造出一个一模一样的银杯。假如是一个原本善良高尚的年轻人被邪恶腐蚀了，就算是最伟大的化学家对此也无能为力。

过去造就未来。斯珀吉翁说："整座教堂拥有2700个门生，因为他们都是从小在教堂里长大的，随便哪一个都值得信赖。"滋生于童年的罪恶对人的影响是最大的。

本尼迪克特·阿诺德[①]是在独立战争期间唯一一名让国家蒙羞的将军。他军事天赋极高，又精力充沛、勇敢过人，只可惜从小就品行不正。还是个孩子的阿诺德早早就显示出残忍和自私的一面。他以折磨小昆虫或者小鸟为乐，喜欢看它们痛苦挣扎的样子。他往自己打工商店的地板撒玻璃碎片和大头钉，专门用来对付赤脚来商店买东西的小男孩儿。在军队里，他尽管英勇善战，但士兵们都憎恨他，他的上司也不敢信任他。

莫相信恶魔的话语
踏出错误的一步，
前面是悬崖，
通往地狱的万丈深渊。

——扬

几年前在伦敦威斯敏斯特教堂附近，有一个地区被称为"魔鬼之地"。那里是培养不良习惯的温床，藏污纳垢的基地。携带各种工具用于欺诈活动的专业乞丐欺行霸市，甚至有专门物色被寡妇抛弃的小孩儿，利用他们上街骗取行人同情的职业猎手。年轻的扒手在那里学习偷天换日的技术，再把赃物从自己国家偷运至植物学湾。

维克多·雨果描绘了一个存在于17世纪的特殊协会，秘密购买小孩儿和残疾人，将他们的身体弄畸形，再用来娱乐上层贵族。在波士顿就有一个所谓的"体面人"协会，为这种畸形人表演提供场所。我们利用身体的畸形娱乐观众时还以为是多么轻松快乐的工作，殊不知自己不但身体变形了，连灵魂也跟着扭曲，变得连自己都认不出来。我们一旦将恶习请入心门，它马上就会毫不客气地侵蚀你全身。它使我们脸上布满丑陋的皱纹，等到我们要求它离开时，它又大笑着不肯走。罪孽越深重的人脸上的皱纹也就越明显。每起一次恶念我们的额头就要多一道皱纹。越来越无神的眼睛成为见证灵魂堕落的最好证人。

---

① 本尼迪克特·阿诺德（Benedict Arnold，1741—1801），原为美国将军，从一介平民自组民兵开始军事生涯，对美国独立战争的胜利贡献很大，后为金钱出卖祖国，客死英国伦敦。

撒旦不会直接用火柴去点燃硬煤，而是先点燃木屑，用燃烧起来的木屑再点燃木柴，最后再点燃硬煤。用作引火的木屑便是我们所谓的“无辜的罪”。人不会突然犯下谋杀、通奸、盗窃等大罪，必定是在心里酝酿许久，邪恶一点一滴渗透进灵魂，并最终爆发。

“不许在那里乱涂乱画！”某男子对一个拿着钻石别针正准备在旅馆窗户的玻璃上写字的男孩儿喝道。男孩儿抗议道：“为什么不可以？”“因为你一画上去就永远都擦不掉啦。”玻璃还可以打碎，上面刻的字还可以消失，而一旦在灵魂上烙下印痕，就永远都留在那里了。

汤姆斯·休斯[①]说：“在大不列颠众多俗语中，一致把野燕麦[②]视为恶的一方。不论你从哪个角度评价野燕麦，都无法对它歌功颂德。不管是年轻人还是中年人，抑或是老年人，播下野燕麦的种子，你就什么也别想收获。唯一的做法就是将它们一粒不落、小心翼翼地收集起来，丢入烈火烧成灰烬。否则，只要有阳光和土壤，它们就会长出粗壮绵长的根部和繁茂的枝叶，在你的田地上繁衍生息，挤兑你种植的作物叫你颗粒无收。”

不经意间我们播下恶种，
以为不会长出恶果，
孰知过了一千年，
它们结出了果实，
播种下更多的恶种。

——约翰·基布尔[③]

西奥多拉扬言，她可以使苏格拉底腐败堕落。这位哲学家回应：“也许吧。要使人堕落很容易。然而我要走的是通往高尚之路，那里荆棘丛生，而且荒无人烟。”

丹尼尔·怀斯说：“我发现，那些死读书的学生和拼命工作的机械工人或者文员，脸上都暗淡无光，双眼无神，眼眶深陷，个性也拘谨胆怯。他们违反了大自然的法则，失去了年轻人应有的特征。他们正在自我毁灭。那些不知来由的朋友可能

① 汤姆斯·休斯（Thomas Hughes，1822—1896），英国律师、法官、作家。代表作：《汤姆·布朗的校园生活》系列。

② 野燕麦（Wild Oat）：一年生草本植物，又称铃铛麦，小麦的伴生杂草，会导致小麦早期倒伏或生长不良，给农作物生产造成严重威胁。

③ 约翰·基布尔（John Keble，1792—1866），英国神职人员，牛津运动核心人物之一，牛津大学基布尔学院为纪念他的贡献，以其名创建。

会把问题归罪于‘勤奋’，还心生敬佩觉得很了不起。殊不知他是在枯竭自己的生命，加速大脑的死亡。年轻人啊，对这种情况要多加警惕并引以为戒！我们要遵守生理的自然规律，让勤劳与健康相辅相成。要知道，长寿者一般都习惯于勤快。”

如何改正坏习惯？
不妥协，
不让步。
将缠绕我们的丝线，
一条一条地解开；
将阻碍我们的障碍，
一块一块地拆除。

切记，不可松懈！
机不可失，失不再来。
涉水前进，越走越深，
回头上岸，越走越浅。

光阴似箭，
莫要浪费时间，
要改正的终须改正，
才能赢得爱和成就！
风筝的长线穿越鸿沟，
用好的习惯再造新桥。

——约翰·博伊尔·奥赖利[①]

① 约翰·博伊尔·奥赖利（John Boyle O’Reilly，1844—1890），爱尔兰诗人。

第八章

依靠自己

成功只能靠自己获得，没人能够帮助到你。伟人都是这样一步一步自己爬上成功的顶峰的。

在上帝创造的大地上，任何人都不愿，也没有能力帮助别人。

——佩斯特拉齐[①]

我今日的成就都是靠自己取得的。

——汉弗莱·戴维[②]

我的儿，记住，成功是用自己双手创造的。

——帕德里克·亨利[③]

谁能为你担保？谁想得到自由，他就要自己争取。

——拜伦

上帝给每只鸟都分配了食物，但绝不会自动送到它们嘴边。

——乔赛亚·吉尔伯特·霍兰[④]

切记，可以接受别人来投靠，但绝不能投靠别人。

——小仲马

靠己不靠天。

——莎士比亚

最好的教育，是让学生自己去经历社会的磨炼，去为生活挣扎。

——温德尔·菲利普斯

有两种获取教育的途径。一是通过别人传道授业解惑，二是自己亲身经历领悟。

——吉本

君子求诸己，小人求诸人。

——孔子

等别人想出了办法再行动，至死也完成不了任务。

——洛厄尔

战场、情场、

商界，司法界，

① 佩斯特拉齐（Johann Heinrich Pestalozzi，1746—1827），瑞士教育家。

② 汉弗莱·戴维（Humphry Davy，1778—1829），英国化学家。

③ 帕德里克·亨利（Patrick Henry，1736—1799），美国政治家。

④ 乔赛亚·吉尔伯特·霍兰（J. G. Holland，1819—1881），美国小说家，笔名Timothy Titcomb。

只要有竞争，能相信的只有自己。

——萨克斯

眼见为实，自己判断。

——莎士比亚

“帮克罗克特上校[①]找座位！”这位来自偏远地区的国会议员入白宫时，负责接待的人吩咐道。克罗克特答：“克罗克特上校知道怎么给自己找座位。”像他这样不凡的伟人，从来不为强权折腰。他认为坚持真理要比当总统重要。克罗克特虽然没有接受过很多教育，但却是个不折不扣的男子汉。

加菲尔德进入众议院工作时，是最年轻的议员。他在位仅60天，就得到了赏识，升到更高的位置。他的年龄和他的职位似乎毫不匹配，但他一点也没有退缩，反而自信满满。他成功的原因，在于他敢作敢为，敢于担当。

爱默生说：“是你的位置你就坐，是你的看法你就坚持。世界是公平的，它给予每个人充分的自由，去发挥自己的才能。”

格兰特从不纸上谈兵。他所使用的战术，常常违背了书上的兵法，却能屡战屡胜。他在维克斯堡战役中，故意把军队困在密西西比河上，连续7日断绝和主帅哈勒克的联系，因为他知道哈勒克是个严守兵书法则的人，不会因实际情况不同而有所变通。格兰特给史册留下了独到的一页。他的战术，比任何书上记载的军事攻略都要见效。他不为世俗所左右，坚持了自己的见解，并获得了成功。

佩斯特拉齐说：“人啊，能够改变命运的力量，就隐藏在你自己身上啊！”

理查德·阿克赖特[②]，贫寒家庭里的第13个孩子，没有受教育的机会，却凭借自己的力量发明出纺织机，并得到了英国女王的重视。

李维[③]说：“告诉自己能行，你就能拥有。”

一位四处流浪的补锅匠，吉普赛人索拉里奥，爱上了画家安东民·德拉·费雷[④]的女儿，却被告知只有成为像她父亲那样的画家才有资格迎娶她。索拉里奥[⑤]于是对画家说：“您可否给我10年时间来学画？到时我一定来娶您的女儿。”画家答应了，以为从此可以摆脱这个烦人的吉普赛人。转眼10年过去了，国王的姐妹给画家

① 克罗克特（Davy Crockett，1786—1836），19世纪美国政治家、民族英雄。

② 理查德·阿克赖特（Richard Arkwright，1732—1792），18世纪英国棉纺工业的发明家和企业家，发明了水力纺纱机。

③ 李维（Titus Livy），古罗马历史学家、大学问家，拥护屋大维创立元首制。

④ 安东民·德拉·费雷（Antonio Del Fiore），意大利文艺复兴早期著名画家。

⑤ 索拉里奥（Solario，1460—1524），意大利文艺复兴时期的一位画家，其作品现在还有许多收藏在巴黎卢浮宫、米兰和威尼斯等地。代表作：《昂布瓦斯的查理二世像》《绿色垫子的圣母》等。

看一幅圣母抱孩像，画家看了赞不绝口。画家得知圣母像的作者就是索拉里奥时，惊讶不已。不久，他的好女婿的画功更是让他大开了眼界。

路易斯·菲利普① 认为全欧洲他是最有资格的统治者，因为只有他懂得怎样擦黑自己的靴子。

有人问一位自学成才的美国总统，他们家族的徽章是什么图案的？他回答道："衬衣的衣袖。"

詹姆斯·加菲尔德说："贫穷确实让人不快，对此我可以做证。然而，对于年轻人而言，如果被人推进水，多挣扎几次就很快学得会游泳啦。我活到现在，认识那么多人，还从来没有遇见过就快被淹死但值得去救的人。"

不是家境富裕就能一步登天，除非你继承更多的是高尚的品格和远大的理想。反倒是那些白手起家的人，经过了艰辛和困苦的洗礼，比前者更容易获得成功。对于此类人，任何现实的目标都可以实现。他们不像自以为是的天才那样随意践踏自己的理想。

你就算留上百万家产给你儿子，他还是一无所有。因为你无法让他经历你所经历过的，也无法悉数传授你的知识；你无法告诉他成功有多快乐，因为这种快乐只能在成长中自己慢慢体会；你也无法让他感受到掌握了一门知识有多么的自豪，无法将自己养成的良好习惯强加给他。你工作时精益求精的态度，敏捷的反应能力，以及你的工作方法，耐心、诚实、礼貌待人等优点，都不能转移到你儿子的身上。你的财富是在高超的谈判技巧、过人的洞察力及不凡的远见能力、处事谨小慎微中积累起来的。这些素质是你成功的保障，却无法跟随钱财一起传给你的继承人。在获得成功的路上，你不仅锻炼了自己的毅力，身体也更加强壮了。精力过人的你不但保住高高在上的位置，还确保全部财产毫发无损。你丰富的经验赋予你在高处站稳脚跟的力量。对你而言，财富只是成功的附属品，从中收获的快乐、成长、教训和人格才是最重要的。但对你的继承者，财富带来的只有诱惑和焦虑，只能让他越变越无能。它们是你通往天堂的翅膀，却是把他打下地狱的重担。你因财富的增加学到了更多的知识，而他却倚仗白白掉下的财富不奋斗，变得越来越懒惰、无知、软弱。留给孩子太多物质上的财富，即剥夺了他们更重要的精神动力。在这个世界上，所有的成功，都需要借助这个力量来推动。

你以为为儿子牺牲自己就是为他好。他不用像你小时候那样在农场上干重活，没肉吃，没书读，没有出人头地的机会。他才刚刚在学走路，你就把一根手杖塞到

① 路易斯·菲利普（Louis Philippe，1773—1850），法国国王。

他手里，剥夺了他自我学习、自我提升的动力。没有通过自身的努力，就不会获得真正的成功，不会成为有人格魅力的人，也体验不到获得成功的快乐。人如果不需要为进步而奋斗，生活的热情就会蒸发，工作的激情就会消退，人生的梦想就会淡忘。假如你什么都为孩子安排好了，他甚至不用为自己做出任何努力，等他长到21岁，他还只是一个无法独立的小孩儿。

塞勒斯·菲尔德[①]临终前叹道："我的人生是个彻底的失败，财产被儿子败光，家族又蒙上了不光彩的名声。哎，我自以为那是为爱德华好，现在我才知道错了。如果当初能够狠下心放他自己出去闯荡，他也不至于变得挥金如土啊！"塞勒斯的桌上摆满了从各个国家得来的奖牌和奖状，肯定他对两洲文化交流做出的贡献。他的名声将永垂不朽。然而，他一生的荣光都让自己不争气的孩子给蒙上了阴影，用比毒蛇还要尖锐的牙齿撕开一处处伤口。

1857年金融危机时，玛丽亚·米切尔[②]访问英国。她向一位英国淑女询问，没有家产的女孩们都靠什么养活自己。这位英国淑女回答道："靠兄弟啊。""那在美国呢？"她反问道。米切尔回答："她们靠自己挣钱养活自己。"

一生都依靠别人帮助的人，在面对危机时只会惊慌失措。如果不幸降临到他们身上，他们第一反应就是寻找可以依靠的人。找不到可以依靠的人他们就会一蹶不振，就像肚皮朝上的乌龟或者全副武装落马的士兵，没有办法通过自己的力量翻转身来。许多来自边远山区的孩子之所以能够突破所有人的期待，获得巨大的成功，是因为他们没有靠山，只能够靠自己的力量站起来。

罗伯特·科利尔携家人赴美时只坐得起最廉价的经济舱，他感叹道："人最好的朋友是自己的十根手指头。"人在年轻时就习惯依赖别人，将来永远都不会获得成功。

世上没有打造男子汉的工厂，人们口口声声说"没机会"，也许那就是你最后的机会。机会是要自己创造的，不要等别人送上门来。别以为每次都能得到帮助，很多时候你只能依靠自己。亨利·沃德·比彻凭借自身的努力，在一间大教堂谋得一份高薪的职位。起初他只是在辛辛那提市的一个小镇担任牧师。他很勤快，修剪灯芯、砍柴烧火、打扫房间、敲响钟声，什么都主动去干，不久便成为教堂里不可或缺的人物。虽然他当时一年的薪俸只有200美元，但他宁愿在基层得到锻炼，也不要一开始就进大教堂领高薪。他看重的是工作的前景和机会。在小镇上担任牧师虽

① 塞勒斯·菲尔德（Cyrus West Field，1819—1892），美国金融家，1858年铺设了世上第一条横穿大西洋的电缆，创办了大西洋电报公司。

② 玛丽亚·米切尔（Maria Mitchell，1818—1889），美国天文学家。

然辛苦，但却是磨炼人的好地方。

沃特斯说：“从生理学上看，人的大脑需要用28年的时间成长。如果这是真的，大脑需要这么长的时间才会定型，我们何不再加把劲让自己变得更强，性格变得更好？除了给自己的大脑增添知识的养分，我们同时还要打造一副铁骨铮铮的腰板。”意志力是人的动力源泉，我们随时可以启动它推动工作进行。我们是它的主人，命令它为我们建造或者拆除品格大楼。在它的帮助下，我们可以变得诚实守信，也可以言而无信、见利忘义；我们可以变成十足的浑蛋或懦夫，也可以变成勇敢的英雄；我们可以突然灵光一现，想出良策解除困境，也可以自暴自弃，任由生活堕落毁灭；我们可以培养做事认真、勤奋的好习惯，也可以消极懒散，自甘落后。

“我首先要强调的是，”戴维森说：“好名声一定是自己努力的结果。拥有一大笔遗产，家底殷实，好运连连，都不会给你带来好名声。出身、才华、地位和财富都不是影响一个人名声的主要原因。通过自身的努力坚守原则，做事磊落高尚，才是获得好名声的有力保障。在造就成功的所有条件中，学会依靠自己的力量取得进步、建立名声是十分关键的一步。只要你有勇气和决心，无论阻力有多大，一路上又有多少困难，都可以通过努力一一解决。我希望每个年轻人对自己要有信心，不依赖别人，靠自己的力量活出人生的精彩。很多有才能的人之所以一事无成，是因为他们太容易投降、放弃。人生如战场，那些一开始就经历硬仗的人，一生都将改变。”

贝多芬在莫舍勒斯[①]的乐谱上发现了一句话：“蒙上帝之恩顺利完成。”贝多芬在下面加上：“上帝无功，全凭自己努力。”

某穷青年精神萎靡地站在桥边看别人钓鱼。看到有人大丰收，他感叹地说道：“这些鱼要是属于我的该有多好啊！那样我就有钱去买食物和租房子住了。”钓鱼的老者听到年轻人的感叹，开口道：“我可以把这些鱼分一些给你。但有一个条件，你必须在我回来前帮我握住鱼竿。”年轻人高兴地答应了，钓鱼的老者走了很久都没有回来，而此时有鱼上钩，年轻人兴奋地把鱼钓起。等到鱼竿的主人回来时，年轻人已经钓上了一篮子的鱼。老者指着年轻人钓上来的鱼说道：“我履行我的承诺，这些你自己钓的鱼都归你。年轻人，当你看到别人付出汗水得到报酬时，不要浪费时间做无谓的感叹。你甩出鱼竿坐下垂钓，不也能够钓到鱼？”

在苏格兰，一群游客泛舟湖面，突然一阵暴风来袭，眼看就要翻船了。船上一

---

① 莫舍勒斯（Ignaz Moscheles，1794—1870），波西米亚作曲家、钢琴家。

位长得最壮、最高大的游客恐惧万分道："快！我们一起祈祷吧！"老船夫大声喝道："祈祷这种事让个子最小的人去做，你快点过来划桨！"轻易就放弃努力去寻求帮助是对尚年轻力壮之人的最大诅咒。

财富都是靠自身努力积累起来的，没有人能够三天打鱼两天晒网、不付出汗水和才能就拥有大量财富。翻开历史，从克里萨斯到洛克菲尔，他们在获得财富的同时，自己也变得杰出伟大。像他们那样取得丰厚成就的人，靠的是他们自己的努力。

世上最叫人不齿的画面莫过于看到一个有手有脚、筋强骨健的年轻人，怀揣150英镑，双手插进口袋乞求别人的帮助。

一个印刷工人嘲讽道："在'懒人镇'和'闲人县'里，男人们为选择'穷人之路'还是'独立之路'苦恼不已。前者康庄平整，后者崎岖难行。于是，他们想出了一个办法，向全镇（县）人征税铺路，既不用走向贫穷，又不用受苦受难。"

欧文说："人在逆境中可以得到新生，他们默默忍受寂寞，坚持独自穿越所有障碍。目睹此类人的成长，是很有意义的。"

"每个人都是自己命运的主宰者。"塞勒斯特[①]说。

人不仅应当规划自己未来的蓝图，还应亲手一砖一瓦地参与建设。贝亚德·泰勒[②]23岁时写道："我要成为自己灵魂的雕塑家。"在他的传记中，我们可以清楚地看到他是怎样运用手中的工具将自己塑造成他理想中的人物。萨缪尔·考克斯[③]说："我不封当代任何名人为偶像。我要把全部精力都放在提升自己、让自己进步的这个目标上。"

歌德说："人活着就是为了自我发展。我们要在意的不是获得了什么成就，而是自身有没有进步。"

廷德尔[④]教授年轻时在政府工作，并没有什么明确的人生目标。一天，某官员和他讨论怎样度过闲暇时间。官员建议道："你每天有5个小时可以自由支配，应该用来进行系统的学习。如果我在你这个年龄有人这么建议我，我现在一定坐上部长的位置了。"第二天，廷德尔就制订了一套学习计划，不久考入了德国的马堡大学。他的勤奋名闻全校，常常天没亮就起床学习。他读书那会儿甚至穷到要去买木桶当浴缸使用。

真正的成功需要辛勤汗水的浇灌。上天向人间售卖成功，唯一的钞票就是你的

① 塞勒斯特（Sallust），古罗马历史学家。

② 贝亚德·泰勒（Bayard Taylor，1825—1878），美国诗人。

③ 萨缪尔·考克斯（Samuel Cox，1824—1889），美国国会议员、外交家。

④ 廷德尔（John Tyndall，1820—1893），英国著名物理学家，因在抗磁性领域研究的贡献而闻名。

劳动。而且成功的价格是永远不会下跌的。通往成功殿堂的大门也不会自动敞开，想要进去就得自己想办法，而你一旦进去了，此门便又自动关闭了。

伟人极少在顺境中长大。他们都是一路披荆斩棘走向成功的。起点低、出身贫寒并不能阻挡人们创造伟业的步伐。在今天，许多在法律界、企业界、律师界、宗教界、政界的名人，都来自农村。他们虽然出身卑微，却成就非凡。有伟大的发明家、银行的总裁、大学的教授……家境贫寒的孩子长大后往往更成器。他们为人师表，或从事新闻行业，出版了许多本伟大的著作。偌大一个都市，随便采访一个名人，问他在哪里出生，十有八九都是来自边远村庄的小农场。在城市，几乎所有资本家都来自农村。“出身卑微的人更有优势。”

波士顿大学的创办人独自离开科德角，怀揣4美元就到波士顿闯荡。他和贺拉斯·格里利[①]一样，四处撞壁，得不到任何帮助。他决心闯出自己的一片天地，于是和别人合伙，在街角摆摊卖牡蛎。他借来一辆手推车，步行3英里到海港进货，每天推着3蒲式耳的牡蛎回来。很快，他积累了130美元的财产，买了一匹马和一辆运货推车。这个从一无所有凭借自己努力成为百万富翁的穷小子，就是艾萨克·里奇。

机械钟表的发明者昌西·杰里米开始创业时，同两个伙伴走遍了新泽西售卖钟表。他专门负责制作钟表，两个同伴则负责销售。当时他坐着敞篷马车前往纽约市路经纽黑文时，只有面包和奶酪可吃。而不久后他便在纽黑文拥有一幢别墅。

世上所有伟大的事业都是当事人亲力亲为独立完成的。很多年轻人以没有资金为借口，一拖再拖，等待机会降临，蹉跎了时间。殊不知成功是单调辛苦地工作和坚持不懈地努力，不是用金钱可以买到的。我们当中有谁比伊莱休·伯里特[②]出身更卑微？他在铁匠铺当学徒，几乎一整天都必须站在锻炉旁工作。然而他却挤得出时间看书。他吃饭时看，并随身携带着，以便一有空就掏出来阅读。不论在夜晚还是假日，他都坚持学习，并最终自学成才。在那些有钱人家的子弟打着哈欠伸着懒腰挣扎着要不要起床之时，伯里特已经抱着书在学习了。30岁的他已经掌握了欧洲几大主流语言并开始着手学习亚洲的语言。

像伊莱休·伯里特这样的人居然也会有出人头地的一天？可能阅读过本书的所有年轻人中没有一个人获得成功的机会能比他还渺茫。他对知识的强烈渴望和自我进修的愿望战胜了一切困难。曾经有一位富有的绅士自愿出资供他上哈佛大学，然而伯里特婉拒了，他认为自己有能力支付上大学的学费。当时他每天还必须在铁匠

① 贺拉斯·格里利（Horace Greeley，1811—1872），美国著名报人、编辑。《纽约论坛报》创办人自由共和党的资助人之一，政治改革家。

② 伊莱休·伯里特（Elihu Burritt，1810—1879），美国著名慈善家。

铺工作12—14个小时。他一旦下定了决心就会坚持到底。工作之余的一分一秒都比黄金来得珍贵。他和格莱斯通都相信，善加利用起来的时间总有一天会加倍给予他们回报的，而浪费一秒的时间，只会让他往后退多一步。想想吧，一个起早摸黑在铁匠铺工作的男孩，居然挤得出时间在一年里学习了7种语言！

在这个残酷无情的世界中苦苦挣扎、梦想有一天出人头地的年轻人，如果了解世上百分之九十以上的天才，都是平庸者坚持不懈努力的结果，都是孜孜不倦工作的苦力，心里也许还会重新燃起新的希望。那些夸夸其谈吹嘘天才的人，往往是干活干得最少的人。人越是懒惰，越是喜欢谈论天才和他们所取得的成就。

最伟大的天才往往是最勤奋的工人。谢里登是公认的天才，然而事情的真相是，他在议会上表现出来的敏锐机智和天才演讲，都是经过精心准备和修改的。在他的记录簿上写下了所有应对紧急情况的措施办法。

天才意味着可以忍受无限的痛苦。已经取得伟大成就的人，如果能给今日仍在苦苦奋斗的年轻人讲讲他们创业的艰辛，将起到很大的鼓励作用。我常常希望，仍在努力奋斗的年轻人能够多受点挫折，体验到心痛、头痛以及神经高度紧张之苦，经历许多伟大作品诞生前的那段令人绝望恐惧的时期。你也许花几分钟或者几个小时就可以阅读完一首诗或者一本书，过程也是轻松愉快的。然而，著作者却要花上好些天甚至好几个月的时间斟酌词句，一遍遍不厌其烦地反复推敲。

文学著作常常是经过了一行行、一段段改了又改，删了又重写的结果。作者孜孜不倦地耕耘换来的是时间的认可。卢克莱修[①] 为了完成一首诗几乎耗尽了一生。布赖恩特[②] 的《死亡观》据说重写了一百遍还不满意。约翰·福斯特[③] 有时为了一句话可以足足斟酌上一个星期。他严格地重组、修改、润色写下的每一句话，直到自己满意为止。有人曾问查默斯，伦敦人是怎样评价福斯特的。查默斯回答："写作起来极其刻苦较真儿，往往花上一个星期才写出一句话来。"狄更斯是现代小说的先驱之一，他为了创作可谓殚精竭虑，憔悴的模样看上去就跟凶杀犯似的。就连世间罕有的天才培根，也留下了大量记录"灵光一闪的想法"的手稿。休谟[④] 每天花13个小时写作《大不列颠史》。埃尔登还在读书时甚至连书都买不起，他看过的很多书不是借来的就是自己抄来的，像《库克与利特莱顿对话集》。马修·黑尔[⑤] 几年如一日每天花上16个小时学习法律。据说福克斯写作起来可谓是"字斟句

---

① 卢克莱修（Lucretius），古罗马哲学家、诗人，著有哲学长诗《物性论》。

② 布赖恩特（William Bryant，1794—1878），美国诗人。

③ 约翰·福斯特（John Foster，1770—1843），英国散文家。

④ 休谟（David Hume，1711—1776），英国哲学家、历史学家、经济学家，首倡近代不可知论。

⑤ 马修·黑尔（Matthew Hale，1609—1676），英国大法官。

酌”。卢梭谈及自己通顺生动的写作手法时说道：“我的手稿到付梓期间，其实做过大量的删改、润色甚至推倒重来；既使出版社付印前，我也要拿来再次修改4—5遍，编辑从未逼我这样做，但对于作品，哪怕我辗转反侧，也要制作到最满意，才能跃然纸上。”

据说埃德蒙·沃勒① 整整一个夏天都耗在推敲10句诗词上。贝多芬对音乐的忠诚和执着使之超越其他所有音乐家。他创作的每段乐句无不是修改了10多次以上的。他最喜爱的座右铭是：“只要有抱负，勤奋努力，就不怕面前突起的重重障碍。”不论寒暑，吉本每天早上6点必定起来伏案工作，将他的自传重复修改了9次之多。很多年轻人夜夜笙歌，还抱怨自己没有吉本的天才，可以写出像《罗马帝国衰亡史》那样的伟作，不知道那是吉本耗费了20年的心血著作而成的。就连人类史上最伟大的哲学家柏拉图，用了9种不同的写作手法才写出满意的《理想国》的开篇首句。埃德蒙·伯克② 的《致崇高的主》是英语名著之一，也曾反复修改和取证多次方最终定稿。巴特勒主教反复修改了20遍才把《比论》完成。维吉尔花了7年时间创作《农事诗》，12年时间写作《伊尼德》。他对后者十分不满意，临死前还挣扎起来将之付之一炬。

海顿小时候家境贫寒，父亲是卑微的马车夫。他没有朋友，经常形单影只，最终娶了一个当女仆的妻子。他背井离乡，到某音乐教师家当差，学习到许多音乐知识。受生活所迫，他又到维也纳当起了理发师。他在为客人擦亮皮鞋时遇到了贵人，后来成为了朋友。1798年，在此人的帮助下，当时还穷得叮当响的海顿创作出宗教剧《创世纪》，成为音乐界冉冉升起的一颗新星。王亲贵族们都争相与他进餐，他声名大噪，不用再靠帮人理发来养家糊口。然而，在他创作的800部乐曲中，最有名的还是《创世纪》。他死在拿破仑攻占维也纳的时期。最伟大的音乐作品是作家呕心沥血创作出来的，回响在人类的心里直至永远。

弗雷德里克·道格拉斯③ 是美国最具代表性的黑奴名人。他在贫穷之家长大，凭借自身的努力获得自由，并用无比的勇气和毅力赢得了受教育的机会。他在美国赫赫有名，在国际上也赢得了尊重和崇拜。

失去双手双脚的卡瓦纳勋爵④，成功当选国会议员；双眼失明的弗朗西斯·约

① 埃德蒙·沃勒（Edmund Waller，1606—1687），英国诗人。

② 埃德蒙·伯克（Edmund Burke，1729—1797），爱尔兰政治家、作家、演说家，反对英王乔治三世和英国政府，支持美国殖民地及美国革命，经常被视为英美保守主义的奠基者。

③ 弗雷德里克·道格拉斯（Frederick Douglass，1817—1895），19世纪美国废奴运动领袖，杰出的演说家、作家、政治活动家、人道主义者。

④ 卡瓦纳勋爵（Lord Cavanagh，1831—1889），爱尔兰政治家，先天性无手脚人。

瑟夫·坎贝尔[①]，在数学、音乐和慈善事业上都有很大的建树。我们应当从这些伟人身上得到启示，只要把握机会，人的潜力是无穷大的。百分之九十九的人处在逆境时甘于不幸，消极地等待上天的怜悯。

在苏格兰格拉斯哥，有一位制作手套的学徒，穷到没钱买蜡烛和火柴，只能依靠商店橱窗透出的光线看书学习。等到商店都关门了，他一手拿着书，一手抱着灯柱看书。他成长的环境比美国大部分孩子都糟糕，但却成为苏格兰鼎鼎有名的大学问家。

弗朗西斯·帕克曼[②]双目几乎失明，全凭自身的努力成为美国著名历史学家。自我价值有多少，全看你这部印钞机印出面值多少的钞票。富兰克林从小在印刷厂当童工，那时最奢侈的事就是在费城街头给自己买了一便士的面包卷。理查德·阿克赖特，大半辈子都在帮人理发，摆脱贫困后，在财富和名声的光环下，依然努力弥补早年缺失的教育，年过五十的他仍然每天牺牲两个小时的睡眠时间来学习单词、语法和写作。

迈克尔·法拉第是打铁匠的儿子，13岁就到伦敦当装订工人。他在装订书本时也不忘阅读书上的内容，久而久之积累了丰富的知识，为日后的成功奠定了基础。当别人都下班回家，他留在厂里一卷又一卷地翻阅书籍，学习到深夜。滕特登勋爵路过他父亲白手起家的商店时，充满自豪地指给自己的儿子看。在尼姆担任主教的弗莱希耶[③]曾被某法国医生嘲笑其出身低微，年轻时从事过卖牛油蜡烛的贱役。对此弗莱希耶回应道："如果您和我一样家境贫寒，相信您至今也只能当一个卖烛郎吧！"

阿盖尔公爵在公园散步，发现草地上躺着一本牛顿的《自然哲学的数学原理》，而且还是拉丁文版的，便以为有人从他的图书馆里把书拿了出来，于是吩咐仆人把书放回馆内。这时公爵花匠的儿子埃德蒙·斯通走过来，声称书是他的。公爵吃惊道："你懂几何学？牛顿？还有拉丁文？""我有一些了解。"埃德蒙答。"可你是从哪里学到这些知识的？"公爵继续问。斯通回答："您的一位仆人十年前教会了我阅读。""学会二十四个字母不代表就能看懂这类书哇！"公爵吃惊道。小伙子答道："我首先学会认字。后来看到您的建筑工人在房顶工作的时候，发现他们在用一些仪器进行画图计算，便向他们请教这些仪器的用途。就在那时我才知道世上有一门叫作算术的学科。我于是买了一本算术书自学，又发现了几何

① 弗朗西斯·约瑟夫·坎贝尔（Francis Joseph Campbell，1832—1914），美国废奴主义者、教师。英国皇家盲人学院联合创办人之一。

② 弗朗西斯·帕克曼（Francis Parkman，1823—1893），美国历史学家。

③ 弗莱希耶（Esprit Fléchier，1632—1710），1687—1710期间担任法国尼姆市的主教。

学，买了所有学习几何必看的书籍。在学习的过程中我得知有一本书特别好，但是用拉丁文著作的，于是买了一本字典就自学起拉丁文了。同样，我还自学了法语。公爵大人，我就是这样学会看这本书的。只要学会了二十四个字母，没有什么是我学不会的。”

埃德温·查德威克[①]在向英国国会作的报告中指出，每天花3个小时坐下来学习，剩余时间到外面打工的小孩儿，会变得更加聪明。在商界获得成功的人通常都会在繁忙的日常工作中挤出三四个小时或者一两个小时来阅读书籍，以充实自己。

詹姆斯·瓦特仅受过小学教育，还因为体弱多病常常缺课。然而，在家养病的他依然坚持刻苦学习。亚历山大·V曾以乞讨为生，他是“在泥土堆中长大，躺在大理石棺椁上去世”的人。14岁就在汉诺威乐团演出挣钱的威廉·赫谢尔[②]，将毕生的兴趣都投入到对科学的研究上。他学识渊博，特别是在天文学上建树不凡，足以列入史上最伟大的天文学家之一，而他在天文学方面的知识全都是自学成才的。

乔治·华盛顿打小失去父亲，在西摩兰的农场长大。他同一名孤儿无异，没有接受教育的机会，也没有大学愿意接纳他，给他颁发学位证书。他会认字、会写字、会做算术，仅凭这三点他就收获了成功。莎士比亚在学校除了学会认字和写字，什么都没学到。然而通过自学，他成为了伟大的文学家。彭斯同样没有受过多少学校教育，他的童年几乎是在赤贫中度过的。

詹姆斯·弗格森[③]出身贫寒农家，全靠偷听哥哥朗诵文章才学会了阅读。他少年时发现了几条力学原理，并自制出磨粉机和纺车的模型，还用绳子打结的办法绘出了一幅精确的星象图。一把普通的削笔刀在他手上就可以发挥出神奇的作用。许多伟人都像弗格森一样没有接受正规学校教育的机会，却自辟新路同样登上了学术的顶峰。吉福德利用补鞋的工具——一把锥子，就在废弃的皮革上计算出了最复杂的难题。里滕豪斯[④]在他的犁耙上算出了日食和月食。总之，有志者事竟成，他们总能找到一条通往成功的道路。

朱利叶斯·凯撒在军事方面的成就震撼世界，他本人要远比世人对他的评价和历史对他的记载更令人敬佩。他在天文、语法、历史等学科上都有所建树。他的渊博学识和雄辩之才在当时都是数一数二的。其一生疲于军旅奔波和政治虞诈，否则

① 埃德温·查德威克（Edwin Chadwick，1800—1890），19世纪领导英国公共卫生事业的社会活动家。

② 威廉·赫谢尔（William Herschel，1738—1822），德国物理学家、天文学家，发现天王星，是恒星天文学的创始人。

③ 詹姆斯·弗格森（James Ferguson，1710—1776），英国天文学家、发明家。

④ 里滕豪斯（Pavid Rittenhouse，1732—1796），美国天文学家、发明家、测量学家、数学家。曾任美国哲学会第二任主席，并以制作美国第一架天文望远镜。

他必能在学术上做出不凡的成就。腓特烈大帝同样戎马一生，不管军营工作多么繁忙，都要抽出固定的时间读书学习。他曾写信给一个朋友道："我对时间的渴望一天比一天强烈。尽管没有浪费一分一秒，依然觉得时间不够用。"

哥伦布一生漂泊于大海，却成为当时最博学的地理学家和天文学家。

彼得大帝统治整个俄罗斯时年仅17岁，他的文明程度不比任何尚未开化的国民优越多少。野蛮和残暴的本性在他在位期间频繁暴露。如此一位帝王却能够致力于传播文明之音，教化自己的国民。他积极推行改革，26岁开始访问欧洲各国之旅，把它们的艺术和文化带回祖国。他惊讶于在荷兰萨尔丹的东印度造船厂造船技术之精良，便主动留下来当学徒。他还为圣彼得堡的建立出了不少力。在英格兰，他到过造纸厂、锯木厂、钟表行等制造场地，甘于从最底层做起，学习各个行业最先进的制造技术。

在旅行中，他每到一个地方都要求自己尽可能获得最多的信息。他随身携带写字板，任何时候获取到有价值的信息便记录下来。他路过田间，看到农夫耕作时总要走下马车，跟他们聊聊农事，甚至同他们一起回家，记录下他们家里的设施，画下他们耕作时用的工具。他从不浪费一分一秒，全都用来学习。以这种亲力亲为的方式，他深入了解了别国的先进技术，并用以造福自己的国家。

古时人们追求的是"了解自己"。到了19世纪，世人则崇尚"帮助自己"。自我修养很重要，能给灵魂带来新生。自主教育是浇灌成长的沃肥，在其丰富营养的保证下，人类之苗总能茁壮成长，长成挺立的大树，不至于孱弱如侏儒，卑劣如恶棍。而如果只是到大学混个学位，为了考试及格才发奋学习的人，将来一样会退步或堕落，甚至失去自信和自尊，学到的知识也像水蒸气一样从他的记忆中蒸发。很多年轻人为写好毕业论文呕心沥血，然而他们华美的文句也只盛开一时，把花梗压垮了，从此不能再开花。

在德国施特拉斯堡，人们是这样喂养鹅的：每天喂食几次，把它们的喙强制打开后，再用手把食物塞进鹅的食道。这些鹅长期生活在刚好足够装下它们的笼子里，主人也不给它们出来走动的机会，据说这样养大的鹅肝才足够肥美。我们对年轻一辈的培养同豢养食用鹅无异，也是将教育强塞进他们的脑袋里。他们死记硬背，在考试前几周更加发奋记诵，还用父母辛苦挣来的钱请家庭教师，帮忙把更多的知识强塞进学生的脑袋，把一件件历史事件、数据等填满他们的记忆，而不是帮助他们训练大脑，增强理解能力，也不是帮助他们发展人格力量。他们纯粹是为了在考卷上能够写出正确答案，试问这样培养出来的人才怎么能够成功呢？

真正的教育应当能够促使学生更加渴望知识，而这种渴望将成为他们工作上的灵感源泉。“最好的教育，是将真理根深蒂固于学生的认知，将美德融入到他们的感知。”

在为了生存而挣扎的时候，我们接受教育和文化的速度将更快。在显微镜下我们看到的并不是什么新鲜事物，但却不得不叫我们叹为观止。我们要训练自己的眼睛在发现丑陋之前先看到美丽。显微镜下的世界是我们意想不到的，原来最普通的事物也有那么美的一面。阿加西看到的世界就和没有受过教育的人看到的世界很不一样。受过教育的人有机会接触更多的事物，他们视野更开阔，对于没有受过教育的人而言就好像超人一样拥有不可知的力量。他们可以创造奇迹，超越人的想象。

布尔沃说：“文化的源泉在于对更高理想的追求。我们不断陶冶思想，挖掘潜在的天赋，以求更好地贡献社会。即使你每设定的一个目标都没有实现，默默无闻，像青草一样度过人生；即使你没能在那场人生的意外中获胜，你又怎知自己没有被赋予更高的使命？思想的力量不比对自我的认知更弱。”

高度发达的文明是以牺牲道德为代价的，对于这点我们应当小心避免。在我们学院，某教授说：“被教育填充的大脑尽管什么知识都懂一点，却没有一样专长。而那些没有接受过正规教育的人，因为对某个领域的知识钻研得透彻，最后比受过正规教育的人取得更大的成功，而那些从学校毕业的三好学生们，拥有的知识只能掩盖自己的无知。虽然我们对各个领域的知识都应该有所了解，但有所专长是必要的。年轻人总容易忘记，人生是要自己走出来的，而不是靠研究或者跟随别人的步伐。”

我们在体育馆里运动时，扩展胸肌，又跑又跳又推又拉，都是为了锻炼自己的身体。同样，我们不能单一地只发展脑力或者品格。

卢梭说：“我再次重申，我的目的不是传授知识，而是教会学生在需要的时候懂得运用自己学习到的知识。”

最好的老师是我们自己。只有愿意学习的学生老师才教得会。教育的最高境界就是让学生学会自学成才。

艾萨克·泰勒[1] 说：“思考而非岁月催人成长。我们应当对我们的所见所闻多加思考，这样才能真正理解其中的深意。边阅读边思考是学习的第一步，也是最简单的一步。”

勤于思考的人太少，而不思考的人又爱装深沉。

---

① 艾萨克·泰勒（Isaac Taylor，1787—1865），英国哲学家、历史学家、作家、艺术家和发明家。

第九章

在工作中等待机会

莫要因为一天的懈惰垮了辛苦建立起来的人生。

我们会对重大事件做出何种反应，取决于我们的性格和品格。而我们的性格和品格又取决于我们过去多年来养成的习惯。

——亨利·帕里·利登[1]

不管做什么事情，开始前都必须做好充足的准备。

——西塞罗

我认为，没有受过教育洗礼的人类灵魂，如同采石场上未经加工的大理石，直等到有师傅将其剖开，才向世人显现其真实的颜色和光泽，以及通透全身的漂亮纹理和图案。

——艾迪生

天才大都不是一日养成的。正如橡树，繁荣茂盛长达千年之久，不像芦苇忽然间就盛开一大片芦花。

——乔治·亨利·刘易斯[2]

诚实对待你的天赋，这样你才能变得更加优秀；善于运用你学到的知识，这样才能攀上更高的知识顶峰。

——阿诺德

在适当的时候懂得等待之人，机会自然会降临。

——梭罗

越是着急越快不了。

——丘吉尔

欲速者自绊脚步，反而作茧自缚。

——塞内加

智者稳步慢行，跌倒的都是匆忙奔跑之人。

——马登

没有播种和耕耘，哪来丰收？

——梭罗

① 亨利·帕里·利登（Henry Parry Liddon，1829—1890），英国神学家。
② 乔治·亨利·刘易斯（George Henry Lewes，1817—1878），英国文学批评家、作家、哲学家。

完整、成功的教育使人在任何岗位、任何场合、战争时期或和平年代，都同样地处事公正、工作娴熟、宽以待人。

——弥尔顿

不论在哪个领域，通往成功最保险的路径只有：一是打下良好的教育基础。二是勤学勤练。

——爱德华·埃弗雷特[①]

懂得越多，失去越少，往往还能事半功倍。

——查尔斯·金斯利[②]

“我当时只是茫茫人海中的一粒不起眼的砂子。”亨利·贝西默[③]谈起自己1831年初到伦敦时的境况如是比喻道。当时的他只有18岁，只身一人来到一个陌生的城市，也没有一个认识的朋友。然而他很快就行动起来，发明了一种机器，可以将浅浮雕刻的印章在卡纸板上印出邮票。由于他的方法简单易行，人们只须花费十分钟和一枚便士，就能够学会如何制作压花邮票的印具。当得知这种在官方文件上压印邮票的办法轻易就能被人仿造，贝西默又发明了有齿邮票，不但难以仿造，而且不容易撕下。他从公共印花税署署长口中得知，政府每年都要花费10万英镑将旧文件上的邮票撕下，进行二次使用，而印制邮票的办法又遭遇新的伪造危机。印花税署长于是提出买下贝西默的专利权，或以年薪800英镑请他当终身顾问。贝西默选择了后者，并马上将这个好消息告诉了一个他打算与之共享财富的女人。他向他的未婚妻解释了他的发明将如何防止人们将一张珍贵的邮票撕下来重复使用，就算过去一百年也无法将邮票和文件分离。

他的未婚妻说道：“我明白了。但如果你在每张邮票上都印上日期，用完一次后就不可能再使用第二次了。”

贝西默未婚妻的话很简单，就只有一句，但如果把那关键的两个字“日期”去掉，便是一句毫无价值的话。然而，那句话的作用就好比某中学生发明的一样小玩意儿，每年都能够拯救成千上万人的生命不被洪水吞灭。如果英国的印花税官员能在他们笨拙的脑袋里想到这两个字，每年也不至于浪费政府10万英镑的钱。就这么简单的两个字，一下子就让贝西默的发明逊色不少。贝西默为未婚妻感到自豪，并把她的建议向印花税局提出。贝西默的好心换来的却是政府部门的无情。他们理所

① 爱德华·埃弗雷特（Edward Everett，1794—1865），美国演说家、政治家。

② 查尔斯·金斯利（Charles Kingsley，1819—1875），英国作家、牧师。《水孩子》《英雄们》的作者。

③ 亨利·贝西默（Henry Bessemer，1813—1898），英籍法国发明家，18岁发明了一台邮票印刷机，发明了转炉炼钢法，大大缩短了钢的炼制时间，减少了炼钢成本。

当然地采纳了他的建议，并弃用其发明的打齿机器，撤销了答应给他提供的职位和薪酬。

贝西默的经济状况陷入低谷，但他意识到自己的妻子比任何财富都要珍贵。他于是和妻子携手，经过多年的试验和探索，终于发现了快速、高效提炼钢铁的方法，从而大大降低了炼钢的成本，在全世界掀起钢铁工业的新革命。他的方法很简单，就在熔化几吨生铁的同时，从底下鼓入大量热空气，让火燃烧得更猛烈，然后加入镜铁（铁和锰的合金），一块富含碳元素的矿石，就能把生铁锻炼成钢铁。贝西默是在尝试更加复杂而昂贵的实验失败后，偶然发现这个办法的。

“愿意等待的人总能等到机会的降临。”

当今时代最缺的就是坚持。有多少年轻男女愿意花大量时间为毕生的事业做足准备？他们受过一点教育，看过几本书，就仓促上阵了。

我们处在“缺乏耐心”的世纪。不论在商业圈、学校、教堂还是社会上，人们都不愿意多等待。等不及念中学、大专、大学，就有人放弃了学业。少年希望快点长大成人，年轻人则想着快点成熟起来。他们还没有积累到足够的知识和经验便早早地踏入社会，能从事的也只能是低微的苦力，很多人因劳累过度而英年早逝。每个人都匆匆忙忙，为了尽快把房子卖出去，他们甚至可以不考虑房子的质量是否过关。

不久前，我们大学的一名教授收到一封从西部寄来的信。写信者是个年轻的女性，她想知道在我们学校上完12堂演讲艺术课后，她是否就可以成为这个学科的老师。

今日的年轻人干什么都想要一步登天。他们不愿意多积累，为目标奠定更结实的基础。要到预备学校和大学辛苦学习几年让他们望而却步。他们只想要速成班。然而，正如蒲柏所言：

一知半解最危险；
酣饮才识酒泉香；
浅饮小酌容易醉；
大口浩饮反清醒。

用逃避来掩饰无知，如履薄冰唯恐被人看穿弱点，都是懦弱的表现。抄小道走捷径只能解决一时之急，要缩短通往成功的路程，就要做好十年寒窗无人问的准备。切断粮食军队就无法前进，只能让敌人抢了先机。只有脚踏实地地努力工作，坚定不移地朝目标前进，距离成功才会越走越近。切莫贪图一日之欢而毁坏自己的整个人生。

没有做好充分准备的人，即使遇着良机突降，也只能顿足长叹，自取其辱。重大任务只有交付给能够胜任的人负责，才能体现出其价值。对于那些已经误导了无数年轻人相信拥有一副伶牙俐齿和一双神偷妙手就可以免去寒窗苦读和挑灯工作的肤浅言论和浅薄行为，各位要谨慎勿轻易相信。

坚持不懈和耐心等待是大自然造物时秉承的座右铭。它耐心耕耘了千万年，才把植物开出来的花打造完美。为了造出统治万物的最高物种人类，它更是不惜耗时多少个亿年，也要精雕细琢出完美的人类。

约翰逊说，没有翻阅过半个图书馆的人是写不出一本书来的。某女作家告诉华兹华斯，她写一首诗要花费6个小时。华兹华斯回答，就算耗时6个星期也再正常不过。想想看吧，霍尔主教在他某部著作上耗费了整整30年的光阴。欧文斯用了20年完成《写给希伯来人的书信》。穆尔为了把诗句写得郎朗上口，给人一气呵成的感觉，花了几个星期的时间琢磨用词。卡莱尔所著的历史书，每一页都是经过权威认定的，每一句话都是耗费了很长时间到图书馆查阅资料、翻阅了无数本书籍整理凝缩而成的精华。今天，我们随处都可以买到卡莱尔的《成衣哲学》，世界各地都有书商在售卖这本书。而在1851年，当卡莱尔第一次把它带到伦敦，自荐给出版商时，三家非常著名的出版社都不予采用。最后是《弗雷泽杂志》刊登了卡莱尔的作品。令卡莱尔欣慰的是，杂志社的主编认为，他的《成衣哲学》在别的出版社遭受退稿是非常无理的。亨利·沃德·比彻寄了6篇文章给某宗教报刊社，以充抵订阅报纸的费用，结果都被退了回来。奥尔科特[①]的手稿不但被《大西洋月刊》退回，主编还劝告她专心当好她的教师。某文学领军杂志不但对丁尼生的诗作冷嘲热讽，还故意忽视他。在爱默生的众多著作中，仅有一部给他带来较高的回报。华盛顿·欧文直至70岁才因自己的著作收取到足以支付房租的稿酬。

废除旧时候强制小男孩儿当学徒的制度在一定程度上对现代男孩儿而言是种损失。现今很少有小孩儿被送去当学徒了。他们遇到了难题才会去学习相关的知识，好比学校里的学生，哪个科目有考试才去学习那个科目。他们不再主动去了解和学习更多的知识。

如果美国的年轻人能够学习米开朗琪罗，花费12年的时间来学习解剖学，同样也可以创作出垂世之作。或者像达·芬奇一样，十年如一日地研究马的模型，闭着眼睛也能解剖一匹马。然而，大部分年轻人想的却是，怎样花费最少的时间创作出

① 奥尔科特（Louisa May Alcott，1832—1888），美国作家，《小妇人》的作者。

像太阳神阿波罗雕像那样不朽的伟作。米开朗琪罗在西斯廷教堂作画时，从不为了吃饭或者更衣放下手上的工作。他随身带着面包，以便在饥饿的时候可以边工作边填饱肚子。他甚至连睡觉都穿着工作时穿的衣服。

某富翁请霍华德·伯内特为他的画册做润色。伯内特答应了，但要求富翁支付一千法郎的报酬。富翁抗议道："你只需花费5分钟怎敢收那么贵？"伯内特回答道："这5分钟的工作可是耗费了我30年的工夫。"

"那篇布道是我准备的。"年轻的新任神父说道，"半个小时搞定，马上就派上了用场。布道结束了我也全忘光了。"年长些的神父说："你和听众倒是有一处共鸣点，他们同你一样也是听完就忘光了。"

这个时代需要的是能够坚持不懈等待时机的人，不管世人的目光是反对还是支持。我们需要一个愿意为了完成一本《美利坚共和国史》牺牲26年宝贵光阴的人，就像班克罗夫特①；为编撰一本字典投入36年时间的人，就像诺亚·韦伯斯特；为写作《罗马帝国兴衰史》耗掉20个年头的吉本；为积累实力颠覆敌国而斗争40个春秋的米拉博；为机会降临坚持等待大半生的法拉格特和毛奇将军；比学院里与之竞争的学生每晚多坚持学习15分钟的加菲尔德；被全世界人看笑话仍不放弃，投入大量时间和金钱铺设海底电缆的菲尔德；花了7年时间为西斯廷教堂绘画《创世纪》和《最后的审判》，拒绝收取酬劳以免玷污作品神圣性的米开朗琪罗；花费7年时间创作《最后的晚餐》的提香；用15年发明火车的斯蒂芬森；用20年改良蒸汽机的瓦特；连续工作20年把丈夫从北极海救回来的富兰克林夫人；衣裳褴褛徒步在雪地走了2英里借来了《法国革命史》，却只能在野外烧火阅读完成的瑟洛·威德；力排众议坚持战斗的格兰特；双目失明仍然坚持创作《失乐园》的弥尔顿，尽管他的书只卖了15英镑；拿着《名利场》四处碰壁，被12家出版社拒绝却依然积极投稿的萨克雷；孤独地蜷缩在小阁楼上，饱受贫穷、债务和饥饿的折磨，不灰心不放弃的巴尔扎克。成功只青睐准备好且有耐心等待的人。

丹尼尔·韦伯斯特在年轻的时候，翻遍了附近所有法学图书馆都没有找到他想要的书。他于是自己掏了50美元去购买，学习书上的判例和相关法律知识，为一个贫穷的打铁匠赢得了官司。然而，因为他的委托人无力承担高昂的律师费用，最多只能支付15美元。丹尼尔不仅亏了买书的钱，还赔上了大量的时间。几年过后，他经过纽约，遇到亚伦·伯尔②向他咨询一件悬而未决的案件。该案件跟他数年前接手打铁匠的案件一模一样，已经上诉到高等法院。丹尼尔对应该怎样处理这样的

① 班克罗夫特（George Bancroft，1800—1891），美国历史学家、国会议员。

② 亚伦·伯尔（Aaron Burr，1756—1836），美国政治家、独立战争英雄，曾任美国参战员、美国副总统。

案件早就了如指掌。他于是从查尔斯二世的法律条文和判例开始滔滔不绝地分析起来。亚伦惊讶极了，还以为自己早就咨询过他了。丹尼尔说道："不大可能，我直到今晚才第一次听说您的案件。"伯尔高兴道："很好，请继续。"丹尼尔分析完毕后，亚伦支付给他一笔相当可观的报酬，足以弥补他早年打官司亏损的那一笔费用。

艾伯特·比尔斯塔特[①] 1859年首次跟随探险队穿越落基山脉，将美国西部的景象用绘画记录下来，从此声名大噪。他循着山路登上派克斯峰，被眼前成片的野牛景象惊呆了。只要是视线所及之处都有野牛点缀在草原间。然而，随着人类文明的传播，这些野牛很快就会濒临灭绝。带着这种想法，比尔斯塔特于1890年创作出《最后的野牛》。为了使这幅作品更加完美，比尔斯塔特用了20年的时间才最终完成。

能够经受住时间考验的作品都拥有深厚坚实的基础。罗马建筑最昂贵的部位也在于它的底部。只有地基打得越深，建筑才会越牢固。

波士顿的邦克山纪念碑高50英尺，在前来观光的旅客看不见的底部，是支撑整座碑笔直挺立，任凭暴风来袭也屹立不倒的花岗岩基座。成功的人生是用大量砖石从最底部堆砌而成的。成功是坚持不懈和辛勤耕作共同结出的果实，是否成功还取决于是否对通往成功的漫漫长路做到心中有数。哈夫洛克28岁参军，直至34岁还在部队服役等待机会。他清楚自己的实力，"然而看到那些酒鬼和蠢货爬到他头上，而他还只是一个小小的副官，他苦恼万分。"忍辱负重了多年，他终于有机会发挥自己储存了多年的力量，成功率领部队进军勒克瑙。

乔治·艾略特经过多年笔耕不辍和上千本图书阅读量的积累才写出的《丹尼尔·德龙达》，给她带来了5万美元的回报。知名作家是如何养成的？连续工作好几年却得不到任何报酬，写了几百页的文章只为练习，大半辈子都像奴隶一样为文学事业工作。米勒的画作《晚祷》是经历了长年工作和等待才给他带来2.5万千美元的回报。他早年的习作不值一文，晚年却创造出价值连城的名作。席勒的工作则是"永远都做不完的"。但丁在写作《神曲》的时候"渐渐把自己都融入书中"。辛勤的工作和耐心的等待造就完美。

比彻说："据我所知，没有哪一本学术著作、文学作品或是任何一门艺术上的杰作，不是经过长期不倦的润色修改，才给其作者带来终生的名誉。"

卧薪尝胆比战场呈勇对一个人的考验更大。

著名钢琴家塔尔贝格[②] 曾说，他在公众面前演奏的每一首成名曲，都是在家练

---

① 艾伯特·比尔斯塔特（Albert Bierstadt，1830—1902），19世纪在美国享有盛誉的著名风景画家，他以写实的手法逼真地描绘了拓荒时期美国西部从落基山脉到太平洋海岸边的加利福尼亚宏伟美丽的自然风光。他的作品大多以宽2米、长3米左右的巨大画幅营造剧场式全景画面效果，充分体现美国西部的雄奇与壮丽。

② 塔尔贝格（Sigismond Thalberg，1812—1871），瑞士出生的19世纪奥地利钢琴家、作曲家。

习了不下1500遍才敢拿出来登台表演。他自认为不是什么天才，取得的成就都是勤练的结果。他的成功是凭借自身的勤奋和坚持得到的，不知要使多少所谓的天才自愧不如。

埃德蒙·基恩[①]在扮演“邪恶先生”一角时，表现出了纯熟高超的表演技巧。然而，在正式登台演出前，他花了一年半的时间在镜子面前不断地练习表情。拜伦曾和穆尔一同去观看埃德蒙的演出，评价说从来没有看过如此邪恶吓人的面孔。正当这名伟大的演员继续把“邪恶先生”的种种恶端表演得淋漓尽致，拜伦终于承受不住晕倒在地。

某白手起家的银行家富翁说：“曾有几年，我都是天未亮就开始工作，并持续工作15—18个小时才会停下来休息。”

Festina Lente，拉丁谚语不可太急、一步步来的意思，是非常好的一句谚语。只要耐心等待，被蚕虫吃下去的桑叶吐出来后便是可以织成绸缎的真丝。长在山坡上的巨大橡树，因为其根部的默默奉献，紧紧缠绕住山上的岩石，才使得树干经受住几百年的暴风雨袭击，依然挺立向上生长。《蒙娜丽莎的微笑》被誉为有史以来最美丽的人物画像，而它的作者达·芬奇花了整整4年才完成了蒙娜丽莎的头部，为世人留下无穷的艺术想象。

宾厄姆说：“德国军队上战场前总要做好充分的准备，就像战争机器一样准确无误。一张表格就能说明不同国家对待战争到来的不同做法。每名士官的名字都写在最前面，为了战争的需要而拟定的火车时刻表完全取代原本的时刻表。如果军队司令官需要改变行程，只需给每个带队的士官发个电报即可。普法战争爆发后，毛奇将军半夜醒来被告知战事。他冷静地对通知他的军官说：‘到我的文件架拿份文件给我，然后按照上面的指示给全国的军队发电报指导行动。’他翻了个身后又继续睡觉了。早上也同往常一样起床。在柏林，每个人都为战争的爆发兴奋不已，而毛奇将军却像往常一样在早晨散步。他的一个朋友碰到他并问道：‘将军你真淡定啊。难道你都不担心战事吗？我还以为此时此刻的你会很繁忙呢。’毛奇将军回答：‘啊，我很早以前就已经为战争的爆发做好准备了。所有安排都已经颁布下去，我也没什么事情需要做。’”

某目不识丁的牧师想对一个受过高等教育的神职人员讽刺一番，说道：“你想必上过大学吧？”“是的，先生。”该神职人员答。“感谢上帝，我不用上学念书也照样懂得如何开口讲话，在这里布道传教。”对方反驳道：“同样的奇迹也发生

① 埃德蒙·基恩（Edmund Kean，1787—1833），英国演员，以表演莎翁笔下的角色闻名。

在远古未开化的巴兰时代。”

布尔沃说：“如果用一块布遮住希腊雕刻家普拉克西特利斯的爱神维纳斯像的眼睛部位，雕像的脸就会显得忧郁而严肃。但如果拿掉那块布，呈现在世人面前的则是一张有着最美丽笑容的面孔。同样，把遮住人类眼睛的无知面纱撩开，我们看到的将是人类发自内心的快乐。”

某学院的年轻毕业生去跟校长道别，认为自己已经完成了学业，不需要再接受学校教育了。他的校长说道：“你们毕业了，而我才刚刚开始我的学业。”

很多杰出人物小的时候都是最普通不过的孩子。为了说明他们是怎样成功，我们必须从他小时候开始讲起。后天的培养所能起到的作用总要叫人大吃一惊。无论是多么粗鲁、笨拙甚至阴沉的小孩，只要本质不坏，又能得到经验丰富的导师指导，同样可以变成拥有良好习惯的好孩子。在南北战争晚期，仅用了几个月甚至是几个星期的时间对新招收的士兵进行严格的训练，他们的涣散和粗鲁很快就被更正过来，变得仪表堂堂，富有男子汉气概，就连他们的朋友都几乎认不出他们。如果经过训练，连性格已经基本形成的成人都可以有如此大的改变，那么对那些更年轻的孩子进行系统的德智体训练，会发生怎样的奇迹啊！那些罪犯、流浪汉或生活在社会最底层的穷苦百姓，如果他们从小有幸受到有效的系统教育，即使居住在邋遢肮脏的环境中，也一样可以成长为了不起的人物。他们将不会变成社会的渣滓和伤疤，而是成为人类历史上闪闪发光的一颗明星。

懒惰就像蜘蛛网一样滋生，最后将变成难以解脱的铁链。一个人越忙，在同样的时间内能做的事情就越多，因为忙碌已经让他学会如何善用时间。

一位贤师曾说，财富是靠勤奋工作获得的，而在此过程中，我们需要多一点耐心，多一点自制力，多一点对价值的正确衡量，多一点对劳动人民的同情以及多一点对金钱的认知，因为这些都是我们在慢慢靠近成功的过程中，保证成功不会变质腐烂的保鲜剂。讨厌劳作，不喜欢播种和收割的年轻农夫是可悲的，他们不愿意脚踏实地发家致富，宁愿漂泊到城市，为了迅速暴富，甚至幻想抢劫国库，盗走里面的金银财宝。

爱迪生在发明留声机的时候，就差送气音不能录进去。他谈起发明留声机的过程时说：“连续7个月，我每天都工作18—20个小时，都在对那台机器说‘specia, specia, specia’，然而它总是录成‘pecia, pecia, pecia’。要是一般人肯定早就崩溃了，但我坚持了下来，并成功研制出了能够录下所有声音的留声机。”

通往成功的道路必定是在多年的辛苦工作和不断地自我否定中铺设而成的。

确立了马萨诸塞州公立学校制度的贺拉斯·曼恩[①]，便是敢于卧薪尝胆的最好例子。他仅有的财富是贫穷和工作。但他对知识有着孜孜不倦的追求，并下定决心要在这个世界闯出一番事业。他靠编织稻草挣钱，大部分都用来购买精神粮食——书籍。

对于乔纳斯·齐克林[②]而言，制造钢琴的工作一点也不琐碎。别人是为了谋生才当钢琴匠的，而乔纳斯则是为了成为钢琴制造大师并由此创造财富。为了使手艺更加精湛，并充实自己的头脑，他不惜牺牲休息时间和身体的健康。不论工作有多辛苦，工作耗时有多长，他通通都不计较，只要能够制造出音色最完美的钢琴，也不管制造数量的多寡。50年前的钢琴相对于今天的钢琴音色要显得沉闷和哀伤。齐克林给自己制定了一个目标，那就是制造出音阶最完整、音色最丰富且方便演奏的钢琴。他坚持自己的理念，努力工作并耐心等待成功的降临，最终造出来的钢琴不会因为天气的变化而影响音色，并可以持久地保持音准和音色的纯正。

“人啊，你是上帝最可怜的娃啊。没有躲懒的命，只能面对残酷的现实。”卡莱尔说，“这是人类的命运，通往永恒的道路。像天上的星星一样尽职尽责地工作吧。”

尽管才华横溢，尽管他的才能足以保证他的成功，他还在国会担任令人觊觎的重要职位，但是格莱斯通并没有因此而自满，反而投入更多时间为其终生要为之奋斗的理想做好了准备。很多人如果能够坐到他的位置，大都心满意足了。然而他却继续向上看，并不断充实自己的知识水平。为了更好地履行工作上甚至对家庭的职责，他花了11年的时间学习法律。他还学习希腊文，只要一抓住机会就阅读希腊原著和希腊报纸。他把自己的人生活到最充实，并因此成为满腹学问之人。

在威廉一世统治期间，德国繁荣昌盛，然而他的成功不是因为拥有治国伟略，而在于他孜孜不倦、坚持不懈地学习和工作。他的一个朋友曾说：“每当我经过柏林宫殿的晚上，总要看到国王陛下挑灯工作的身影。我于是勉励自己道：‘这就是德意志帝国能够富强起来的原因。’”

奥利·布尔[③]说：“给我一天时间练习，我能将曲谱背下来；给我两天时间练习，朋友们会为我的琴声给我鼓掌；给我三天时间练习，我的演奏必能引起轰动。”

我们要养成随时随地都渴望吸取知识的好习惯，不管是否有用，我们要珍惜每一次学习的机会，珍惜每一次把知识运用于实践的机会。韦伯斯特将14年前听来的逸闻趣事穿插在演讲之中，并赢得了很好的反响。当时的他又怎能想到会有用得着

---

① 贺拉斯·曼恩（Horace Mann，1796—1859），美国教育改革家。

② 乔纳斯·齐克林（Jonas Chickering，1798—1853），美国波士顿著名钢琴制造师。

③ 奥利·布尔（Ole Bull，1810—1880），挪威小提琴家、作曲家。

的一天？还是谚语说得好："拿到一块石头却不想敲开里面看看的石匠不是一个称职的好石匠。"

韦伯斯特曾被邀请演讲一个很重大的话题，他拒绝了，理由是自己太忙没有时间准备那么大的题目。邀请人劝道："您只要随便说两句就足以吸引听众。"韦伯斯特答道："我的话之所以有分量，就是因为我不会在没有准备好的前提下随便发言。"一次，他为哈佛大学的优等生荣誉学会演讲，结束后忘记把笔记带走。人们这才发现，韦伯斯特演讲的内容都事先记在他忘记带走的笔记本里。

在一次突发的重大事件上，群众强烈希望狄摩西尼能够对事件发表演讲。然而狄摩西尼婉拒道："我还没有做好准备。"事实上，很多人都不认为狄摩西尼拥有雄辩的才华，因为他每次演讲都是经过精心准备的。在开会或者集会的时候，他从来都不站起来发言，因为他没有经过准备不会轻易当众演讲。

亚历山大·汉密尔顿[①]说："世人都认为我是天才。而事实上，我只是对每一门知识都不分日夜地竭力弄明白罢了。我努力探索它们，专心致志地投入学习。我刻苦的成果便被世人视为天才的证据。只有我自己知道，我所取得的全部成就都是勤于思考和肯下苦工的回报。"

是因为成功过于遥远，而你仍对幸运突降抱有一线希望，所以对出发前的准备一拖再拖？农民有时也会因为懒惰而拖延播种的时间，结果错过了春天和夏天的播种季节，等来的是霜冻大地的寒冬。

朗费罗说："很多人就像小孩儿一样，等不及让种下的花苗生根发芽，不时给它们揠苗助长一下。"我们除了要努力工作之外，等待也是必需的。

"那些满脑子都是怎样打扮得漂漂亮亮，给胡子做什么样的造型，穿什么款式的靴子，戴怎样闪亮的帽子，开口闭口只谈论剧院、歌剧、赛马，对那些努力学习，不浪费时间玩乐的年轻人竭力嘲笑的粉头小子们，"塞泽说，"总有一天要为自己无用的人生感到羞愧，而那些被他们看不起的同龄人，则飞黄腾达，大有一番作为。"

凯勒博士说："我对在纽约这个繁华大都市工作的上千名年轻人的事业进行了超过30年的调查比较，发现成功者与失败者之间仅有一线之差，那就是他们对待事物的忍耐力。真正的成功不会突然而至，而是一步一个脚印慢慢得到的。只有奉行林肯'脚踏实地'箴言的人，才能够最终获得成功。"

拉斯金说："人只要做好自己的本职工作，任何事情都不能阻挡他的人生。工

---

① 亚历山大·汉密尔顿（Alexander Hamilton，1755—1804），美国第一任财政部部长。

作能够让他忘记苦难，只要他愿意，他可以尽情地对命运进行取笑。在人生的关键时刻，工作可以帮助你做出英明的抉择。没有思想的年轻人，把家庭的幸福建立在眼前短暂的欢娱上，把自己的前途交给当下的机会。我们的每个行为都是建造未来的基石，每一次想象都关乎人的生死！年轻时候不要把思考交给别人，人只有在坟墓里才能停止思考。”

威灵顿公爵也有因为没有申请到海关署的一个小职位而沮丧不已的时候。7年前，在拿破仑还没有得到认可的时候，他什么岗位都去应聘，却屡遭拒绝。但他并没有自暴自弃，反而更加劲地学习，并自学了很多军事知识。多年以后，他成为最伟大的军事家之一。

学识是通过长期的工作和等待积累得到的，可以助我们应对突发的紧急情况。克伊尔认为，一个人学识的多寡决定其成就的大小。“人在必要的时候一定会发挥潜能把事情做到最好。危机时刻往往能够刺激人的内在潜能。把任何事情都做到最好，在危急时刻尽力了，在战斗中坚持了，就将永远处于不败之地。”对于没有这种积累的人，每次失败都没有从中得到学习。

能够独立自主的人往往都是善于学习并做好了准备的人。“生活，是比学校更好的学校。”而我们主动进取、认真负责、做事尽善尽美的品质，甚至拖拉、浮躁、傲慢等缺点，都是一点一滴从生活小事中积累起来的。

“我们应记住，有意外收获的人往往都是那些努力奋斗不断寻找的人。意外的收获是对他们付出的回报。有人也许碰到同样的情况，但只有那些长时间坚持寻找的人，才能发现机会。尽管在寻宝过程中一无所获，至少从中学会了辨别真金的能力。我们有时一觉醒来惊奇地发现自己成了名人，然而这不是幸运，而是忘我工作甚至把工作带入睡眠的回报。”

“不论是科学发明还是文学创作，追求真理和人格修养的人都是一样的。琐碎的工作能够带来意想不到的收获。只有立志寻找好品质的珍珠的商人，才有可能找到价值连城的珍珠。”

无论在精神上还是肉体上，获得成功的三大关键是：实践、耐心、坚持。而其中坚持是最重要的。

带着一颗准备迎接各种命运的心去闯荡吧，
在追梦的过程中，学会付出和等待。

——朗费罗

第十章

果断、勇敢

许多出身贫寒的男孩儿既没有背景，也没有朋友，仅凭一股果断的勇气和强烈的信念，赢得了命运女神的垂青和世人的认可。

即使机会渺茫，我也会拼尽全力。

——莎士比亚

尽管前面有一万人倒下了，
放弃了，屈服了，或者因为恐惧而逃跑了！
也不要慌张，
船长的口号是胜利！

——贺雷修斯·博纳[①]

让命运的暴风雨来得更猛烈吧！
我的灵魂，是万能的盾牌，
可以抵挡一切的攻击。

——德莱顿

他是一个勇敢者！他是一个有种的男子汉！
他不怕说出自己的想法，
尽管全镇的人都反对他。

——朗费罗

从不跌倒并不值得自豪，每次跌倒了都能够爬起来才是最光荣的。

——戈德史密斯

不试到最后都不要怀疑自己，
世上无难事，只怕有心人。

——赫里克

在有抱负的人才面前，困难问一声："你是要走得更远吗？"

——贝多芬

"同志们！朋友们！"皮泽洛[②]带领军队从东往西穿越沙漠后，准备南下时鼓舞士气道，"往这个方向，迎接我们的将是一段艰苦的长征以及食不果腹、衣不蔽

① 贺雷修斯·博纳（Horatius Bonar，1808—1889），英国诗人。

② 皮泽洛（Francisco Pizarro，1475—1541），西班牙殖民者，开启了西班牙在南美洲的征服时期，是秘鲁首都利玛的建造者。

体，是无处可躲的暴风雨、干热的沙漠和死亡的深渊。而往另一个方向，则是舒舒服服、快快乐乐的生活。在秘鲁，遍地都是黄金；而在巴拿马，处处都笼罩在贫穷的阴影下。做出你们的选择吧，男子汉们！身为勇敢的卡斯提尔[①]人，我将义无反顾地选择南下！”说完，他跨过标志着南北之分的界线，迈出了南下的第一步，13名全副武装的西班牙战士也跟随着他而去。皮泽洛他们到达位于太平洋高卢国的一个小岛时，他手下的士兵便开始强烈要求返回巴拿马。他孤注一掷，把希望寄托在推翻印加帝国的起义上，仅有几名士兵自愿留下来继续跟随他。当时他们甚至找不到船开往他们打算征服的国家。但在如此决心之下，难道还有什么困难是不会迎刃而解的吗？

罗马精神：坚持就是胜利，
助罗马军队摘取胜利果实，有如神助，
即使身陷刀山火海。

在废奴主义遭受武力打击的时期，科德角一群渔民甚至发动暴乱，袭击废奴主义者。除了斯蒂芬·福斯特和露西·斯通，所有曾经公开主张废奴的人闻风后纷纷都乘坐火车逃跑了。露西说：“斯蒂芬，你也赶紧逃跑吧，他们就快杀到了。”斯蒂芬说：“我走了谁来保护你？”露西冷静地拉住一个刚从月台跳出来，手里拿着木棍的暴徒说道：“这位绅士会照顾我的。”暴徒吃了一惊，瞪着眼前这位瘦小的女人，结巴道：“你、你说什么？”然而，在露西的感召下，他拍着胸口道：“我会保护你的，没人可以伤到你一根头发。”说完，他护着露西突破重围，并在她的强烈要求下，帮她找到一个可以作为演讲台的树墩，就在一旁拿着木棍保卫她。露西就这样站在树墩上给暴乱的渔夫做了一次演讲。在她的感召下，没人再采取进一步的暴力行为，反而为福斯特先生在这次暴乱中弄坏的衣服集资了20美元当作赔偿。

“当你陷入困境，事事都不顺利，感觉就算坚持多一分钟都无法办到的时候，”哈里特·比彻·斯托说，“千万要坚持住不能放弃，因为转机正是从此时此地开始出现的。”

查尔斯·萨姆纳[②]说：“有三样品质是做人必不可少的，第一是骨气，第二还是骨气，第三仍然是骨气。”

---

① 卡斯提尔（Castile），西班牙古王国。

② 查尔斯·萨姆纳（Charles Sumner，1811—1874），美国马萨诸塞州政治家。

考古学家在挖掘公元79年因维苏威火山爆发而被火山灰淹埋的庞贝古城时，发现城门旁的站岗亭上竖着一副罗马哨兵的骨骼化石。也许他是想依靠旁边的岩石挡难。然而，在死神来临的时候，他没有选择逃离，依然坚守着岗位，无言地告诉世人罗马军人的风范。正是因为这种不怕死誓死效忠的精神，罗马军团才得以横扫世界。布尔沃描述了当时火山爆发时风沙遮天蔽地，电闪雷鸣，河流翻腾的可怕情景，他写道："空气像凝结似的静止了好几分钟，人们争相逃跑，把城门都挤破了。他们经过哨兵站岗亭时，天空突然划过一道闪电，照亮了哨兵的脸庞。他头上戴着的铁盔反射出刺眼的白光，相对于人们脸上惊恐的表情，他显得多么的坚毅和镇定啊！他一动不动昂首挺胸地坚守在岗位上，就算是这种时刻也不能动摇他作为一名罗马军人应当要坚持的守则。他没有接到可以离开岗位逃生的通知，即使面对死亡的威胁，也绝不擅离岗位。"

世人向来都敬佩那些敢于直面困难，绝不退缩，以平静、耐心和勇气把握命运的人。他们如有必要，就算是死也不会背叛自己的岗位。

果敢坚毅之人通常都受人尊重，因为往往拥有此种品格的人都能取得令人钦佩的成就。缺乏才能但有勇气的人要比才华横溢却懦弱胆小的人更有可能获得成功。"心慈手软、心地善良的政治家始终不会是敢于出击和心狠手辣的政客的对手。"

《伦敦时报》曾经是没有什么影响力的小报，在沃尔特先生的经营下每年的业绩都在下滑。他年仅27岁的儿子小约翰·沃尔特恳求他的父亲把报纸全权交予他负责。虽然有很多顾虑，沃尔特先生最终还是同意了。年轻的沃尔特记者于是开始重整报社，四处宣传新的传媒理念。当时的《伦敦时报》从未想过要改变公众思想，也没有自己的办报理念和特色。然而，激进的年轻编辑敢于抨击时事，只要看到腐败现象，就算是政府部门都不会放过。改革后的报纸不再为政府歌功颂歌，转而关注百姓生活。沃尔特的父亲沮丧到了极点，认为他的儿子正在带领报社和自己走向毁灭。然而任何人的指责和非议都无法动摇沃尔特的信念。他向世人展示了一个称职记者的独立、个性以及话语权。

大众不久便注意到，《伦敦时报》背后有一股新生力量在崛起。上面刊登的文章将新的生命、新的血液和新的思想已经融入到这张毫不起眼的小报上。办报人有自己独立的思想，他坚定地抓紧方向舵，突破传统保守的办报方式，闯出了一条新路。在新增设的一些栏目里，还刊载了对国外新闻的报道。《伦敦时报》总是要比政府的宣传部门抢先好几天发布新闻。尤其是一些国外的重大新闻。激进的编辑屡屡与政府作对，很快他们的新闻来源被截在关外，只有政府派出的记者才获得出入境的许可。然而沃尔特没有轻易被政府的阻挠动摇决心，他花了一大笔钱雇用了一批特殊信使，为他从国外带回来很多新闻。《伦敦时报》背后站的是雄心勃勃敢于战斗的年轻编辑，没有任何困难能够阻挡这种新的进步。沃尔特成为《时报》的灵魂人物，他的个性影响着办报的每一个细节。当时，最好的印刷机也只能每小时印制300份报纸，沃尔特把这个数字翻了三倍。他的聪明才智促使了沃尔特印刷机的诞生，从此只用一个小时就有17000份报纸产出。1814年11月29日，世界第一台蒸汽动力印刷机诞生了。沃尔特的执着为他取得了举世瞩目的成就。他经营任何事业都绝不退缩，连一个最小的细节都绝不忽略。

“在勇者面前，懦弱者总会感到一丝恐惧。因为有来自比他们高尚之人的压力，他们不敢说出自己的真实想法，不敢投出他们心仪的一票。”而真正勇敢独立的人，总有自己的路坚持要走。在有主见有胆量者的身上，不会有卑劣自私的生存空间。在他们面前，小人不敢使坏，骗子害怕行骗，伪君子也变得胆怯起来。

有人在拜访林肯时担心地问道：“如果叛乱持续三四年不平息，你要怎么办？”林肯回答：“除了坚持做好本职工作，我别无选择。”

“我相信我有演讲的才能，我一定能做到的。”谢里登第一次在国会演讲失败后，被告知他永远都不可能成为演说家。然而，正是这种不放弃的精神使他最终成为当时最著名的演讲家之一。

亨利·克莱[①]曾经非常害羞，上学的时候甚至不敢在班里人面前大声朗诵。他后来决定成为一名演说家，于是天天到玉米田里练习演讲和大声朗诵文章，甚至把牛和马当成听众练习胆量。

加里森在一份南方的报纸上读到这样一条广告：“佐治亚州州长悬赏5000美元取拿威廉·劳埃德·加里森[②]的颈上人头。”接着，一群由贵族组成的暴徒就用绳子绑住他穿越波士顿的大街小巷游行示众。他被匆匆押入监狱，出狱的时候却很平静地回归工作，无所畏惧地继续被打断的事业。他在波士顿道富银行的上面租了一间阁楼住下，就在那里为解放事业工作。他写道：“我将全心全意投身废除奴隶制度的事业，我绝不会退缩半步，我的言语也绝不会含糊其词，我不会为自己寻找借口，我的声音将在国民中传播。”他做到了吗？你去问问因为他的努力获得解放的黑人便能得到答案。恐吓者都杀到家门口了他也丝毫没有畏惧。他强迫这个捂住耳朵的世界聆听“自由”之声，直至振聋发聩，将美好的未来带给世上最后一批奴隶。

如果连听力丧失的流浪汉都能够成为研究东方文化的学者，世上还有什么事情

① 亨利·克莱（Henry Clay，1777—1852），美国参众两院重要政治家和演说家，辉格党的创立者，美国经济现代化的倡导人，曾任美国国务卿，5次参加美国总统竞选均失败。

② 威廉·劳埃德·加里森（William Lloyd Garrison，1805—1879），美国改革家、编辑、废奴主义者。

是做不到的？如果有，那也只能存在于约翰·基托[①]诞生之前或者死后吧。对于基托而言，只有下定决心并付诸实践，世上没有任何事情难得倒他。他恳求父亲让他自己外出谋生，尽管将像霍屯督人一样四处流浪。他告诉父亲他打算把自己的书卖掉，再把手绢拿去典当，就可以筹到12先令的路费。他向父亲保证，就算要靠采野果、吃野菜、睡在草垛上生活，他都可以忍受。这便是真正勇气的体现。拥有如此坚定的信念，还怕有什么事情做不好吗？帕特里克·亨利[②]向独立战争时的英雄说道："难道用铁链和奴役换来的和平生活如此美好，以致我们都宁愿牺牲自由了？不是的，上帝！我虽然不知道别人会选择哪条路，但，不自由，毋宁死。"

勇敢是一种持久的品质。懦弱、犹豫不决的人在某些场合可以表现得很果断和勇敢，但不说明他们是勇敢的人。真正的勇者是打从骨髓里发出的勇敢。厄斯金爵士在弱者面前总是显得很勇敢，人们都认为他很有胆量且勇气十足。然而，在下议院工作的时候，面对皮特在智力上的优势，他逞英雄似的飞横跋扈顿时消失无踪。在皮特面前他丢失了平衡点。他的个性失去中心支柱，他感到紧张、不安甚至渺小。

在战争后期，很多将军都表现得很勇敢。他们常常表现出坚定不移的决心，大胆无畏。然而只有格兰特是打从灵魂里散发出勇气的人。他从不离开军营，一旦下定决心就绝不动摇。"如果你想劝服他放弃某项作战计划，他就在那里不为所动地静静抽烟；如果你责备他愚不可及、轻率粗心，他则不以为然地继续点燃第二支烟；如果你称赞他是当今世上最伟大的将军，他淡然吐出一口烟圈；如果你建议他去竞选总统之位，他也不会夸下海口。当你感觉这个沉默的男人实在难以捉摸时，前方突然传来战胜的捷迅。你这才慢慢反应过来，在香烟缭绕中默然不语的，是一个伟大军事家，他有过人的军事头脑，和一颗勇敢无畏之心。"

狄摩西尼平时虽然不像会有勇敢站出来的时候，可一旦他内在的勇气被唤醒，他一样能够成为英雄般的人物。

有人问某个小男孩儿是怎样学会溜冰的。他说："噢，每次跌倒都爬起来就学会啦。"

惠普尔讲述了一件真实发生的故事，说明坚定的目标是怎样帮助一支军队转

① 约翰·基托（John Kitto，1804—1854），英国学者。

② 帕特里克·亨利（Patrick Henry，1736—1799），美国政治家、美国独立战争时期卓越的领导人。1775年3月23日，亨利在弗吉尼亚州里士满的圣约翰教堂发表了著名的《不自由·毋宁死》的演讲。

败为胜的，而这个故事的主人公便是安德烈·马塞纳[1]。“阿斯本-埃斯林战役失败后，拿破仑是否能够带领军队全身而退，就看马塞纳有无足够的耐力了。拿破仑派出信使，几乎是用请求的口吻要求马塞纳在阿斯本再多逗留两个小时。能完成这个命令的概率几乎为零。然而拿破仑深知马塞纳的为人，相信他有足够的毅力坚持下来。信使找到马塞纳时，他正坐在一堆垃圾上面。他的双眼布满了血丝，身体因为持续战斗了40个小时而虚脱。以他的状态只能送去医院休养，而不是继续留在战场上作战。然而他的精神却没有丝毫受到身体之累，尽管已经累得只剩半条命了，他还是忍住疼痛站起来回复信使道：‘请你转告陛下，我一定会再坚持两个小时的。’而他也真的做到了。”

麦考利如此评价亚历山大大帝：“他输掉了许多小战役，却赢得了战争的最后胜利。”他给惠灵顿公爵的评价也是大同小异，只是做了些许的改动：任何战争中，他都是胜利的一方。

在马伦戈战役中，法国对奥地利敌众我寡，悬殊的差别迫使他们知难而退。而奥地利则可以确信胜利无疑了。他们将军队分成左右两翼，乘胜追击法国败军。就在奥地利人以为胜利在望的时候，甚至连法国人自己也以为必输无疑，拿破仑突然吹响了冲锋号角，要求禁卫队直捣敌人薄弱的中心地带，并将左右两翼分开包围夹击。最终，法国人赢得了胜利。

“不要绝望！”伯克说道，“就算绝望了也要坚持工作。”

奈伊元帅[2]曾经在上战场前因为害怕而双膝止不住地剧烈颤抖。他于是低下头对自己的膝盖说道：“你们就抖吧！要是再知道我要把你们带到哪里，还要抖得更变本加厉吧。”

要取得成功，对于士兵便意味着要打胜一场接着一场的战役；对于学者便意味着要讲完一堂接一堂的课程；对于工人，便是锤锤下足了力气；对于农民，便是一株一株地插秧；对于画家，便是完成一幅又一幅的画作；对于旅行者，便是走完一英里再一英里的路程。

原本前途无量的某哈佛学生突然双腿瘫痪。在医生惋叹无望治愈之时，此年轻人毅然决定继续学业。他请考官到病床前单独给他测试，四年后顺利取得了学位。他立志从事对但丁的批评研究，并为此学会了意大利语和德语。尽管病魔缠身，双

---

① 安德烈·马塞纳（Andre Massena，1758—1817），法国将领，在革命政府军中服役，1793年升任将军。在与奥地利作战的战役中，他成为最受拿破仑信赖的军官。后拿破仑后来派他指挥意大利方面军，他在热那亚成功抵抗围城的奥军，使法军打赢马伦戈战役。马塞纳于1804年成为元帅，1808年封里沃利公爵。在抗击奥地利军队中，尤其在阿斯本-埃斯林和瓦格拉姆战役中，马塞纳表现出英雄主义气概。

② 奈伊元帅（Michel Ney，1769—1815），拿破仑一世期间的法兰西帝国十八开国元帅之一。

目也逐渐失明，他依然坚持学习，还申请竞争最高学府奖。他，一个下肢瘫痪只能躺在病床上的年轻人，每天都不得不和死神作斗争，竟然还敢于挑战哈佛大学的最高奖项！他病倒了，在著作出版发行并取得巨大成功之前，终于没来得及捧上获奖的奖杯。他为了不让自己的人生成为别人的负担，不仅成功取得了美国最顶端高等学府的学位，还赢得了学校最高学术奖项，为文学领域做出了很大的贡献。

卢瑟·特蕾西·汤森[①]教授是著名的《教义》的作者，他也是一个以勇气战胜环境的绝佳例子。贫寒的出身使他从小就学会了自立自强，并靠自己赚够了上大学的费用。他成功考入阿莫斯特学院，每周生活费仅有45美分。

奥林奇·贾德[②]也是凭借自身不懈努力取得成功的典型例子。他把在农场干活挣来的玉米背到磨坊，磨成粉后煮成玉米粥，然后挤点牛奶搭配成一餐。他一连几个月就靠喝玉米粥和牛奶过活生存。就这样他一边打工一边学习完成了卫斯理大学的学业，并成功考上耶鲁大学三年制的研究生课程。

威廉·克拉伯[③]议员靠自己挣钱上大学，曾经穷得连字典都买不起而只能去复印一本。他从马萨诸塞州的达特茅斯老家步行至新贝德福德，只为到镇上的图书馆充实自己的词汇量。

富兰克林在印刷厂当学徒的时候，一边手拿着面包，一边拿着书本。洛克仅靠面包和清水就在荷兰的一间小阁楼里工作。吉迪恩·李忍受着饥饿和寒冷，赤脚走在雪地上。林肯和加菲尔德从一无所有到入住白宫。他们的成功都是坚持不懈的结果。

查德伯恩总统失去一个肺，本以为活不长了，甚至连葬礼都准备妥当，结果他又继续活了35年，工作了35年。

卡瓦纳公爵失去了双臂和双腿，以残疾之躯继续留在国会工作。

亨利·福西特[④]双目失明，却成为英格兰有史以来最了不起的邮政大臣。

美国著名历史学家普雷斯科特双目失明，弗兰西斯·帕克曼[⑤]也同样失去了视力和健康。很多身体残疾的人同样能够获得巨大成功，看不到光明，听不见声音，没手没脚没健康都不能阻挡他们对成功的追求。他们不会因为身体上有缺陷就跌倒不起，而是将绊脚石当成进阶石，铺出一条通往成功的道路。

巴纳姆50岁了还欠人一屁股债，他于是下定决心重整家业，慢慢从亏损的财务状况中挣扎出来，获得成功，并把债务都还清了。他一次次被击倒，又一次次重获

---

① 卢瑟·特蕾西·汤森（Luther Tracy Townsend，1838—1922），美国作家、牧师。

② 奥林奇·贾德（Orange Judd，1822—1892），美国农业化学家、编辑、出版家。

③ 威廉·克拉伯（William W. Crapo，1830—1926），美国国会议员、外官家。

④ 亨利·福西特（Henry Fawcett，1833—1884），英国大学教师、国会议员、经济学家。

⑤ 弗兰西斯·帕克曼（Francis Parkman，1823—1893），美国历史学家、教育家。

新生，像凤凰鸟一样，从他不幸的灰烬中爬起重生。

哥伦布第一次航行出海时，如果因为水手叛变就投降、放弃，那么他一生的努力和学习都将在那短短的三天时间内付之一炬。

查尔斯·詹姆斯·福克斯[①] 说："年轻人如果第一次演讲就获得成功，那很好。他可以再接再厉，不断进步，但也有可能自满自足并永远停留在第一次的辉煌里，如果这个人第一次失败了，但没有灰心放弃，反而更加努力，我敢肯定，他将来一定会比那些一开始就取得成功的人做得更加出色。"

科布登第一次在曼彻斯特上台演讲时彻底崩溃了，以致主持人要为他的失态向听众道歉。然而他没有放弃，坚持四处演讲，为全英格兰的贫民争取到更多更好也更便宜的救济粮。

年轻的迪斯雷利[②] 生于一个当时被憎恨和迫害的民族，没有太多机会的他只能凭借自身努力慢慢升入中产阶级，然后跻身上等社会，最后登上政治权力的顶峰，成为颇具社会影响力的名人。他曾经遭到下议院的排斥和嘲弄，但他当时只留下了一句话："你们总有一天都要听命于我。"他做到了，一个没有可能成功的犹太小男孩，统治英国长达25年。

在当时那个对犹太人抱有极深偏见的年代，人们同样瞧不起白手起家的人，觉得他们是上流社会的入侵者，迪斯雷利的成功绝对是史无前例的。当英国人醒来后发现，一个低贱的希伯来人竟然成为国家财政大臣时，他们该有多震惊！在修辞雄辩学的兵工厂里，他信手拈来所有兵器，将针对他的抨击和言论全部化解。他有本事让格莱斯通情绪失控，而自己则时刻保持理智并确保将局面掌控在手。你很容易看出这个年轻人野心勃勃——想在这个世界闯出一片天地。他一脸的跃跃欲试和义无反顾。他还是一个衣着光鲜的英俊小伙，体内流淌着"肮脏的"希伯来人的血液，连续三次落选国会，但他丝毫也不气馁，他相信他的时代终将来临，而他也成功做到了。他首次和梅尔本子爵二世[③] 一位著名的英国首相见面时，首相就问他将来想要成为什么。他大胆地答道："英国首相。"

当代著名布道家拉克代尔[④] 曾经一次又一次地失败过。两年里一次成功的布道经验也没有，当每个人都认为他不可能成为牧师时，他坚持了下来，并最终在巴黎圣母院成功举办了一次大型布道会。

---

① 查尔斯·詹姆斯·福克斯（Charles James Fox，1749—1806），英国著名辉格党派政治家。

② 迪斯雷利（Benjamin Disraeli，1804—1881），英国犹太人，第一世比肯斯菲尔德伯爵，英国保守党领袖，三届内阁财政大臣，曾两度出任英国首相。

③ 梅尔本子爵二世（Lord Melbourne，1779—1848），威廉·拉姆，英国首相，辉格党贵族政治家。

④ 拉克代尔（Henri-Dominique Lacordaire，1802—1861），法国著名牧师、政治活动家。

托尔瓦德森[1]的父亲死于救济院，贫穷迫使他早早辍学，没上过几天学的他连写一封信都要来回修改数十遍才寄出去。然而他没有放弃，反而更加发奋，用作品向世界证明，就算多穷多苦，拥有一个多么令人失望的父亲，他也一样可以成功。

威廉·苏厄德[2]上大学的时候，他父亲给了他一千美元，作为大学期间的全部生活费。然而他仅上了一年学就把钱花了个精光，还养成铺张浪费的坏习惯。他父亲拒绝再给他钱，并禁止他回家。当他意识到无人可以依赖的时候，便身无分文地离开家回到学校，从此发奋学习法律，并以全班最优秀的成绩毕业。他后来成功当选纽约市长，并在南北战争期间被林肯任命为国务卿。

路易莎·奥尔科特[3]用绑住绷带的左手完成对《旧式女孩》最后篇章的写作，当时的她一只脚受伤，并忍受着头痛和失声的痛苦。她在日记里自豪地写道："20年前，我用尽一切办法担负起全家的生计问题，直至40岁才完成这个任务，把所有债务都还清，甚至包括那些不合法的债务。我们一家人终于可以过上舒适的生活了。然而代价也许就是我的健康吧。"她用一支笔，就赚得了两万美元的收入。

弗兰克·莱斯利夫人[4]常常回忆起过去的一段艰苦岁月，她住在没有铺地毯的小阁楼里，拼命工作替丈夫还债。她，一个女人，成功打赢了9场官司，还清丈夫欠下的所有债务。她靠自己成功出版了10部著作，无论是签订合同、收发汇票、校对编辑甚至排版印刷等所有事务全都亲力亲为。她因此培养出了高超的业务能力，这是以前从来没人敢想象的。

加菲尔德说："即使勤奋不能让笨鸟变天才，但至少也能补拙。"在美国，一个遍地机会的国家，敢于与自己的出身和命运抗争的人，他们通过辛勤工作取得成功，足以叫那些抱怨时运不济，懒惰、无目标，为自己的失败人生寻找借口的人感到羞耻。

害怕别人嘲笑和不想丢脸的心理常常使人犹豫不决，不敢果断下定决心，即使是对一件有义务要完成的事情。每到这种时候，有无勇气便是成功与否的关键。在新英格兰，某学院的学生助教不会解一道代数题。教授就把这道题带到班上，让全班的学生一起想出解题办法。这个助教觉得很耻辱，因为他经过多次尝试都失败了，不得不请教老师，而老师也没有提供答案。他能怎么办呢？又不可以在全班人面前承认自己不会解这道题。他绞尽了脑汁也没有想出解题办法，就决定到很远的镇上寻求一个朋友的帮助，他相信这个朋友有能力解开这道代数题。然而很不巧，

① 托尔瓦德森（Bertel Thorvaldsen，1770—1844），丹麦新古典主义雕塑家。
② 威廉·苏厄德（William Henry Seward，1801—1872），纽约市第12任市长，林肯和约翰逊时期的美国国务卿。
③ 路易莎·奥尔科特（Louisa May Alcott，1832—1888），美国女作家。
④ 弗兰克·莱斯利夫人（Miriam Leslie，1836—1914），美国出版商、作家，新闻插画家Frank Leslie的妻子。

他的这个朋友刚好出远门了，要过一个星期才回来。他在回家的路上暗下决心道：“我真是个笨蛋！难道我就应该回到班上，向班里人承认我的无知？我一定可以把这道题解出来的！”于是，他闭门解题，下定决心不解出答案绝不睡觉。他最终获得了胜利。在这道题的答案下面，他记道：“该题解于9月2日11点30分，尝试了不下12种解题方案，耗时20小时。”

1812年的冬天，战争持续进行，杰克逊将军带领的军队缺衣断食，饥饿难耐，士兵哗变要求回家。将军于是以身作则，捡起地上的橡果充饥，并骑马赶到叛军的前面，宣告将杀死第一个离开的士兵。

速度最快的人不一定就跑第一，身体最强壮的人不一定就打胜仗。有些马匹是负重或者带伤参加比赛，这些因素都要计算入结果。在人生的比赛中，赛道的长短不是决定成绩的唯一因素，所受阻力的大小、负担的重量、出身的好坏、受教育的程度、生长环境、创业条件等都要列入考虑之中。多少年轻人就因为贫穷、债务或者家人、朋友的拖累从此一蹶不振？因为知识匮乏、条件艰苦、父母的不理解和反对而轻言放弃？又有多少小孩因为长得肥胖，在比赛中被方形的关口卡住而不能动弹？因为不能在别人那里得到信心和鼓励，失败了也不会有人同情，他们便犹豫不决，尽管自己非常想去？又有多少人不得不像瞎子一样盲目摸索着前进，就因为他们少壮时不努力学习、不敢闯荡积累经验？多少人就因为年轻时没有认真学习，就业前又缺乏相关培训，职业生涯便一直徘徊不前？还有那些不肯扔掉拐杖学走路，不懂得照顾自己，只能依赖父母的财产和保护活着的人？多少人因为放纵自己，挥霍无度，在人生旅途中越走越慢、自掘坟墓？多少人因为疾病缠身，体质虚弱，双目失明或双耳失聪就把人生放弃？

只有上帝才有资格评定给我们的人生颁发怎样的奖品，因为只有全知的主才知道我们有什么弱点和不足，知道我们有多远的路要跋涉，身上的包袱有多重，身体有无残疾等必须列入考虑的因素。我们还有多少人生路要走并不是决定奖品的关键，重要的是看我们要克服多少困难，面临多少挫折。那些不知抵抗过多少诱惑，有多少伤心往事埋在心里，默默品味人生酸苦的人，尽管饱受嘲笑和蔑视，却是能得到上帝最大恩赐的人。

智者之所以能够打败困难，
是因为敢于尝试；
愚蠢之人一看到困难就先被吓倒，
那还怎么可能战胜害怕的东西？

把我绊倒，我则坐在绊倒我的石头上，
面带微笑；
把我撕碎，我则对着满地的碎布放声大笑；
不要被我的恐惧影响，
不要让心中的小羊惊慌失措。

——罗伯特·赫里克[①]

① 罗伯特·赫里克（Robert Herrick，1591—1674），英国资产阶级时期和复辟时期的“骑士派”诗人。

第十一章

世上最重要的一件事

学会做人比成为有钱人和名人更重要。修得好人品比事业获得成功更难得。

人类的一滴鲜血染红整片大海。人性美比一切头衔都珍贵。

——马登

检验人类文明成果的，不是人口的多寡，城市的大小或是粮食的收成，而是要看这个国家培养出怎样的人民。

——爱默生

把砖头扔掉，把埋在里面的人救出来。

——蒲柏

华盛顿的成就是前无古人后无来者的，他的盛名超越永恒，受世世代代人类的敬仰。

——詹姆斯·艾伯拉姆·加菲尔德

不当崇高之人，宁不为人。

——丁尼生

高尚的灵魂啊！
虽然你在沉睡，
但并没有死亡。
不久便能苏醒。

——洛威尔

当埃及陷落，金字塔不复存在，
道德的丰碑依旧竖立。

——扬

你够得着天堂的那根柱子吗？
你能在有生之年抓住神圣之光吗？
灵魂是严格的考官，
而考试的内容就是人的思想。

——瓦特斯

我们的存在，是行动，不是时间；是思考，不是呼吸；是感受，不是数据。

我们应该用脉搏的跳动，来计算时间。经常思考，心灵崇高，做到最好的人才是活得最充实的。

——贝利

某摩尔人正在自家花园散步，一名西班牙骑士突然跪在他的面前，诉说自己因为杀死一位摩尔绅士遭到仇人追杀，请求摩尔人帮助他藏身避仇。摩尔人答应了，把他锁在他家的避暑别墅里，等待夜幕降临后再寻机帮他出逃。过了不久，有人把他儿子的尸体搬回家，摩尔人这才知道原来那个西班牙骑士杀死的竟是自己的儿子。他将仇恨埋在心底，到了半夜如约把西班牙骑士放了出来。他说："基督徒啊，你谋杀的那个年轻人是我唯一的儿子呀！但我已经许下神圣的誓言，就不会背叛你。即使是对残忍的敌人轻率许下的承诺，我还是不愿意违背。"说完，摩尔人牵来一匹脚力最好的骡子，上好鞍后说道："趁着夜色的掩护你有多远就跑多远吧！你的双手沾满了血污，我相信上帝会对你做出公正的裁决！谦卑的我对上帝阻止我玷污自己的人格满怀感激。我很高兴我把对你的裁决交由上帝处理。"

人格的光芒万古长明。正如朗费罗在一首诗里说的：

衰竭的恒星，
曾经的光芒，
穿越几万年的时空，
映入人类的眼帘。
非凡的伟人，
身前死后，
发出万丈光芒，
照耀人类的前途。

苏格拉底的人格力量超越了对死亡的恐惧和死亡本身，就连毒芹都无法与之匹敌。

人格就是力量。又有谁能预料得到，崇高的人生究竟能够爆发多少能量？我们应当把这句话当作格言悬挂在每一片土地，每一个国家的每一所学校、每一个家庭和每一个年轻人的房间里。身为母亲的，更应该将其深深地印刻在每一个孩子的心灵上。

加里森虽然已经被绞死，但他的精神永在。为真理而亡的殉道者永垂不朽，正如蜡烛的烛花被剪，烛火反而越烧越旺。"学术上获得一点成就，以及在逻辑学和修辞学上懂得一点把戏，就以为能够推动世界前进。”而事实上，只有人格的力量才能够做得到。

当乔治·皮博迪[①]的雕像在伦敦大道上落成揭幕时，人们邀请其作者斯托里发表演说。斯托里两次用手抚摸自己的作品，喃喃说道：“这就是我要表达的一切，还有什么可说的？”是啊，一个人的人格是不需要用言辞说明的，还有什么比他的作品更能说明问题？

哈里发的奥马尔[②]对战士阿姆鲁说：“请把你的剑展示给我看吧！那把跟着你参加过无数场战役、杀死了无数敌人的利剑！”阿姆鲁回答：“没有上战场的剑并没有什么特别的，它甚至不比诗人弗雷兹达克的剑更加锋利甚至更有分量。”同理，失去了灵魂的血肉之躯，即使重达150磅，也仅仅只是一个躯壳。

拿破仑常常对奈伊将军的勇敢和足智多谋表示赞赏：“如果我的保险箱里存有2个亿，我愿意把它们全部拿出来送给奈伊。”

在印度阿格拉市，坐落着东方建筑的最高成就——泰姬陵，据说是全世界最美丽的建筑，古莫卧儿帝国国王沙·贾汗为其爱妃建造的陵墓。虽然当时沙·贾汗的儿子奥朗则布篡夺了王位，他的女儿贾哈纳拉宁可选择和父亲一起囚禁受苦，也不投靠其皇兄以求荣华富贵。她在德里的陵墓上刻有她在临死前说过的话：“不要为我的坟墓镶上华丽的装饰，对于一个谦卑之人，草地便是最好的外衣。我，贾哈纳拉，是圣子基督的教徒，帝王沙·贾汗的女儿。”前往泰姬陵观光的旅客无不流连忘返，在贾哈纳拉石棺前面的草地上驻足沉思。

有作家写道，权倾天下的大卫王并没有给世人留下什么愉快的回忆，而圣人大卫却让世世代代的老百姓们念念不忘。前者虽然风光无限，富贵荣华，但一切都只是过眼云烟，人们不久便会由倦生厌。然而后者对高尚的执着追求却有如阳光一般倾洒而下，照耀即便是窗门紧闭的灵魂。

罗伯逊说，在我们灵魂深处，埋藏的不是对快乐的渴望，而是像食欲一样最原始的欲望，即对更好、更高尚人生的追求。

“致本杰明·欧文先生——佛蒙特军团的志愿兵本尼昨晚在站警戒哨时被发现在睡觉，对于他们的疏忽值守，军事法庭做出判决，因为现处非常时期，他们将于24小时内受到枪决。”农民欧文揉着老花眼读完这个电报后，说道：“我让本尼去当兵打仗，已经是一个做父亲的对祖国奉献出的最珍贵的礼物。然而，我的儿子才仅仅在岗位上打了一分钟的盹儿，一分钟啊！我知道本尼从来都不会在执勤时睡着

① 乔治·皮博迪（George Peabody，1795—1869），美国19世纪著名银行家，摩根财团的创始人。

② 哈里发（Omar），是穆罕默德逝世后继任伊斯兰教国家政教合一领袖的人。

的。他是个值得信赖的好小伙！他和我一样高，才年仅18岁啊！现在他们却要把他枪毙了，只因为打了一下小盹儿！”这个时候，有人敲本尼家的门，本尼的妹妹布洛瑟姆去开门，带回来一封信。“本尼寄来的。”她急切把信递给父亲说道。

亲爱的父亲：

我就快被枪决了，因为站岗时太累睡着了。刚刚知道这个判决时我很害怕，后来想通便渐渐冷静了下来。他们说到时不会像囚犯一样绑住我，也不会蒙住我的眼睛，会让我像个男子汉一样死去。父亲，我当时就想，如果是在战场上，为了保卫国家战斗而倒下，那也算死得光荣。而我现在是因为疏忽职守要像狗一样被枪决！噢，父亲，这个想法还不是最糟糕的，我很害怕会让您蒙羞啊！所以决定写信告诉您一切。等我走后，也请您告诉我的战友，因为我现在没有办法告诉他们。

如您所知，我答应了杰米·卡尔的母亲照顾杰米，后来他生病了，我也尽了我全力照顾他。他归队后身体依然虚弱，没有力气带那么多行李。所以在前一天，我不仅要带自己的行李上路，还得帮杰米分担他的行李。快到晚上的时候，我们加快了行军的步伐，行李显得更重了。大家都疲惫不堪，但如果我没有帮助杰米，他会掉队的。回到了军营后，我累极了，然而，虽然当时轮到杰米站岗，我还是答应替他的班让他休息。可是父亲啊，我实在是太疲劳了。除非有一支枪指着我的脑袋，否则我根本就醒不来，而等到我清醒过来的时候，什么都已经太晚了。

他们今天告诉我，因为一些原因，枪决要稍微推后一点才执行。我们的上校人很好，他提醒我有时间可以写信回家跟你们解释事情的真相。父亲，请您务必要原谅他，他也只是在执行公务。如果他有办法救我，他一定去着手了。也千万不要怪罪杰米！那个可怜的孩子已经自责不已，他不断恳求他们让他代替我去受刑。我一想到母亲和布洛瑟姆就心痛不已。请好好安慰她们吧，父亲！请告诉她们我是勇敢的接受死亡的，而等到战争结束后，也好让她们不要为我感到羞耻。天啊！这真是叫人难以承受！再见了，父亲！今晚，在落日余晖中，我仿佛看到了牛群从草原赶回家，而可爱的小布洛瑟姆就站在后门的门廊上等我回来，可我却永远都回不来了……愿上帝保佑你们，我的家人！

欧文先生充满敬意地欢呼起来：“谢天谢地！我就知道本尼不会无端在岗位上睡着的！”

那天晚上，看完信后不久，一个小小的身影偷偷溜出欧文先生的房子，从小路匆匆离去了。两个小时过后，列车乘务员帮她在火车站打了一辆车，她第二天早上就到达纽约，然后获许拜访华盛顿的白宫。总统愉快地问道："孩子，在这个阳光明媚的早上，你有什么需要帮忙的？"布洛瑟姆战战兢兢地答道："我想请求您赦免本尼的死罪。""谁是本尼呢？"林肯问道。"是我的哥哥，先生。他因为在执勤的时候打了一下盹儿你们就要枪决他。"总统道："我记起来了。但是孩子，他在不应该睡觉的时候睡着了，成千上万条生命可能就因为他的疏忽职守而消失。""我父亲也这么说。但是我哥哥他实在太累了，而杰米又那么虚弱。他一个人负担两个人的工作啊！那天晚上本来不是本尼执勤的，他是在帮杰米的忙，因为杰米刚生了病又那么疲倦。虽然本尼自己也累得不行，但他就只为杰米着想没有想到自己啊。"林肯惊道："孩子，你说的都是真的？过来，更加详细地告诉我。"布洛瑟姆于是把本尼写给他父亲的信拿了出来，林肯读完后写了几行字，拉铃叫信使进来。"你马上把这份急件送出去。"他接着转身对布洛瑟姆说："孩子，你先回家吧。请向你的父亲转达，亚伯拉罕·林肯认为他儿子很了不起，不应当就此丢掉生命。林肯还要向你父亲表示感谢，谢谢他对国家判决的理解，尽管这个判决夺走的是那样一条宝贵的生命。你可以现在回去或者等到明天和你哥哥一起回家。本尼勇敢地面临死亡，他需要你帮他接受这个好消息。"布洛瑟姆高兴道："愿上帝保佑您，先生。"

两天后，本尼和他妹妹一起到总统府向林肯致谢，林肯向这个年轻的士兵授予中尉的军衔，并赞扬道："身为一名士兵，你能够主动帮助生病的战友减轻包袱，并在被判枪决的时候毫无怨言，应当得到国家的奖赏。"

在南北战争的末期，关于战场上残忍杀戮的电报满天飞，林肯为被囚禁在安德森维尔的战犯感到揪心，他们在那里遭受着残酷的折磨。在利比监狱，贝尔·艾尔仍然坚持一个信念："把怨念留给自己，把爱带给大家。"据说当时从南方监狱遣返到巴尔的摩的犯人，10个人中没有一个是吃得饱、穿得暖的。他们遭受天花病毒的侵袭，饿得只剩一副皮包骨，就连总统林肯也不忍对他们在战争中的恶行施以报复性惩罚。

在充满血腥的弗雷德里克斯堡战役结束后，有人在一个年轻人的尸体上发现了林肯的照片。这个年轻人把照片珍藏在贴心的胸口，并在后面写下："愿上帝保佑林肯总统。"他便是那个因为在站哨时睡着获刑的本尼，若不是总统的仁慈，他早就被枪决死亡了。

戴维·达德利·菲尔德[①] 认为林肯是他那个年代最伟大的人。虽然韦伯斯特、

① 戴维·达德利·菲尔德（David Dudley Field，1805—1894），美国政治家、律师、律法改革家。

克莱、卡尔霍恩等人同样做出了伟大的成就，但他们的成就都是单方面的，而林肯在各方面都显示出非凡的人格力量。他的体内似乎蕴藏着巨大的能量源泉，总能在意想不到的时候爆发出来。如果要让他的朋友细数林肯的才华，他们甚至不知道该从何开始谈起。贺拉斯·格里利同样才华横溢，但他身上的缺点不比优点少。而林肯却在各个方面都表现得很出色。他在签署《解放宣言》时说道："宣言从现在开始生效，我郑重承诺，宣言上的每一个字都永不改变。"

索尔兹伯里的汉密尔顿主教曾经是一个很懒散的年轻人，后来认识当时在伊顿公学读书的格莱斯通，深受其影响，完全改变了懒惰的习惯。在牛津大学我们就已经听说过格莱斯通的影响力，人们后来回忆道："那个大学生到了40岁就很少喝酒了，因为格莱斯通30岁开始便懂得节制自己。"

约翰·牛顿神父说道："人类的快乐和悲伤各成一堆。如果我能把悲伤加入快乐，快乐加入悲伤，那么快乐依然快乐，悲伤却不再悲伤。就好比我回家看到一个小孩为丢了0.5便士而伤心不已，我把自己的钱给他，带走了他的眼泪，也让我觉得干了件好事。"

某圣徒在底比斯的洞穴苦修了6年，天天斋戒度日，向上帝祷告，并以自我惩罚的方式求得赎罪，祈祷死后能够进入天堂，请求天降圣灵，指引他修炼成功。当天晚上，天使降临并对他说道："如果你想修炼成圣人，就跟随那个一扇门一扇门去乞食并哼着歌的吟游诗人吧。"圣徒懊恼不已，找到天使推崇的吟游诗人，问他怎么才能受到上帝的青睐？吟游诗人垂下头答道："神父，您就别揶揄我了。我从来没有行过善，甚至没有资格向上帝祈祷。我每天只是拿着我的提琴和长笛每家每户去敲门，为人们演奏以娱乐大众罢了。"圣徒不甘心，继续追问吟游诗人是否曾经做过什么善行。他回答道："实在是没有啊，我不知道自己有做过什么好事。""可是你怎么会沦落到乞食的地步？难道你以前过着纸醉金迷的生活？"吟游诗人答："不是这样的。我遇到一个四处乱跑的女人，她家因为欠债，丈夫和孩子都被卖去当奴隶了。我放心不下她，于是把她带回家。因为她长得很漂亮，那些纨绔子弟要对她不利，是我保护了她。我把自己所有的财产都送给她赎回自己的丈夫和孩子了。只要是男人看到这种事情发生都不会置之不理的呀！"圣徒听完已是泪洒衣襟了，他承认自己一生做过的好事加起来还不如这个吟游诗人所做的一件。

金银财宝都不如一个好名声。

某绅士旅行经过西弗吉尼亚州，从一家人那里得到填饱自己和同伴的食物，甚至把马也喂饱了。他想付钱表示感谢，但女主人认为施人一点小恩不应该收人钱财。该绅士硬是要把钱塞给女人，女人于是说道："请您不要觉得我小气，我就收你25美分吧，因为我家已经一年没有任何收入了。”

世人判断成功与否的标准并不可靠。华盛顿纪念碑的高度不仅要看碑顶至碑座的高度，碑底下面50英尺的地基也要计算入内。很多成功就像是印度国地底流淌的河流，成千上万的人踩在这些河流上面生活，却全然不觉，既看不到也听不见。难道因此这些河流就毫无作用了？有地下河的土地，一般都能孕育出丰收的土地。最有价值的事情往往最难估算。我们能够计算出星星距离地球有多远，是因为它们离我们足够近。用金钱就能衡量的人生，是没有多少价值的人生。

在自然界，最强大的力量往往也是最安静的。轰隆隆的雷声虽然震耳欲聋，但无声无息的万有引力却要比雷电强大一万倍。因为万有引力，宇宙的整个系统才得以正常运行，天体按照各自的轨道行走，原子聚集在一起，万物才得以形成。闪电的威力很大，可以把一棵高大的橡树劈成碎片，把坚固的城墙击得粉碎。然而，穿过大气层射向地面的太阳光，以快得让人察觉不到的速度，温暖了大地，照亮了万物。在自然界中，不发出吵闹声响、不放出夺目光芒的力量才是真正的强大。讲坛上的牧师滔滔不绝，满嘴仁义道德，却远不如一个长年虔诚信教的人更有说服力。

在古老的西西里岛传说里，皮西厄斯被愤怒的锡拉库萨国王狄奥尼修斯判处了死刑。他请求临死前获准回一趟故乡希腊，把一些家事处理好了再回来受刑。锡拉库萨国的暴君大笑道，让他安全逃出了西西里岛，怎么还有可能再自动回来送死？就在这个节骨眼上，皮西厄斯的朋友达蒙站了出来，表示愿意做皮西厄斯的担保人。如果皮西厄斯没有按时回来，他将代替皮西厄斯去死。狄奥尼修斯非常吃惊，接受了达蒙的提议。离行刑的日子越来越近，而皮西厄斯却迟迟没有露面。然而达蒙依然坚信他的朋友不会食言。就在最后一刻，皮西厄斯出现了，并宣布他做好了赴死的准备。即使是铁石心肠的人也要被如此忠诚的友谊所感动。狄奥尼修斯下令赦免了他们的死罪，并希望和他们两人成为朋友。

为人高贵比出身高贵更可贵。

公元452年，匈人领袖阿提拉① 率领大军兵临罗马城门。面对这支来自野蛮民族的大军，年迈的利奥教皇排除众议，只带了一名治安官，就手无寸铁地走出城门，试图通过谈判平息敌人的怒火。匈人士兵被老人的勇敢所震撼，主动把他引到阿提拉面前。阿提拉出于对老人的敬佩，答应只要罗马人献上贡品，他就停止攻打。

布莱基认为，再多的说教也不如一个活生生的例子来得有效。当人们看到某件事情确实地发生在眼前，即使从未想象过，也将终生受益。

---

① 阿提拉（Attila，406—453），古代欧亚大陆匈人最伟大的领袖和皇帝，曾多次率军入侵东罗马帝国及西罗马帝国，对两国给予极大的打击。

据说，因为有华盛顿这样的将军，美国军队的实力增加了一倍。

李将军跟他的部下谈论进攻战略时表示，将放弃攻打哈里斯堡，把行军的目标改为葛底斯堡。一个农民出身的普通男孩儿偷听到了这番谈话，马上发电报告诉葛底斯堡的镇长柯廷。柯廷派出专门人员寻找这名男孩儿。他急道："我愿意献出我的右手，只要能够知道这个小男孩儿说的是不是真话。"他的下士禀报道："长官，我认识这个男孩儿。他血管里流淌的每一滴血都是正直而诚实的，我相信他绝对不会说谎。"15分钟过后，联邦军队到达葛底斯堡，并占领了那里。品格就是力量。做人不但要有高尚的理想，远大的志向，更要保持对美好事物和真理的追求。

威灵顿在议会上对贵族们说道："各位殿下，相信大家对罗伯特·皮尔爵士①的高尚品格都有所感受吧。我和他在工作上已经认识很多年了。我们一起为国王陛下做事，一同供职于国民议会。而我也有幸和他私交甚深。在我认识他的那么多年里，我再也没有看到过能比他更公正、更忠诚的人，同样没有人比他更热衷于提高公众服务。和他的每一次交谈，都让人坚信他所说的都是发自内心的真话。没有任何理由能让我怀疑，他所讲过的每一句话不是他自己坚信不疑的事实。"

格拉顿评价老威廉·皮特②道："他是一个特立独行的国家大臣。现代的腐化思想并没能侵蚀到他。他做事一板一眼，不通融，不讲人情，简直就是老古董派的古板个性。他的威严盖过国王，有的君主甚至怀疑他的忠诚，想秘密除掉他，以摆脱他的影响。他不为政治场上的尔虞我诈和潜规则所左右，不允许自己的人格堕入污泥。他是个既傲慢又很有说服力的理想主义者。他的目标是坐上英格兰最高领导人的位置。他野心勃勃，要的是将来名垂史册。在一个容易腐败的年代，他出污泥而不染，保持着高尚的品质，威严十足，个性复杂。见利忘义的财政部官员一听到皮特的名字便两腿发软。贪赃枉法的人指责他颁布的政策前后不一，还故意诋毁他已然取得的成就。然而历史是公正的，他政敌的失败就是最好的说明。总而言之，他是一个颠覆旧思想的创新者和改革家。他的见解、精神和口才足以号召全人类团结一致地行动起来，在他的指挥下打破奴隶制度。他身上释放出来的人格魅力不但可以成就一个帝国，也可以颠覆一个国家。他击出一拳发出的声响能够响彻整个宇宙。"

他在乔治二世手下当财政部的主计长。当时有一个惯例，如果政府发放给王室的特别津贴，其中有百分之一点五是要分给外交部当谢礼的。然而皮特寄给撒丁岛

---

① 罗伯特·皮尔爵士（Sir Robert Peel，1788—1850），英国政治家、英国保守党创建人。曾任英国首相。

② 威廉·皮特（William Pitt，1708—1778），威廉·皮特是英国历史上的一对父子首相，父亲老皮特是第九位首相，儿子小皮特是第十四位首相。

国王的津贴却是一分不少。撒丁岛国王惊讶不已，想回赠礼物给皮特以对他的正直表示感谢，竟也遭到了拒绝。他两袖清风，是一个穷政治家。

华盛顿在担任陆军首长时，同样不接受任何贿赂。他对自己的财务支出控制得很严，不然很快就要超支了。

记住，人生最重要的收获是看你成为怎样的人。播种一次行为，便收获一种人格的果实。

1837年，乔治·皮博迪搬迁到伦敦后，美国遭遇新的商业危机。很多银行都停止了硬币的兑换业务，商品房也是处处碰壁，很多甚至亏本出售。爱德华·埃弗雷特说："当时，维持美国商业圈正常运行的脆弱神经——人的信用，已经变得不可相信了。"在英国的银行里，愿意购买美国债券的欧洲人只有6人，而皮博迪就是其中之一。他的名字在商业界享有很大的威望，而在当时经济低迷的日子里，他的正直给予人心惶惶的大众很大的信心。皮博迪为马里兰州，也就是为美国，重新争取到了贷款。施展魔法的正是他的人格魅力，很多时候能使一张毫无价值的白纸变得像黄金一样值钱。大西洋两岸的商人都因为他获利不少，只要是他代言的商品，无不售罄。

萨克雷说："某些人的脸就是一张信用的凭证，只要他们一出面，在哪儿都叫人放心。他们的存在给予世人信心，你无法不去相信他们。他们就是最好的保证，比其他人的签名还要可靠。"总而言之，人格也是一种信誉。

很多国家和民族都信奉等价交换。金钱的力量要比武力大得多。"比真金还真"已然成为一句俗语，人们把金子作为比较事物的最高标准。

地米斯托克利[①]多年来一直致力于让雅典人从斯巴达人手里夺回希腊的政权。他绞尽脑汁，希望想出一个合法公正的办法。一天，他召集所有人，暗示已经拟出了方案，但这个方案不能公之于众，因为一旦泄密就不可能成功。他建议选出一个可靠的人，他把这个方案告诉他，再由这个人来判断方案的可行性。众人一致同意让阿里斯提德斯来当这个判断人。地米斯托克利把阿里斯提德斯拉到一边，说出了方案的具体内容：烧毁雅典邻近港口其他邦国的舰队，这样雅典就毫无疑问成为希腊一姐了。阿里斯提德斯听完后向众人宣布道，地米斯托克利的方案虽然可行，有利于希腊联邦的发展，但却损人利己。众人听后一致决定放弃采用这样的一个对别国不公正的办法来谋求自己国家的利益。

雅典在上演埃斯库罗斯的悲剧时，其中一个角色说道："他不在乎别人怎么

① 地米斯托克利（Themistocles，公元前524—公元前460），古希腊政治家。

想，只要自己做到公平公正就可以问心无愧。”全场人立即转过身看阿里斯提德斯，因为他在全希腊都享有良好的名声。普鲁塔克认为，阿里斯提德斯获得了普遍的认可，人们称他为正义使者，他的忠诚和圣洁都是发自内心的。然而，莫大的荣誉却给他带来了嫉妒的伤害。他们散布谣言，说阿里斯提德斯的影响力已经威胁到人民思想的自由。他因此被长久地放逐他国。雅典人通过了驱逐他的决议，而当时阿里斯托德斯就在现场。一个不会写字的陌生人走到他面前，请他帮忙写下选票上的名字。阿里斯提德斯问："写什么名字？"陌生人回答："阿里斯提德斯。"这个哲学家又问："你认识他？还是他曾经做过什么伤害到你？"那人答道："两者都不是。我是因为他获刑而来的。听说他是正义的使者，我慕名而来。"阿里斯提德斯不再说话，他接过那人的牌子，如他所愿写下自己的名字。阿里斯提德斯的被逐出国的决议让一些慵懒的国人松了口气。但他很快就被召唤回国，因为这么多年来，共和国内的大小事务都是他主持解决的。他从不憎恨他的敌人，一如既往忠诚地为人民服务。他施与的美德并非得不到任何回报。他的两个女儿都在国家的资助下完成了学业，并分配到国家财政部工作。

阿里斯提德斯正直品质的最有力证据是，位高权重的他，却从不挪用国家财产。他去世时甚至没有留下足够多的钱来支付自己葬礼的费用。

人品高尚的人是社会的良心。是他们，而不是警察保证了法律的施行。他们的存在是政府得人心的保证。

俄国的第一任沙皇亚历山大一世据说跟宪法一样公正无私。蒙田拥有极高的声誉，据说在投石党运动[①]时，他正直的名声比一个骑士团还管用。城门被攻破后，所有的法国贵族中只有他一人幸免于难。我们生活的世界幸好还能有这些人，他们"宁可不当总统，也要坚持正义。"

费希尔·埃姆斯[②]在国会工作时谈起罗杰·谢尔曼[③]时说道："如果我错过了会议的内容，无法判断该投票给谁，我就跟着罗杰走。因为我相信，只要是罗杰·谢尔曼认为应该支持的，就一定是正确的。"

人格的力量可以引人向上。如果没有人格，再聪明的天才也只能带领世人堕落。在大学校园里，常常有这样一些年轻人，他们显然迟钝甚至有点愚笨，却要比那些没有人格的聪明人更加优秀。原因就在于他们拥有高尚的品质，对别人有强烈的感染力，因此获得了大家的信任和尊重。有抱负的人身上有某种品质让人佩服和

① 也叫福隆德运动，是17世纪中叶在法国发生的反对专制王权的政治运动。

② 费希尔·埃姆斯（Fisher Ames，1758—1808），美国政治家、演说家、国会议员。

③ 罗杰·谢尔曼（Roger Sherman，1721—1793），美国政治家、律师、开国元勋。是负责起草《独立宣言》的五人小组成员之一。

仰慕，那就是他们无论遇到多少阻碍、面临多大的困难，都一往无前。

我们也许假装听不见心中那个神秘的小天使在说些什么，因为对于正确的行为它总是极力赞成，对于错误的决定它总是大声反对。不管我们有没有把它的话放在心上，都不能改变我们对对错的判断。无论是身体健康的人，疾病缠身的人，还是处于春风得意或者潦倒失意的人，心中那个忠诚的仆人就像影子一样对我们不离不弃，审判我们的所言所行究竟是对是错。

英格兰的弗兰西斯·霍纳[①]就是西德尼·斯密斯所说的“额头上贴着十诫过活”的人。他尽管38岁就英年早逝，但却比很多人拥有更大的影响力。只要不是冷酷无耻之辈，都爱戴他、信任他、敬仰他，为他的早逝感到无比遗憾。他对于每一个正直的年轻人都是一道宝贵的阳光，照亮他们前进的方向。国会从来没有对一个逝世的议员致以如此崇高的敬意。是因为他位高权重，还是因为他是爱丁堡富商的儿子？然而他和他的亲戚从来都不挥霍金钱。那是因为他职权很大？他只担任了几年小官职，收入也不多。或许人们是为了纪念他的天才？他可以说毫无才华可言，只是很平凡的一个人。他做事慢条斯理，谨小慎微，唯一的愿望就是不出差错。那也许他具有雄辩之才？他说话时语调平稳，用词得体，但从来不运用绚烂的修辞恐吓或唆导听众。难道他待人接物很圆滑、很迷人？他只对正确的事情点头称是。那人们究竟为何如此尊敬他呢？因为他正直、勤奋、有原则、善良，他身上的品质不是每一个受过高等教育的文化人都能够拥有的。他的声誉来源于人品；而他的人品来源于后天的培养，而不是先天获得的。众议院的很多议员远比他有能力、有口才，却没人能在道德层面上超越他。霍纳的存在向世人展示了中庸的力量。这种力量只需要文化和美德的滋养，就能在竞争激烈和妒贤嫉能的社会中脱颖而出。

某法国作家说道：“拿破仑大帝去世的消息传到巴黎的时候，我从皇宫经过。政府向公众宣布拿破仑的死讯，然而，公众却对这个原本应该震撼全欧洲的消息反应平淡。在好几家咖啡馆里，人们都显得漠不关心，没人对拿破仑的死感到困扰甚至有兴趣。他可是征服了整个欧洲并震撼全世界的伟人啊！然而他的国民却不爱戴他，也不敬仰他。他在军事上的成就可谓是举世震惊，却得不到自己国家人们的爱戴。”

爱默生认为，拿破仑虽然在道德上没有原则，但他为了生存和出人头地拼尽了全力。世界的本质和人类的天性毁了他。再多的拿破仑结局也只能是一样。他拥有优越的条件，却在毫不知觉下考验自己的聪明才智。从来没有哪一个领袖有拿破仑

---

① 弗兰西斯·霍纳（Francis Horner，1778—1817），英国辉格党成员、政治家、记者、律律和政治经济学家。

那样的天赋，有他的战斗力，有他那么多的追随者和得到那么多的帮助。然而他却利用自己的才能和军力，去烧毁城市，挥霍财宝，践踏上百万条生命，将欧洲大陆置于水深火热当中。他比刚到达法国时身材更加矮小，他拖着虚弱的身躯，身无分文地离开了。

你究竟是富人还是穷人，贵族还是农民，100年后又有谁在意？但你是为这个社会做了好事还是坏事，却不会被人所忘记。

乔治·威廉·柯蒂斯[①]说："《韦克菲尔德牧师传》在约翰逊博士的调解下，以60英镑的价格卖给了出版社。10年后作者去世了，读者对这本书简直就爱不释手，打开翻阅的时候心情愉快。戈德史密斯为后人留下的作品影响深远，是人类永远的良师益友。在当时他的书连5000册都卖不出去，他穷到连肚子都填不饱！贺拉斯·沃波尔[②]，文学界的当红明星，坐着镀金的马车向戈德史密斯投去蔑视的微笑。尽管命途多舛，他还是带着乐观的态度奋斗至死。那些曾经在痛苦的时候看到他伸出援手的人，自觉地聚在他的棺木旁，为他哀悼。一位绝佳丽人剪下他的一撮头发作为纪念，戈德史密斯就算在生前也只敢站得远远地去仰慕这样一位美人啊。我去瞻仰了他的遗容，他按住心脏的手就像一根棕榈树枝。他高尚的品格从来不为不幸和逆境所折倒。我认为他绝对是一个成功的伟人。"

莫兹利博士[③]说，人们为金钱、地位、权力及掌声拼得你死我活，不可避免要产生很多负面情绪。因为失败损失了财产，人会失望、伤心甚至嫉妒获得成功的人。原本自恋的人一旦受到打击，将忍受精神上的巨大痛苦，而这种痛苦往往会使人变得疯狂。心智发展成熟的人不应当陷入这种负面情绪的圈套。不管是你还是其他人完成了一件伟大的事业，我们都没有必要去嫉妒他。该做的事总会有人去完成的，我们要做的不是为了损失自怨自艾。失败自有它的价值，有时甚至不是金钱可以买到的。上完人生的永恒一课后，人们也就不再为受伤的自恋情绪哀叹了。

富兰克林在费城安定下来后不久，就有报纸邀请他当评论员，并于匆忙间请他再做考虑。第二天，来访者询问富兰克林考虑得怎样。富兰克林回答道："先生，非常遗憾，我认为这样做很可耻。虽然现在我很穷，不知道是不是应该为了金钱接受你的提议，但一想到我每天夜晚下班后，还有钱买一份两便士的面包吃，还有大衣保暖，让我躺在地板上一觉睡到天亮，醒来后又有面包和开水当早餐，我就想，既然我的温饱没有问题，何必为了过上没有必要的奢华生活而出卖自己的灵魂，为

① 乔治·威廉·柯蒂斯（George William Curtis，1824—1892），美国作家、公众演说家、共和党人。

② 贺拉斯·沃波尔（Horace Walpole，1717—1797），英国艺术史学家、文学家、辉格党政治家。代表作《奥特兰托堡》等。

③ 莫兹利博士（Henry Maudsley，1835-1918），英国著名精神病学家。

别人的仇恨和集团的利益写文章呢？”

这位美国圣人的故事不禁让人联想到苏格拉底与犹太王的对话。犹太王催促苏格拉底不要再到雅典社会底层的肮脏小巷里布道演说了，说他可以住进豪华的宫殿享受荣华富贵。苏格拉底答道：“陛下，在雅典，用于填饱肚子的一个面包只需半个便士，而饮用水还是免费的呢！”

亚历山大大帝进军非洲的时候，发现了一个与世无争的部落。在那里，人们不知道战争和侵略为何物，只是平静地过着自己的生活。亚历山大大帝正跟这里的首领沟通时，部落的两个居民发生了纠纷，要求国王进行裁判。事情的经过是这样的：A君向B君买下一块地后，发现地里埋藏了贵重的财宝，便觉得应当为这笔横财另外再付费给B君，然而B君拒绝接受，他认为既然土地已经卖了出去，不管里面埋了多少宝藏，都与自己无关。国王听后说道：“你们一个人生了女儿一个生了儿子，那就结为亲家吧。挖到的宝藏就当作他们俩结婚的礼物。”亚历山大大帝对这位首领的判决感到吃惊，说道：“如果这件事发生在我的国家，国王一定会驳回双方的诉讼，自己独吞宝藏。”部落首领道：“难道你们国家的土地不受太阳的照耀，雨水的滋润，也不生长草地的？”亚历山大答：“当然都有。”首领又问：“那有没有牛群呢？”这位伟大的政治家答：“有！”首领于是说道：“正是因为有纯洁的牛，造物主才肯赐予我们雨水，小草也才会生长啊！”

好人品比任何宝石、金子、王冠甚至领土都宝贵。地球上最高尚的工作便是修炼自己的人品。

爱丁堡大学的布莱基[①]教授对年轻的学生说道：“金钱、权力、自由甚至健康都不是最不可或缺的。只有品格才能真正拯救我们，没有品格的人生注定万劫不复。”俗语说得好，如果出身贫穷，就让美德成为你的资本！

美国独立战争期间，里德将军[②]担任国会主席，英国政府专门派人给他送来价值1万几尼的金币，试图收买他背叛祖国。他回复道：“这位先生，我的确很穷，但你的国王并没有富裕到可以收买我的人格。”

“布尔达卢神父到鲁昂市布道，”阿如斯说，“发现那里的商店疏于经营，律师不接官司，医生不管病人，旅馆也不开门营业。经过了一年的传道，那里的人才终于学会了尽职尽忠地对待工作。”

“我不希望约翰·诺克斯[③]来到我的臣民中间传道，”苏格兰女王玛丽说，

① 布莱基（John Stuart Blackie，1809—1895），苏格兰学者、作家、教育家。
② 里德（Joseph Reed，1741—1785），美国律师、将军、政治家、国会议员。
③ 约翰·诺克斯（John Knox，1514—1572），苏格兰牧师、苏格兰宗教改革领导人。

“他的话语比一支万人大军的破坏力还强。”

保罗四世教皇听闻加尔文[①]的死讯后叹道：“啊，难道这个异教徒的影响力来自雄厚的财富，还是荣耀的出身？都不是的。他不因为任何事情动摇自己的信念。圣母啊，如果赐予我两个像他那样的人，我们的教会也不愁统治不了世界。”

加里波第[②]对他手下士兵的影响力令人惊叹。他的部队做好了随时为他战死的准备。他似乎用自己的意志牢牢把他的部下控制住了。在某次注定死伤各一半的行动中，他成功召集了40名志愿兵。整个军团的士兵都争着去冲锋陷阵，以致不得不采取抽签的方式决定让谁先上。

一个拥有伟大人格的人，他的名字蕴藏着多大的魔力！欧洲没有一个国王敢跟华盛顿作比较，否则只会显得很滑稽。贪得无厌的财阀又怎及得上林肯、格兰特和加菲尔德的一个名字？历史上能够阻止一个国家免遭衰落命运的人，又能有几个？

他的骨灰随风飘散，
他用剑和声音造福人类，
他死了吗？但虽死犹荣！
长存于我们的心里。

格莱斯通在议会上通报了爱丽丝公主仙逝的噩耗，并讲述了一个母亲照料孩子的感人故事。爱丽丝公主的小儿子因患白喉病卧床不起，医生警告她绝对不能靠她儿子太近，因为会被传染上的。然而，发烧的小王子一直在床上痛苦地翻来滚去，喃喃说话。他的母亲于是把他抱在腿上，轻抚他滚热的眉毛。小王子抱住母亲的脖子，低声道：“妈妈，给我一个亲吻。”爱丽丝公主身上的母爱超越了谨慎，她不顾医生的警告，给了小王子一个吻，并因此失去了自己的生命。

斯特拉特福德公爵在克里米亚战争结束后，举办了一次大型宴会，有人提议在纸上写下每个人心中认为此次战争中最有可能名垂后世的人名。结果，在每张纸上都写下了弗洛伦斯·南丁格尔[③]的名字。

---

① 加尔文（John Calvin，1509—1564），法国著名的宗教改革家、神学家。

② 加里波第（Giuseppe Garibaldi，1807—1882），意大利爱国志士、军人，意大利建国三杰之一。

③ 弗洛伦斯·南丁格尔（Florence Nightingale，1820—1910），英国护士和统计学家。南丁格尔于1854年10月21日和38位护士到克里米亚野战医院工作，成为该院的护士长，被评为“克里米亚的天使”，又称“提灯天使”。

雷奇认为，世上第一家医院于4世纪由虔诚的女基督教徒法比奥拉[1]建立。而现代慈善机构最著名的两个人则是约翰·霍尔德和弗洛伦斯·南丁格尔。在克里米亚战争中，战争双方都没有一个将军的名字被所有人记住。只有一个年轻女人——南丁格尔被人广为传颂。她刚刚生了一场大病，便奔赴瘟疫盛行、血流成河的前线。一名士兵说："她的降临，使应当受到诅咒的医院变成了像教堂一样神圣的场所。"因为她的存在，战争似乎也变得不那么可怕。是她改变了全世界的军用医疗体系。克莱拉·巴顿比战场上的所有士兵表现更勇敢也更爱国。只要有红十字会，一个象征耶稣为世人赎罪洒热血的组织，有瘟疫，有霍乱，有洪灾，有饥荒，有人生病了，就能看到这个不知疲倦的天使为不幸的人们带去祝福。还有哪位英雄的名字能像她们那样在史册上放出万丈光芒？当我在阅读贾德森夫人、斯诺夫人、布里顿女士以及韦斯特女士的故事时，才深切地感受到人类英雄时代的开始。在这个时代，女性适时地运用她们温柔善良的天性，为世人造福。

"责任是连接权力、美德、才智、真理、快乐以及爱的纽带，没有责任，这些都是浮云，而我们终将把自己置身于在一片废墟之中，并惊恐于周围的荒凉境况。"人类永恒的责任是文化形成的基础。

睡梦中，生活是美丽的；
回到现实，生活原来是一份责任。

履行责任跟欠债还钱一样，是天经地义的。不负责任的人也一定是失去道德的人。我们无法让别人替我们履行责任。如果你有幸生于富裕的家庭并不代表你就不用对这个世界承担义务。相反，生活比别人富足的你，还应当承担起更大更高尚的社会责任。

即使你是百万富翁，如果你挣的钱中有一美元是不义之财，你都谈不上成功；如果你的钱是靠榨取穷人的鲜血，对寡妇、孤儿以及遭遇不幸者趁火打劫获得的，你银行账户上的钱则通通都是黑钱。如果你通过剥削他人聚敛财富，杀人越货积累资本，毒害别人的血液和健康赚得钱财，牺牲别人成就自己的富裕，导致自己堕入黑暗的深渊，你还是个失败者。

请时刻记住，当你获得成功的那天，有些问题是无可避免必须回答的。"你的财富从哪里来的？"是牺牲别人的生命，葬送他人的希望和快乐换来的，还是牺牲

① 法比奥拉（Fabiola，？—399），古罗马神学家。出生于一个意大利罗马城的贵族家庭，在罗马创建了西欧第一所公众医院。

了别人的利益和舒适生活得到的呢？有人会因为你的成功而失去成功的机会吗？有人因为你成功而失去成长的沃土吗？你的成功是否建立在玷污别人的品格上？是否有人因为你成功而生活变得更艰辛了？如果是这样，你只能算是一个失败的富人。多少钱也换回不了你的人格。“在天秤上，你的灵魂已经缺失了。”

沃尔特·司各特[1]经营的出版社和印刷厂倒闭，使他欠下60万英镑的债务。他的朋友听说后都主动提出借钱给他还债。然而骄傲的沃尔特却拒绝了。他说：“这是我自己的问题，应当由我自己解决。虽然我已经一无所有，但至少不能连做人的荣誉都失去。”他于是像马一样开始辛勤工作，一口气创作了《拿破仑传》《皇家猎宫》和《一个爷爷的故事》，并为杂志《壹周刊》撰文。他这个时期的作品都是在巨大的痛苦中完成的。“我晚上甚至不能安心睡觉。”他写道，“直到把债务还清了，我才如释重负，觉得自己又重新是个清白的人，才可以睡个安稳觉。我前面的路虽然又长又暗，充满了艰辛，但却是我洗脱名誉污迹的唯一选择。即便我将因为劳累而死，而这也非常有可能，我也是死在履行义务的路上。”

他临终的最后遗言是：“我也许是同时代著作最丰的作家。只要想到我一生都没有摧毁过别人的信仰，也没有破坏过别人的原则，我就感到无比安慰。更值得庆幸的是，在我临死的时候，我没有对我写过的哪一句话感到后悔而恨不得马上删掉。”

很多学校以高价聘请阿加西斯讲课都遭到了拒绝。他给世界留下了丰厚的遗产，并捐赠了比请他讲课高得多的金钱（30万美元）给哈佛大学。如果他愿意接受学校的邀请给学生上课，捐赠的金额可能还会更大。

一边是百万富翁的人生，另一边则是穷科学家的命运。法拉第毅然选择了后者，他的名字从此载入史册流芳百世。

比彻说，我们都希望给自己的灵魂建造一幢永远屹立不倒的房子，但又有多少人用对了材料，并认真去建造！

如果你看到你的邻居在建东西，一定会问“你在建什么？”他答：“我也不知道啊。我就这样建看看能够建成什么东西出来。”就这样，在毫无计划和目标的情况下，他把墙建了起来，围成一个又一个房间。旁人看到一定会笑话他道：“真是傻瓜！”然而很多人都如此，在建造自己的人格之楼时，没有目标也不拟订任何计划，把墙建好了就围成房间，也不经过大脑设计和构思就开始着手干活了，心想反正建成什么就是什么吧。这种建筑师永远不可能建成“让上帝欣赏的房子，并永远

---

① 沃尔特·司各特（Walter Scott，1771—1832），英国诗人、小说家，生于没落的贵族家庭，曾因小儿麻痹跛脚，后以惊人的毅力战胜了残疾。

留在天堂”。

有些人想要建造一座教堂，却只完成基座部分，什么塔楼啊，尖塔啊，通通没有。

大部分人建出来的只是用来堆货的仓库，里里外外上上下下都填满了商品，好比老街两旁的旧房子，曾经弥漫着爱、虔诚和快乐的空间，如今都飘荡着商业世界的铜臭味。

第十二章

节省也是一种财富

理想节约能减少浪费，能积少成多，能破镜重圆，能创造奇迹。节约不是抠门，是有计划有前瞻性地省钱，化腐朽为神奇，废品为宝物，并重新激发万物的能量，用于造福人类。

节流即开源。

——西塞罗

人大半辈子都要为节约战斗。

——斯珀吉翁[①]

勤俭节约是正直之母，是自由和生活独立的保障，是性格开朗、身体健康和清心寡欲的美丽姐妹。

——约翰逊博士

能够适时地控制住自己的欲望，并把持好，难道不是文明人的表现？

节约的智慧不亚于统治一个帝国。

——爱默生

太容易聚敛的财富容易挥霍，只有一点一滴靠双手劳动积累而来的财富，才会不断增加。

——歌德

懂得节约的人才有踏实的收获。

——拉丁谚语

一条小裂缝足以沉没一艘大船；我们要警惕浪费一点点带来的严重后果。

——富兰克林

宁可饿着肚子睡觉，也不要一早起来变成负债的孙子。

——德国谚语

债务如陷阱，进去容易出来难。

——H. W. 肖

在大部分国家，18便士一天便可以活得很自在。如果想要太多，整个太阳系都满足不了人的欲望。

——麦考利

① 斯珀吉翁（Charles Spurgeon，1834—1892），伦敦基督教新教讲道人。

节省是穷人生存的法宝。

——塔珀

钱永远不够花，一旦借债，债务只会越滚越大，陷入对金钱的欲望无法自拔。

——莎士比亚

不管你有多大的才能，有多远大的前程，都不要为了快点住进皇宫宝殿，欠下一身的债务。

——布尔沃

为了不用躲在篱笆后面，
为了不用看到列车员就逃跑，
为了经济上的独立，
可以光明正大地走过。

——彭斯

约翰·默里[①] 被要求捐助善款时，写下款数的同时顺带吹灭了其中一支用于照明的蜡烛。当时募捐的一位女士还对她的同伴低语道："我们不会从默里先生那里募得多少善款的。"没想到约翰·默里听完他们募捐的原因后竟然大方地捐了100美元。那位女士道："默里先生，您的善举让我感动及讶异，我还以为您一毛钱都不会掏呢。"这位贵格会的老教友答道："我平时的吝啬才让我今天有这100块钱可以捐出来呀。我每天省下的钱就是用来做好事的。顺便说一句，你们点两支蜡烛太浪费了，一支就足矣。"

爱默生讲述了这么一则小故事："波士顿的一位富商受朋友之邀出席一次慈善晚会。他整晚都在指责他的秘书没有把威化饼切成两半来供应，认为太浪费食物了。他的朋友看到这种情景，很后悔把他请来，估计像他这样小气的人不会捐多少钱。然而，出乎所有人的意料，这名斤斤计较的富商竟然捐出了500美元。邀请方表示惊讶和不解，一个为半块威化饼斤斤计较的人，怎么出手那么大方？这名富商的回答是：'如果不是连半块威化饼都不想浪费，我怎么有那么多钱可以捐给有需要的人？'"

船主兰皮斯的朋友问他："你是怎样赚得那么多钱的？"他回道："很简单，每天努力多赚一点，积少成多呗。"

---

① 约翰·默里（John Murray I，1745—1793），英国著名出版家。约翰·墨里出版集团的创始人，该公司在19世纪因出版《物科起源》而闻名。

菲尔德将军离开贫瘠的新英格兰农场，到芝加哥淘金四年，就成为柯里·法韦尔公司的股东之一。这个谦逊的年轻人对自己的成功只说了一句，他没有背景，没有储蓄，也没有影响力，他的财富全是靠勤俭节约省下来的。

如果我们从20岁开始，每天存下26美分，并以7%的利率放贷出去，等到70岁的时候，这笔数目还是很可观的，加上利息足足有3.2万美元。20美分买一瓶啤酒或一包烟就没有了，但如果节省下来，50年后就是2万美元。就算每个星期只能存1美元，10年后也有1000美元。“一旦做了一次坏事，以后只会变本加厉。”

人如果懂得勤俭节约，并有勇气把节省下来的钱捐献给慈善事业，即使自己本身很穷，也值得世人敬佩。事实上，穷人和中产阶级捐献给慈善事业的总金额比富人更多。因为他们懂得节省小钱，再把省下来的部分捐给了教堂、医院或者贫困家庭。

然而，吝啬和贪婪却是另外一回事。守财奴一毛不拔是因为爱财如命，他们的吝啬从某种角度讲也是贪婪的表现。就算是一分钱，他们也要分四瓣来花，实是可悲。以下这段话便最能体现他们贪婪的本质：“奥斯特维德临死前说：‘我确实想喝点汤，却没有胃口吃肉。如果煲了汤我却不吃肉，那岂不是大大的浪费啦？’这名家财万贯的巴黎银行家因此禁止仆人给他买肉熬汤。”

某政治经济学的学者讲了一个因一把坏了的弹簧锁引发的小事故。故事发生在一个农场里。农场的大门锁坏了，虽然每个人进进出出都会顺手把门带上，但只需一阵微风就能把门打开。一天，农场丢了一头猪，往树林里跑了。农场上的人齐齐出动帮忙抓猪。花匠一脚跨越一条沟渠，把猪堵住了，却摔坏了脚踝，不得不卧床休息了两个星期。厨娘把床被放在火炉旁边烘干，结果回来发现全部都烧焦了。挤奶女工兴奋之余忘记把奶牛绑好，结果被一头奶牛撞断了一条腿。如果一开始农场主舍得花几美分把门锁修好，那个花匠也不至于白白浪费了几个小时的宝贵时间。

伦敦书商盖伊，后来创办了一家著名医院，是出了名的吝啬鬼。他就住在自己书店的仓库里，每天坐在一把老爷长椅上吃饭，把收钱的柜台当作饭桌，身上裹了一张报纸就算是外套。他终身未娶。一天，另一个外号“秃鹰”的知名守财奴前来拜访。盖伊点了一根蜡烛，问：“有何贵干？”“跟你探讨省钱之道。”来访者言下之意就是盖伊在悭吝和省钱方面是个能手。“是这样的话我们可以不用点蜡烛了。”“秃鹰”感叹道：“您真是吝啬人中的人杰。我不需要再问了，你的秘诀我知道了。”

虽然这种近乎病态的悭吝人要比那些嘲笑他们小气的奢侈汉好些，但任何事情都不能太过，勤俭过分了，导致的是品格的悲剧。

某绅士交代他的爱尔兰仆人帕特里克：“要利用下雨天储点免费的水资源。”

不久，他问，收集了多少水？帕特里克答："说老实话，一点儿都没有。我照您吩咐做了，但昨天雨太大，雨水全都渗到酒里了。"

朱门酒肉臭，路有冻死骨。

古罗马帝国时期这种现象空前严重。整个帝国的人民如果等不到从亚历山大港运来的粮食，很可能早已饿殍遍野。而上流社会的贵族们则把从老百姓身上搜刮得来的血汗钱用在举办晚宴上，用珍贵的木材和珠宝制成器皿盛放孔雀脑和夜莺舌，导致很多疾病的传播，当时的人均寿命普遍很短。就在这种时候，罗马贵妇间流行起一种奢华的服装。年迈的普林尼说，他在一次婚宴上看到罗莉娅·保丽娜[①]身穿用珍珠和翡翠穿成的裙子，价值4000万个赛斯特斯（罗马银币），据说这件衣服还是她衣橱里最便宜的。那时的社会风气是崇尚美食和奢侈品，生活放纵，物欲横流。人们借此麻醉自己，以忘记身体的疲惫和绝望的精神折磨。

罗马人在宴会上的花费让人瞠目结舌。据史维都尼亚斯回忆，维特里乌斯的兄弟为了给他接风，安排了一场晚宴。宴会上供应上等鱼肉2000多份，烹饪精致的鸟肉菜式7000多样，还有一道菜因其超大的分量，被称为宙斯盾或密涅瓦之盾。这道菜之所以受欢迎，仅仅因其使用的食材非常昂贵，有鹦嘴鱼肝，野鸡和孔雀的脑浆，鹦鹉的舌头，以及一条很稀有的鱼。

贺拉斯·沃波尔说："真希望不要再搞什么促销活动了，我家已经没有多余的空间跟多余的钱。"某妇人贪便宜买了一块二手的旧门板，认为自己总有一天会用上的。因为便宜买一些不需要的东西实际是变相鼓励浪费。"很多人就是因为买太多便宜货而倾家荡产的。"

约翰逊博士说："工作谨慎较真的人，责任心才强。"

约翰·伦道夫[②]性情古怪，曾有一次在众议院开会时，从椅子上跳了起来，尖着嗓子喊道："议长先生，我找到了！"全场愕然，一片寂静。他接着说道："我找到魔法石了！你想得到什么，就得有相应的付出。"

取得一定成就的年轻人似乎都觉得自己已经踏上了通往财富的高速公路，于是便忘乎所以起来，好像失败是不可能发生在自己身上的事情。遗憾的是，就算在国会，也不允许任何不道德的议案成为法律。

"家境富裕对于愚昧的人而言，是灾难。"巴伦也说："挣钱容易守钱难。"

---

① 罗莉娅·保丽娜（Lollia Paulina，15—49），古罗马皇帝卡里古拉第三任妻子。

② 约翰·伦道夫（John Randolph，1773—1833），美国国会议员、拓荒人、外交家。

有钱常常能使鬼推磨。

很少人真正懂得花钱。他们会赚钱，会存钱，会乱花钱，但却没有理财的智慧。理财其实也是一门高深的学问。

一块大型彩色玻璃制造完成后，会留下很多玻璃碎片。这些碎片在艺术家的手里，又可以重新组成马赛克玻璃，安装到欧洲大陆的教堂窗户上。如果一个小孩能利用大家都忽略的时间来自学，他同样可以成才。

新的政治经济学认为，对于教堂、公司甚至家庭而言，负债对于人的成长，说不定会是好事。人如果在年轻的时候就固执地以为，欠债对于人是一种束缚和羞辱，贷款就像霍乱一样能避则避。除非遭遇不幸，多借一分钱如果还不起都是偷窃了别人的财产。把这种想法根深蒂固的人，一直到老都不会成为朋友和国家的负担，但同时也注定不会成功。

我们必须调动身上的一切精力，才有可能对一件事情尽到全力。负债累累的你，则不得不分心对付债主。没有什么能比债务更伤神的了。

年轻人大都认为小钱浪费了就浪费了，没什么大不了的。殊不知，正是这一毛两毛，将来有可能积累成一笔财富，成为你经济独立的保障。美国人不论贫富、老幼、男女，平均一天也就挣不足50美分。正是每天都省下的一点小钱，积少成多足够开启一项事业的资本。从商业的角度来看，身无分文的人其实是最弱势的，除非他年轻力壮，且学识丰富。否则，不论是男人还是女人，一旦被逼入绝境，为了生存，很难顾及自尊和社会对自己的看法。

“赚钱容易的人不会心疼花钱。”“只有小孩和傻瓜才会以为，20年很漫长，20个先令多得永远都花不完。”

不要把钱包拽得死死的，也不要挥金如土。为了省钱枯竭自己的精神粮食是不值得提倡的。“把每一分钱都花在节骨眼上才是真正的勤俭节约。我们要把钱花在更高的目的上，不要为了身体的享乐而花钱，要为了精神的充实，为了丰富文化水平。连买报纸都舍不得掏钱的年轻人是多么无知和狭隘。‘死死握紧钱袋的人只会益加贫穷。’不是什么都能省钱的，为了你的人生和家庭，该花钱的时候一定不要心疼。”

大自然随意分配物产，但绝不浪费。就连上帝也不敢浪费自然资源。他让大地丰收，面包多了，鱼也多了，但都物尽其用，没有丝毫浪费。

爱默生说：“大自然自有一套经济法则。今天的浪费便是明天的收获。她在大地上培育出来的每一粒谷物都不会白白浪费。我们依赖她的富饶，逃不出她所设定的规则。”去年夏天还繁茂的花儿凋零了，叶子枯萎了，落在了土地上，化成肥料，为明年长出新的叶子和花朵提供营养。除非我们死于家中，我们甚至等不到朋友前来临终告别。一旦没有了呼吸，大自然便迫不及待地要把我们分解，恨不能马上进入下一轮的生命轮回。

请仔细比较下面两首打油诗：

1772	1822
农夫在犁地，	先生在看报，
农妇在挤奶，	夫人在弹琴，
女儿在播种，	小姐身穿绫罗绸缎，
儿子在除草；	少爷学习希腊和拉丁语；
苛捐杂税一并还清。	他们的生活甚至登上了报纸。
Hone's Works	The Times

以上两首诗发表的时间整整相隔了一个世纪。1822年农场的生活跟1722年相比截然不同。1822年时，人们崇尚阿蒂玛斯·沃尔德的生活方式，宁愿借钱也要把家里装饰成具有圆屋顶的别墅。

理想节约能减少浪费，能积少成多，能破镜重圆，能创造奇迹。节约不是抠门，是有计划有前瞻性地省钱，化腐朽为神奇，变废品为宝物，并重新激发万物的能量，用于造福人类。

在英国，不论男女都很拼命地工作，很少有休假的。他们拿的工资是法国同岗位的两倍，却没有存到什么钱。为了享受生活，他们一赚到钱就马上花出去，就算年薪百万也没有多少储蓄。而在法国，每个当家的人都学过如何勤俭持家。美国某女士到法国后感叹："法国主妇用来制成美味佳肴的食材，都是我在家里会扔掉不用的。她们用剩下的冻肉末和硬邦邦的面包皮做出一道很精致的菜肴，却不给人以小气的感觉。"

威廉·马什[①] 牧师说："如果可能，我希望能用金色的笔，在天空上写下'能省则省，积少成多'。"

波士顿的储蓄银行存了1.3亿美元，大部分都是一点一点存起来的。约西亚·昆西[②] 说过，贝肯大街两旁的宫殿是由仆女们建造而成的。

布尔沃说："如果我年薪100英镑，至少不会饿死也乐得逍遥自在，不会需要任

① 威廉·马什（William Marsh，1775—1864），英国国教牧师。

② 约西亚·昆西（Josiah Quincy，1710—1784），美国实业家、银行家、政治家。

何人的帮助；如果我年薪5000英镑，我会想要请仆人，而且越请越多，最后才发现自己的银子不够支付他们的工资，于是逃跑，等待法律的制裁。我已经随时准备好遇到像夏洛克那样的人，擦着他的天平，磨着他的利刃，要过来割下我胸口的一块肉还债。我们每个人都有冲动把身上的钱全部花光，甚至导致入不敷出。假如拥有5000英镑的年薪，我很难控制得住自己的购物欲。但如果只有100英镑就好办多了。因为少，我会把钱花在重要的事情上面。”

埃德蒙·伯克在一次关于经济改革的演讲会上，引用了西塞罗的名言“Magnum vectigal est parsimonia”（节约致富）。他把重读放在第二个单词（vectigal）的第一个音节上（“vec”）。诺斯公爵小声地指正他，而伯克却把自己犯下的错误摆上台面来讨论。他说：“公爵先生刚刚暗示我，我在引用西塞罗的话时，把重音搞错了。我很高兴有人指出我的错误，让我有机会再次重复这句很有价值的古训‘Magnum vectigal est parsimonia’。”我们每个人都应当在心里刻下这句名言。

华盛顿担任美国总统期间，家里哪怕是最微小的支出他都要很仔细地检查。他深深明白，如果不节约着过日子，再多钱也会有花完的一天。懂得省钱的人才不会贫穷。

威灵顿说：“我坚持自己的账单自己还清，不是毫无理由的。”

约翰·雅各布·阿斯特[①]认为，人生的第一桶金比以后的每一桶金都来得不易。很多还没有挖到第一桶金的年轻人，往往看不起一毛两毛，不明白每一笔财富都是由一点点小钱积累而来的。

发掘今天不被看重的人或事物的潜在作用，是下一代人光荣的任务。这项工作对丰富人类文明能产生很大的贡献。

过分抠门以至于守财如命，算不得是勤俭节约。真正懂得节俭的人，是有目的有计划的。

我们年轻时候就应该学会拒绝购买太贵的东西。敢说“我买不起”也是勇敢的表现。富兰克林博士说：“别人的眼光取代了我们自己的判断，使我们犯下错误。”莎士比亚也说：“我们的衣服不是穿破的，而是被时尚抛弃了。”

道格拉斯·杰罗尔德[②]说：“负债是一切丑陋的根源，使人失去自尊，变得刻薄，甚至玩起了两面派。一张诚恳阳光的脸，会因为债台高筑而刻满了皱纹；一颗诚实的心会因为不堪债务之累而死去。尽管它以别的方式出现，同样有能力让有血

① 约翰·雅各布·阿斯特（John Jacob Astor（1763—1848），德裔美国商人、投资家，阿斯特家族第一位杰出成员，美国第一个托拉斯创始人。知名艺术家的赞助人。

② 道格拉斯·杰罗尔德（Douglas Jerrold，1803—1857），英国戏剧家、作家。

有肉的表情带上黄铜面具，让老实人变成无情的江湖骗子！不受债务重负的自由，如同清泉的甘甜，面包的香醇和鸡蛋的营养！没有债务缠身的人，即使只有饼干和洋葱，也一样吃得香甜。如果裁缝的收据稳稳当当地放在你的口袋，即使身穿满是补丁的衣服，也一样觉得暖和！泰尔紫的马甲，渐渐掉色，破破烂烂的帽子也遮不住为债务头疼不已的脑袋！背负债务的人，走在大街上心里都跟响起丧钟一样，时不时折磨着他；有人急匆匆地敲门，他的心跳便加速，尖着嗓音叫‘请进’。他一上车，便多心地观察每一个乘客，生怕碰到债主。虽然贫穷就像一杯苦水，但至少还可以咽下去。喝水的人痛苦地皱紧脸，毕竟那也算是苦口的良药啊。然而债务却是塞壬递过来的毒酒，虽然香甜，却是毒药。儿子啊，如果实在需要向人借钱，你就想想春天的绿茶，上周的清泉，想象自己身穿朴素的衣服，如同一个绅士住在洁白的阁楼里。这样想你就不会轻易向人借债了。这样就算遇到警察盘问，你也心静如水了。”

卡莱尔说：“人只要不是身无分文，不欠别人什么东西，就有资格命令厨子为自己煮饭，思想家为自己上课，国王派人来保护他。”

如果有人欠你一美元，他内心肯定对你有所隔阂。而如果你欠别人一美元，你也会渐渐觉得这个人一定在追自己还钱。既然如此，为何不有计划地节俭花钱，免得日后不得不看债主眼色生活？

有存款的人才有话语权。只有那些懂得压制乱花钱欲望的人，才能过上舒适和独立自主的生活。

“吃不饱，穿不暖，天气恶劣，工作辛苦，遭人轻视，受到怀疑，还不得不承受不公正的指责，”贺拉斯·格里利[①]说，“这些虽然让人煎熬，但远不及负债累累糟糕。”

堕落的人通常都是从借钱那天开始做噩梦的。像丹尼尔·韦伯斯特、西奥多·胡克[②]、谢里登以及福克斯、皮特都深受借债之害。米考伯[③]的人生便是在躲债中消沉的。

米考伯说：“一年收入20英镑，花费19.6英镑的人是幸福的。同样的收入，却超支了0.6英镑，结局只能以悲剧收场。”

科尔顿说：“人的堕落，源于我们自以为想要追求的东西，而不是真正的需求。真正的需求，不用你刻意去挖掘，自然而然会自己浮出水面。如果购买了不需

---

① 贺拉斯·格里利（Horace Greeley，1811—1872），美国新闻编辑，政治家。

② 西奥多·胡克（Theodore Hook，1788—1841），英国作曲家。

③ 米考伯（Micawber），查理·狄更斯作品《大卫·科波菲尔》中的人物。

要的东西，久而久之就会想要超出自己购买能力的奢侈品。”

通过自身的劳动取得报酬是光荣的。宁愿饿死也绝不干不劳而获的事情。如果手头上钱不多，那就从小生意做起，千万不要滥用个人信用贷款冒险。圣保罗也说：“切莫欠人任何东西。”对于每个人，这都是一句至理名言。

第十三章

“穷”富人

一无所有不是贫穷。推动人类文明发展的人，即使身无分文地死去，后人一样会为他树立丰碑。

让别人去要求抚恤金吧，我即使身无分文也是一个富翁，比那些精神上的贫民要高贵得多。我甘心奉献祖国，不图任何回报。

——科林伍德公爵[①]

世界满目疮痍，不幸横行天下。财富越多，人越堕落。

——蒲柏

身无分文不是贫穷，家财万贯不是富裕；没有不代表缺乏，得到不代表充实。每个人抬头都能看见阳光，而看到什么颜色却由自己选择。

——海伦·亨特

他即使是一片广袤土地的主人，在我面前也不会感到优越。我会让他明白，没有他的财富我一样可以生活，我是不会因为追求享乐和虚荣而被收买。我身无分文，不得不从他手上接过面包，但我并不是穷人。

——爱默生

满足是最能持久的财富。

——西塞罗

健康的身体是最大的财富，心灵快乐是最大的幸福。

——《传道书》

世上最宝贵的财富是什么？黄金说，不是我。

钻石说，黄金那么穷怎么可能？当然，也不是我。

印度苦行僧说，在你自己身上去寻找吧。

——扬

安贫乐道者才是世界首富，因为心满意足才是真正的财富。

——苏格拉底

身居陋室却能心胸开阔的人最让人敬佩。

——拉克代尔[②]

我的皇冠挂在心头，不在脑袋上；

没有钻石和印度宝石的镶嵌，

① 科林伍德公爵（Lord Collingwood，1748—1810），英国皇家海军元帅。

② 拉克代尔（Lacordaire，1802—1861），法国教会牧师、记者、神学家、政治活动家。

甚至看不见也摸不着，
但是很少国王能够拥有，它的名字就叫满足。
——莎士比亚

很多人身无分文但精神富足。他们口袋里什么也没有，甚至连口袋也没有，但却是地地道道的富翁。

生而健康，胃口好，心肠好，四肢健全，头脑正常的人，是富裕的。

一副好身骨，胜过黄金千两；一身结实的肌肉，胜过纯银万吨；能够正常工作的神经系统，胜过任何房地产。

比彻说：“心灵的满足和精神的富足，以及希望、快乐和爱，才是真正的财富。”

我为何要执着于物质的拥有？这个世界本来就属于你和我。我为何要羡慕别人的财富？他的终归只有他能享用。我不必忌妒那些在波士顿和纽约拥有房地产的老板，他们是在帮我照看土地。我想要使用一条公路，只需支付几便士即可。我不用劳动，也不用操心，随时都可以欣赏到青青的草地和灌木林，以及公园里的雕像，如画一般的风景。我不需要把它们带回家据为已有，而我也没有能力和时间去照看它们，还得不时担心它们有没有损坏，有没有被盗。我来到这个世界就已经拥有太多，我没有付出多少便得到了一切。我周围的人们都在努力工作，想尽办法生产出更好的东西取悦我，还发动比赛看谁能够卖得更加便宜。我不用花多少钱便享受到了图书馆、铁路、画廊和公园的服务，比起我的收获，我付出得太少。我拥有生命，欣赏着美景、星星、花朵、海洋和树木，倾听小鸟的免费献唱，呼吸新鲜的空气。我还有什么不满足的？我现在享受到的，有的甚至是好几个世纪以来劳动人民的汗水结晶。我只要能够在这片遍地机会的土地上找到一份满意的工作，挣到足够的钱养活自己足矣。

百万富翁一掷千金，买下整整一条画廊。穷人家的孩子进来参观，运用诗人的想象和开阔的思想，看到了画的主人看不到的东西，收获的财富是富翁所不能企及的。在伦敦拍卖会上，某收藏家以157个金几尼的高价，拍下了莎士比亚的亲笔签名。学校里的穷学生虽然没钱得到莎翁的签名，却能从《哈姆雷特》里吸收到更多的财富。

我们为何要浪费精力去追求虚名和金钱？欲望永远要比我们先行一步，气喘吁吁的富翁们总是没有时间歇脚。难道这个世界就只有金钱和奢华是值得追求的？

“物欲只会不断膨胀，任你拥有多少都无法填满。”菲利普斯·布鲁克斯也说：“心怀感激品格高尚的人，心灵是富足的。”

难道幸福只存在于味蕾和感官之上？人生难道就只为食欲和舒适而活？我们难道不应该有更高的目标，更崇高的理想？为了面包，就必须牺牲自由吗？

在柏拉图、色诺芬[①]和普鲁塔克[②]三大哲学家的著作里，从来没有出现与吃相关的词语。

金钱对你来说意味着什么？难道它有跟你说："尽情地用我去吃喝玩乐吧，因为你明天就要死了。"难道它不是可以换来更舒适的生活、更多的教育、书籍和文化盛宴，让你可以行万里路，给你更多的机会去帮助别人？难道金钱就仅仅意味更多的土地和一沓沓的纸钱？金钱对于穷人而言，是一件蔽体的衣服，一块充饥的面包，一次上学的机会。对于病人而言，是上医院看病治疗的机会，对于孤儿而言，是避难所的保护。你可以怀揣金钱慷慨施恩，也可以守着金钱一毛不拔。它可以开阔你的眼界，也可以遮蔽你的视野。它告诉你要更加勇敢，怀抱更大的抱负，树立更高的理想，成为更崇高的人？

精神富足的人才是真正的富人，他能给这个世界带来精神的财富。一个人的灵魂如果对真、善、美没有追求，是极其可悲的。

在加勒比海，一艘船就快沉入大海，上面的一名水手却只顾着把箱子里的西班牙金币收入自己的口袋。他的同伴劝他赶紧和他们一起逃命，他却舍不得那些明晃晃的金币，最终抱着一堆废铁一起沉入大海。

苏格拉底问："谁是世上最富裕的人？"他自答道："容易满足的人，因为心灵的满足才是最大的财富。"

在莫尔的《乌托邦》里，黄金是镣铐，是刑具，用来锁住罪犯，并惩罚他们。道德败坏的恶人头上就被套上黄金的枷锁，而钻石和珍珠则是给小孩子玩的，那样他们长大后就会感到厌恶。

爱默生道："噢，如果富人的精神同穷人一样充实，那该多好啊！"

很多有钱人都是在精神的贫民窟里恨恨离世。

在挖掘庞贝遗址时，人们发现一架人骨，手指紧紧地抓住金币不放。在英格兰赫尔镇，一个商人临死前从枕头下面拉出一大袋钱，抱得紧紧的，直至死神把他带走才松手。

---

① 色诺芬（Xenophon，公元前430—公元前354），古希腊历史学家、作家、苏格拉底的弟子。著有《远征记》《希腊史》等。

② 普鲁塔克（Plutarch，46—120），古希腊历史学家、哲学家、道德学家。著有《传记集》《道德论集》等。

噢！守财奴是多么地愚蠢而盲目，
满仓库都是发霉的米糠和谷物，
满屋子都是没有用的金银财宝，
而真正重要的财富，他却一点也没有。

——威廉·沃特森①

贫穷意味着很多东西都没有，贪婪则是贪得无厌，多多益善。

某穷人在嘲笑富人不懂享受生活的时候，遇到一个陌生人送给他一个钱包。那个钱包里永远都会放着一个杜卡托（钱币）。穷人把钱包里的那个杜卡托拿了出来，马上又能生成另一个杜卡托。这个穷人乐此不疲，全身心都投入到把钱拿出来的游戏中，最后抱着一堆没有用过的杜卡托离开了人世。

一个乞丐遇到了幸运女神，并得到女神的承诺，在乞丐的钱袋里变出满满的金子。幸运女神表示乞丐要多少她变多少，但是一旦这些金子掉到地上，便会化为尘土。乞丐打开钱袋，贪婪地要求再多再多。最后袋子破了，所有的金币都掉到地上，化为一缕灰尘。

“中美洲”号轮船下沉之际，在船上工作的某女仆从上等包房里搜刮了很多金币，并用自己的围裙裹住。她准备逃离轮船跳上救生艇，结果没有跳好，跳进海里了。而她身上绑着的金币则毫不留情地把她拉下了水。

1843年，帕多瓦市住了一个守财奴。他又小气，又爱财，从来都不施与别人一分钱。因为害怕银行不能好好保管他的财物，他宁可每晚拿着剑、举着手枪保卫他的命根子。严重的睡眠不足加上过度焦虑蚕食了他的健康，他于是建了一间地下密室来存放钱财。为了防止有人闯入宝库，他在宝库门前设置了一道机关，一旦有人踩到机关，就会被卷入地底，抛入江中，喊救命也没人听见。一天晚上，这个悭吝鬼到宝库巡逻，查看是否一切正常，却不小心踩到自己设置的机关，被卷入地下深沟无人知道。

鲍斯韦尔说：“人们以为，拥有斯加斯菲尔德公爵地位的人一定很幸福。”约翰逊答：“除了不再贫穷，没什么好的。”

约翰·邓肯的父亲是苏格兰的一名织布工人，他是私生子，没有读过书，还是先天性近视加驼背，长得又实在对不起人类，后来便沦为讨饭的乞丐。邓肯走在街上总要招来其他孩子的攻击，用石子扔他。他帮一个农场主看牛，主人对他很不

① 威廉·沃特森（William Watson，1858—1935），英国诗人。

好，下雨天还不让他进屋，他就那样湿着身体在屋外一间又冷又黑的小仓库里睡觉。他把鞋里的水倒掉，把衣服脱下来拧干，倒头便睡。他很渴望学习认字，便在不久当上织布工后，恳求一个12岁的小女孩儿教他，当时他已经16岁了，才开始学习ABC，但是他的进步飞快。他对植物很感兴趣，便连续几个月加班加点攒了5个先令去买了一本关于植物学的书。他后来成为博学的植物学家，80岁的时候还为了一个标本走12英里的路，仅仅因为自己的爱好。一天，他丰富的学识和寒碜的外表吸引了一个人的注意，他把他的故事写成了一本书。读者读后纷纷给他寄钱救济他，他把这些钱都存了起来，建立一个基金组织，专门鼓励那些贫穷的孩子从事自然科学研究。他把自己存满珍贵标本和书籍的小图书馆也捐了出来，免费供穷人家的孩子使用。

富兰克林说，金钱的本质便注定其不能给予人快乐。一个人拥有的东西越多，他的欲望也就越大。银行存的钱再多也不代表你富裕了，只有充实的头脑才能使人富足。心灵枯竭的人无论拥有多少财产，都只能算是穷人一个。精神贫穷的人就算是统治一个国家的首领，也还是一无所有。人的贫富，不在于拥有，在于他们是怎样的人。

有谁不希望自己能够成为像林肯、格兰特、南丁格尔和查尔兹那样造福人类的人？谁不希望自己的精神能与爱默生、莎士比亚、洛威尔、华兹华斯相媲美？又有谁不希望自己能像格莱斯通、布莱特、萨姆纳以及华盛顿一样在政坛上叱咤风云？

有的人身体健康，乐观向上，开朗活泼，遇到任何困难和考验都能够勇敢面对。有的人则脾气很好，家庭幸福而且拥有很多朋友。有的人待人亲切友好，大家都喜欢他。有的人是乐天派的个性，有他们的地方就是一片欢声笑语。有的人则个性正直，人品很好。

人生很重要的一课就是要学会判断什么才是最有价值的。年轻人的事业刚刚起步，各种问题和诱惑都会遇到。他如果想要成功，就必须懂得正确判断眼前事物的真正价值。没有实际意义的物品，反而更加大张旗鼓地打广告做宣传。每个人都说自己是最好的，都使尽浑身解数施展魔力引诱你。想要成功的年轻人不应该让外在的假象蒙蔽了双眼，我们应当重视更加内在的品质。

据说，不懂得约翰·拉斯金[①] 快乐源泉的人，是读不懂他的作品的。一朵小花，一片云，一棵树，一座山，一颗星星，一只扑腾而过的小鸟，一只行走在陆地的生物，偷瞄一眼海洋和天空，或者绿意盎然的草地，一幅画，一座雕像，一首

① 约翰·拉斯金（John Ruskin，1819—1900），英国作家、艺术家和评论家。

诗，一栋建筑物，凡是上帝之手创造出来的万物，无一不是他心情愉悦的缘由。世界的历史和文明，以及漫长的艺术记录，是他取之不尽的灵感之源。他就在这大自然中，寻找到每天的精神粮食和生活寄托。

生活从不缺少美，缺少的是发现美的眼睛。“对上帝抱有崇敬之心的人，从每一道裂缝中都能看到美和富饶。”

菲利普·布鲁克斯、梭罗、加里森、爱默生、比彻和阿加西斯都是精神上的富翁。他们能从一朵花看到大自然的壮丽，从一棵草看到坚韧的品质，从湍流的小溪读到一个故事，从石头堆里悟出哲学道理。总而言之，他们从万事万物身上都能发现美。他们看到一处美丽的风景，马上就会联想，那里的主人却从来没有为自己的眼福纳过税。他们像蜜蜂采蜜一样，从草地、田野、花丛、小鸟、小溪、山脉、森林得到了力量和财富。自然界向他们传达了美的信号。很少有人能从这些信号里感受到超自然的力量和自然之美，而他们却像行走在沙漠里的旅人，贪婪地吸收着大自然赐予的甘露。他们以此为使命，再把从大自然获取的力量和精神财富转化为雨露润泽全人类。他们相信，相对于从嘴里下咽的食物，精神粮食更为重要。他们深知人不是有吃有住有钱就可以满足的，否则只能算是动物而不是人。人是高等动物，精神上也需要营养。人类有很强的消化能力，除了要维持生命吸收营养，还需要更高级的养分。他们从自然景色和草原上发现了比面包更有营养的粮食，那是一种引人向上的力量，催人去追求更高尚的理想。他们相信，上帝立下了《十诫》，大自然便会遵循每一条约定以示公平。从生长的谷物，招手的玉米穗子和金灿灿的丰收园里，他们感受到了精神的升华和灵魂的洗涤。他们从每一条小溪、每一颗星星、每一朵花和每一滴露珠身上看到了上帝。在他们看来，大自然处处都有老师，善于倾听人，人生才会绽放出美丽和优雅。

“我们处处都享受着大自然的照顾，却很少有人注意到。”如果想要真正感受大自然，就必须走出桎梏，做到真正地贴近自然。

我们总是徘徊在迷雾重重又沉重压抑的山谷里，不知道爬上山享受阳光照射的高度。上帝塞给我们生命之书，每一页都把大自然的秘密写得那样明明白白，而我们却扔到了一边不去阅读。爱默生说：“我们生活的世界处处是诗，我与万物是相通的。”大自然是我们永远的依靠，那些心情开朗的人看到的都是大自然光明的一面，而那些寻求安慰的人也总能从大自然身上找到安慰。我们永远想象不到宇宙是怎样诞生的，但我们可以选择过上更快乐、更高贵的生活。

人类的身躯非常神奇，各个器官配合得完美无瑕，各成体系，又相互影响，所以每个人都是一个不一样的个体。没有哪个生理学家或者科学家敢对人的身体结构指出不足，哪怕是最微小的地方也没有需要改进的空间。也没有哪一个发明家有能力对人体运作的方式提出意见，或者哪一个化学家认为，如果构成人体的元素再添加多一种就好了。因此，我们来到这个世界，第一件要做的事情就是学会感恩，而不是埋怨，感谢大自然赐予我们如此丰富的资源。不论我们生在何处，对于我们的身体，总还有许多惊喜是超出人类的理解的。

“谢天谢地，世上还有像马修·阿诺德那样把太阳光看得比金钱重要的人。”阿诺德死后仅仅留下几千美元的遗产，但又有谁能否认他的富有？世界正是缺少这种视思想、智慧和品行重于金钱的年轻人。他们认为，一个人的资本是建立在思想的深度和人格魅力上，而非钞票的多寡。可惜很多年轻人都把金钱看得比自己还重。爱默生说：“我敬佩那些思想上的富翁，很难把他们跟孤独、贫穷、流亡或者抑郁挂钩。”

拉斐尔也是身无分文的富翁。他去到哪里都很受欢迎，每扇大门都是向他敞开的。他乐观向上的精神像太阳一样温暖人心。

亨利·威尔逊[①] 同样过着捉襟见肘的生活，但他并不贫穷。这个带着内迪克口音的补鞋匠，尽管荣任政府官员，也不忘自己站在被压迫人民一边的誓言。他每颁布一项法令措施，都要先问自己这样做究竟是对是错？是不是造福了百姓？就在他就职副总统前夕，因为囊中羞涩，不得不向别的议员借了100美元购置参加就职仪式必要的物品。

莫扎克，《安魂曲》的作曲家，死后甚至没有留下钱埋葬自己，却给全人类留下了宝贵的音乐遗产。

给一间陋室的任何装潢都比不上住户的博学头脑和高尚精神。做精神的百万富翁要比穷得只剩金币的有钱人好多了。对人类文明进步有贡献的人，即使身后一毛钱也没留下，也是精神上的富翁，后人为了表示感谢和尊敬，为其树立起永久的丰碑。

我们追随拿撒勒的圣子耶稣，在短暂的有生之年，学会了爱和诚实。尽管常常口袋空空，我们继承的，却是永恒的、不会腐烂的珍宝。

一位来自亚洲的旅人告诉我，他在穿越沙漠的时候，发现两个人躺在一具骆驼的尸体旁。他们显然是因为严重脱水致死的，腰间的布袋里装着各种各样不同的珠宝，无疑是想穿过沙漠拿到波斯集市上做买卖。

一穷二白也比穷得只剩下金钱要好得多。懂得安贫乐道，在身无分文的情况下还能充实精神的人，才是真正的富人。家财万贯还贪得无厌之辈，才是真正的穷

---

① 亨利·威尔逊（Henry Wilson，1812—1875），美国政治家，第18任美国副总统。

人。学富五车的人再怎么穷其头脑也是充实的。精神空虚者越想得到快乐，越是徒劳无益，徒增烦恼。在贫穷和不幸面前，能够拿出勇气并表现乐观的人，不仅富有，而且勇敢。

遇到问题时，我们可以强迫自己往好的方面想，升华我们的灵魂，养成乐观开朗的个性。凡事都能抱着乐观态度和看到光明面的精神，也是一笔财富。

将名声置于黄金之上的人其精神是富裕的。古希腊和罗马人视名誉重于财富。作为一个帝国，将其象征帝权的紫色用于公共交通标志，表示罗马帝国更是一个罗马共和国。

这是党派之间的政治斗争，本质上更是一桩见不得光的交易。正如爱默生所说，这种做法甚至把人的真、善、美、德、才全都当成商品来买卖。

第欧根尼落入海盗的魔爪，并被当成奴隶买卖。他的买主把他释放，并请他当自己的管家，供他的小孩上学读书。第欧根尼憎恨物欲的生活以及世上一切虚假的东西，他情愿一个人住在木桶里。亚历山大大帝被他的哲学理想和乐观精神所打动，亲切地说道：“你有什么想要的尽管开口。”第欧根尼答：“我只希望你闪到一边去，不要遮住我的阳光。你只要不从我这里夺走你给不了我的东西就行。”那位伟大的征服者高兴道：“如果我不做亚历山大，就要成为第欧根尼。”

勇敢而诚实的人是不会为了金钱而工作的。他们劳动是为了爱，为了荣誉和名声。正如苏格拉底宁可去死也不违背自己的道德信仰，拉斯·卡萨斯①宁愿放弃财富和民族仇恨，也要为贫穷的印第安人减轻痛苦。他们工作是为了理想，为了帮助处于水深火热的人摆脱困境。

“我不需要金银财富。”埃皮克提图②说。某富有的罗马演说家对这个禁欲主义者的清贫表示不屑，埃皮克提图反驳道：“再说了，你其实比我还贫穷！尽管你含着银勺吃饭，端着陶碗喝汤。对我而言，精神的王国更为重要。我在里面充实而快乐，而你却空虚而焦躁。你的财产一旦被你收入囊中，便一无是处，而我的精神财富则能源源不断地给我输送动力。你的物欲是永远也填不满的黑洞，而我的精神则早已得到了满足。”

某拜金主义者对约翰·布莱特③说：“您知道吗先生，我值一百万英镑呢！”布莱特不失风度地回敬道：“是啊，我当然知道。你也就值那么多钱了。”

某商人破产后回家跟妻子埋怨道：“亲爱的，我什么都没有了。我们的财产都

---

① 拉斯·卡萨斯（Las Casas，1474—1566），西班牙天主教神父，历史学家。

② 埃皮克提图（Epictetus，55—135），古希腊斯多葛派哲学家。

③ 约翰·布莱特（John Bright，1811—1889），英国国会议员，自由贸易政策推动者。

落到了政府的手上。”他妻子沉默了几分钟，抬头看着丈夫的脸问道：“政府把你也给卖啦？”商人答：“噢，没有，不是的。”妻子问：“那是要把我给卖啦？”商人道：“没有。”妻子于是道：“那你怎么说我们什么都没有了呢？不是还有你，还有我和我们的孩子吗？难道这些不是比金钱更重要吗？我们失去的只是一间工厂，只要我们人在，东山再起还不容易吗？”

如果一个家庭是由两颗相爱的心和学识丰富的头脑组成，贫穷又算什么？

入狱受罪成就了保罗的伟大，而耶稣若不是遭受了被人唾骂、折磨甚至钉上十字架的痛苦，最后也不会带着胜利的满意说道：“一切苦难皆结束了。”

阿莫斯·劳伦斯①的座右铭是：“先做好人，才能赚到钱。”他把这句话记在随身携带的记事本上。“就算得到了全世界，如果失去自我的灵魂，于人又有什么好处？”

挣钱就要挣干净的钞票。不能因为你富裕了，酒鬼也变多了，孤儿也哭了，寡妇也成了泪人儿。真正的财富，是不会建立在别人的贫穷和不幸上的。

亚历山大升入天堂，站在天堂门前敲门。守护天堂进出入口的天使问道：“是谁在敲门？”亚历山大答：“亚历山大。”“谁是亚历山大？”“就是征服世界的亚历山大大帝啊！”“我们不认识此人。这道门是神圣的通道，只有正直的人才有资格通过。”

人生的起点一开始就不应该建立在错误的标准上。真正的伟人尽管时运不济，没钱没房没地产，也比那些头上冠以荣誉的光环，满屋子金银财宝的人高贵得多。在人格面前，再多的钱也是一堆废纸。

阿加西斯教授的一个朋友曾经感叹，像阿加西斯这样的能人，居然可以满足于与他的能力极不匹配的薪水。阿加西斯回应道：“这点钱对我而言足够了。我不愿意浪费过多的时间去挣钱。人生并不长，一个人不可能既要成为富翁又想完成自己的使命。”

有多少商人，虽然财物在芝加哥的大火中被烧毁，却还能马上重整事业，甚至包揽批发业务？答案就在他们的银行账户上。银行代理人认为他们正直守信，虽然连一美元都是用一百张一美分凑来的，但他们信守承诺，按时还款，待人做事也是诚恳勤勉的。他们建立起来的信誉化为银行账户里的存款，即使变成身无分文的人，也能从中提取出成千上万块钱。他们的人品并未与店铺和钱财一起被烧毁，大火烧不掉他们身上金子般的品质。

---

① 阿莫斯·劳伦斯（Amos Lawrence，1786—1852），美国企业家、慈善家。

脑袋没有智慧，肚里没点墨水，意志不坚定，心灵不美丽，甚至没有一点荣誉感的人，就算像吉拉德或罗特希尔德一样家财万贯，对于人类世代历程而言，又有什么推动作用?

第欧根尼穿梭在集市中，看着琳琅满目的商品，惊呼道："老天！我们生产了那么多不必要的商品！"

佛家经文道："心灵包罗了许多珍宝，有博爱、虔诚、清心和寡欲。人升天了，这些珍宝也将超越死亡，被一起带入天国。"

我们的孩子从小就被灌输错误的成功观。他们被要求努力学习，天天向上，成为强者和富人。年轻人则不断被告知，只有成为人上人才算真正的成功。一旦失败了，他们便会饱受责备之苦。

鼓励年轻人追求成功无可厚非，然而不是人人都可以成为富翁的。在竞争如此激烈的今天，能够生存的人都是知道如何成为精神上的富翁，如何承受"不成功"的人生。

黄金并不能使吝啬鬼变得富有，正如对金钱的渴望并不使乞丐更贫穷。

在诗歌《十字架更换记》中，女主人公疲劳地睡着了，梦见来到一个堆满十字架的地方，有各种各样的款式和大小。她高兴地发现一个小而精美的十字架，比自己那个看上去平凡无奇的十字架小巧可爱许多。这个闪闪发光的小饰品会刮人，她的背部感觉到疼痛，于是又换了一个用花编织而成的漂亮十字架。然而美丽的花朵底下却隐藏着尖刺。她最终还是选择了一个看上去简单朴素的十字架，没有镶嵌着珠宝，也没有任何漂亮的雕饰，只在上面刻了一个"爱"字。她戴上这个十字架，总结道，最简单的才是最好的。女主人公仔细一看，发现自己最后挑中的十字架竟是自己最初丢弃的那个，心里暗暗称奇。我们总是羡慕别人拥有镶嵌着珠宝和花朵的十字架，却不知道他们戴这些十字架所遭受的痛苦。在自己眼里，别人的痛苦永远不及自己的大。对于那些成功者曾经经历过的失意和等待，痛苦和忍耐，旁人总是视而不见。

威廉·皮特视金钱如粪土，作为一名议员，他更关心的是公众利益和群众看法。他的双手也是干净的。

我们树立怎样的人生目标就会过上怎样的人生。不论男女，一个人存在的价值在于他为周围人带来多少快乐。高尚的行为使人精神富足，而金钱只会让人越加贫乏。品格才是永恒的财富。拥有高尚人品的人好比百万富翁，而那些没人品没人格的，则与贫民无异。跟品格相比，房子和土地又算得了什么？股票和证券又算得了什么？"伟大的灵魂即使屈居陋室，也一样伟大；卑鄙的小人即使住在别墅，也一样卑微。”真正的富人，平平凡凡过日子，勤勤恳恳工作，装满了一脑子的精神财富。

敢于自我投资的人，永远不会贫乏。洪水不能冲走你的财产，大火不能烧掉你的房子，铁锈也不能腐蚀你的精神。

富兰克林说：“人若能把钱花在充实头脑上，任谁也无法将其夺走。把钱投资在自己的脑袋上，是只赚不亏的买卖。”

爱默生说：“我发现，富人生活在一个诡异的丛林法则中。他们付出什么，就会得到什么。他们看上去很风光，实际上很卑微；他们穿的衣服越多，就越是容易觉得冷；穿的盔甲越重，越是变得胆小；看的书越多，就越缺少智慧。”

无论如何我都认为，
只有把人做好，才谈得上高尚。
善良的心远比金子珍贵，
简单的信念远比诺曼血统有价值。
——丁尼生

第十四章

抓住身边的一切机会

“空谈无用，行动起来吧！”莫希冀等到更大的机会。立足眼下，从身边开始，机会是由自己创造的。

每个人的一生都有机会来临的时候，
是在某一天，某一个晚上，某个早上，或者某个中午，
是在某一个钟头，某一时刻，
当命运乘着浪潮，来到面前，
机会要么姗姗来迟，要么转瞬即逝。
曾经做好了抓住它的准备，
做好迎接一切不确定的准备。
知道等待是什么的人是幸福的，
他知道要做什么，要怎样努力，
站在人生这艘船的跳板上举目眺望，
在命运钟声敲响时，
抓住经过的命运，
短暂出现的机会。

——玛丽·汤森[①]

对于每一个人和国家，都有这么个时候，在为真理而战又难免犯错的旅程，是坚持真善美，还是倒戈投靠邪恶的一边。

——洛威尔

站在机会面前却抓不住，机会又算什么？一只孵不出小鸟的蛋，在时间的冲刷下，终要归于虚无。

——乔治·艾略特

整整一千年，
那个穷人站在天堂门前等待，
却不小心打了个盹儿，
门也在这时打开，又关上。
噢！千年的等待顿时化为了乌有。

——W.R. 阿尔杰

① 玛丽·汤森（Mary Ashley Townsend，1832—1901），美国诗人、作家。

我们不是活在未来，不是为了遥不可及的模糊影像，而是活在当下，为了手上实实在在抓住的东西。

——卡莱尔

最珍贵的往往就在身边，就在脚下。

——R.M. 米尔恩斯[①]

成功的奥秘在于机会敲门的时候，你准备好了没有。

——迪斯雷利

某法律系的学生向丹尼尔·韦伯斯特抱怨道："现代的年轻人机会太少。"韦伯斯特以资深律师的身份回答道："然而在上层建筑却总是缺少人才。"

谁说这片土地缺少机会和机遇？不是有很多出身贫寒的穷小子成为富翁、送报的报童踏入国会工作、来自社会最底层人家的孩子跻身上流社会的最高位置吗？对于善于抓住机遇的人而言，这个世界处处都有门道。在班扬的《天路历程》中，绝望巨人被困在自己城堡的地下室里。他忘记自己有钥匙，不得不继续困在那里出不来。同样，不管是弱者还是强者，皆容易过分依赖外界的帮助，总想着贵人可以出现，助我们走出不幸牢笼。

我们仰望天空，却把身边人遗忘。

在巴尔的摩，某女士参加舞会时遗失了一个价值不菲的钻石手镯。她猜想是放在斗篷的口袋里被偷的。几年过后，她贫穷到要为皮博迪学院扫楼梯挣钱买面包。她想把曾经参加舞会的那件斗篷拿出来重新裁剪，做成头巾。然而就在斗篷的衬里，那条价值3500美元的钻石手镯惊现在女人的眼前。她怀揣3500美元挨苦日子，却从来没有发现这笔隐藏着的财富。

认为自己时运不济的人往往看不到身边那无数飘过的机遇。只要我们擦亮眼睛，就会发现身边机会无处不在，蕴藏的财富可不是一个钻石手镯可以相比的。在东部城市，有研究表示百分之九十四的人都是在自己的家乡挖到第一桶金的。他们善于利用已有的东西，善于在日常生活中发现商机。可惜很多年轻人总是好高骛远，结果忽略了眼前的金子，反而跑到遥远的城市去淘金。巴西就有一群牧羊人相约到加利福尼亚淘金，随身带着一大把透明的小石头在旅途上作消遣用。到达圣弗

① R.M. 米尔恩斯（R.M.Milnes，1809—1885），英国诗人、文学家、政治家。

兰西斯哥后，他们才发现，这些透明的小石头在美国原来是价值连城的钻石，而他们带去的许多都已经丢弃在路上了。了解后他们马上赶回巴西，到盛产这些石头的地方开发，把挖掘到的钻石以高价卖给了政府。

内华达含金银矿量最大矿场的主人，以42美元的价格把它卖掉，以购买其他矿场，还自鸣得意以为很有商业头脑。阿加西斯教授在给哈佛学生上课时讲述了一个相同的例子。一个拥有上百英亩土地的农民，把地卖掉投资油矿业，殊不知自己卖掉的土地上长的都是价值不菲的木材和岩石。他拿着钱开始认真学习有关油矿管理和储存的办法，并实践了很长一段时间。他以200美元的价格卖掉农场，到离家200英里以外的地方开始了新的事业。而那个买下农场的人不久便发现农田底下蕴藏了大量的石油。

几百年前，印度河岸边住了一个波斯人阿里·哈菲德。他把小屋建在河堤上，在那里可以将广阔而美丽的乡村风景尽收眼底，并绵延至大海。他有妻儿，有一片广袤的农田，长满了金灿灿的稻谷，还开辟了一个花园，一个果园，还有绵延数英里的树林。他不缺钱，日子过得心满意足。一天晚上，一位老僧人前来拜访，坐在壁炉前，开始娓娓讲述万物的形成。他说，第一道射向地球的阳光形成了钻石。一颗跟他拇指一样大的钻石比几座金银铜矿都要值钱。他只要能得到一颗钻石，买下几座阿里的农场都不成问题。如果抓住一把钻石，整个省都是他的；找到一座钻石矿，他就可以当国王。阿里听后心开始动了，他已经不再是那个安于现状的精神富翁。他对自己的拥有感到不满，曾经珍若拱璧的财富突然变得一文不值。第二天一早，他就把夺走他快乐的僧人叫醒，急切地询问到哪里可以找到产钻石的矿山。僧人吃惊道："你要钻石干什么呢？"阿里答："我要变得富裕，我要让我的孩子坐上王座。"僧人道："那你只能自己出去寻找，因为没人知道在哪里。"贫穷的阿里问道："那我要循着哪个方向去寻找？"僧人道："北边，南边，东边，西边，你都去找找看吧。""可我怎么知道找到了没？"阿里问。"在山涧流淌着河流，如果河底的沙是白色的，你便找到了。"

这个被欲望占据的男人于是卖掉农场，把妻儿托付给邻居照顾，带上卖地的钱出发开始了寻宝之旅。他翻遍阿拉伯半岛的所有山岭，穿越巴勒斯坦和埃及，一去就是好几年，却什么都没找到。他带去的钱用光了，饥饿扭曲了他的脸。他为自己的愚蠢和破败感到羞耻，跳河了结了自己的生命。那个买下阿里农场的人对自己的拥有心满意足，他不相信背井离乡到外面寻找宝藏就能成功。一天，他把骆驼带到花园喝水，突然看到一道闪光，就在溪涧底下的白沙里。他捡起那块会反射阳光的小石，高兴地拿回家，摆设在壁炉旁，不久便忘记了。老僧人到这座房子拜访农场的新主人，一下子就发现了那块石头。他惊呼道："这就是钻石！这就是钻石！"老僧人想到阿里，问道："阿里还没有回来吗？"农场的新主人答："没有。而且这也不是什么钻石，只是一块石头而已。"他们一起到花园，用手指翻开白沙，惊讶地发现沙子底下埋藏了更多更漂亮的钻石。著名的戈尔康达（Golconda）宝山就是这样被人发现的。如果当初阿里能够不受外界的诱惑，安贫乐道地待在家里，不满世界寻找钻石，也不至于变得一贫如洗，尝尽艰辛，最后饮恨自尽。他只要挖挖自家的花园，就会成为富有的人，因为宝藏，就埋在他家。

每个人活在世上都有属于自己的位置和工作，找到你的位置，履行好你的职责。很多读者朋友们并不比加菲尔德、威尔逊、富兰克林、林肯、比彻、威拉德等伟人成功的机会更大。我们要抓住成功的机会，就必须提前做好准备。记住，有四样东西是永远无法回来的：说出去的话，射出去的箭，逝去的时间以及没有抓住的机会。

机会可以创造更多的机会。对于做好充分准备的人而言，抓住了机会并重新开始是很容易的事情。然而，在这个飞速发展并激烈竞争的时代，想要做到出类拔萃就很难了。爱默生说："我们已经告别农耕时代，工人们手握铁锤铿铿锵锵地为自己敲出了一片天地。"

有人能从一点小事中看到商机并发家致富，有人则视若无睹，径直错过。从同一朵花里，蜜蜂采集到的是花蜜，而对蜘蛛则是毒药。有人能从废皮革、废棉、矿渣、铁屑等不起眼的垃圾里挖到第一桶金，而有人则因为落魄和贫穷才不得不与这些垃圾为伍。没有任何东西比家具、厨房用具、衣服、食物等能为人类带来更大的福音。而在这些日常用品中，同时也隐藏着巨大的财富。

机会无处不在。爱迪生从行李车厢里找到了它。大自然时刻向人类施展它的力量，期望人类发现并加以利用。从人类诞生开始便有闪电，大自然几百万年以来不断向人类示意电的巨大能量，希望能够激发一些人的潜力，去发现它并使之造福人类。像这样的力量在我们身边随处可见，就等善于发现的眼睛去挖掘它。

首先，我们要思考，这个世界需要什么，然后才去创造能够解决这些需求的发明。如果我们发明一个能够使烟不从烟囱出来的工具，固然很有才，但却没什么作用。在华盛顿的专利局，堆满了形形色色的发明创造，然而不足百分之一是能够真正造福人类社会的。世上多少家庭在贫困线上挣扎啊，而作为一家之主的父亲却把精力投入到毫无意义的发明中。A.T.斯图尔特[①] 小时候因为采购了顾客并不需要的纽

① A.T.斯图尔特（Alexander Turhey Stewart，1803—1876），爱尔兰著名企业家。

扣和针线，损失了87美分，而他那时全部家当也才1.5美元啊！从此，他便不再采购顾客不需要的商品，并获得了成功。

据统计，7个制造业的百万富翁中就有5个是依靠自己手头的所有找到财富的。缺乏观察力和害怕承受痛苦是成功路上的两大障碍。某心思细腻的人看到自己的皮鞋破了几个洞，又没有钱买新鞋，就用铁丝钩住皮革，做成铆钉。他曾经穷到需要自己扛镰刀除出租屋门前草，现在却成为百万富翁。

在新泽西州纽瓦克，一个理发师改良了普通的剪刀，发明了一种专门用来理发的剪刀，并因此富裕起来。在缅因州，某君刚从牧场干完活，就赶去给身患残疾的妻子洗衣服。他发现手洗衣服既累又慢，于是发明了洗衣机，并因此赚到了不少钱。某君长年忍受牙痛折磨，下定决心要找到解决办法，黄金补牙法于是横空出世。

世上最伟大的发明家往往不是那些社会精英。埃里克森在洗澡的浴室里发明了螺旋桨。轧棉机的发明者住在一间小木屋里并在那里制作出世上第一台轧棉机。航海经线仪的发明者约翰·哈里森① 的事业起步于一间破旧的牲口棚。美国生产的部分轮船都是依照菲奇在费城一间教堂的法衣室里设计制造的。麦考密克在一家磨粉厂发明了著名的收割机。世上第一台旱坞模型在一间小阁楼里制造出来。马萨诸塞州伍斯特市克拉克大学的创办人之一克拉克在一间马房里制作玩具大篷车赚得第一桶金。法夸尔在女儿的帮助下，在自己的客厅制作出第一把雨伞。他用卖伞赚来的钱租到了一间阁楼。爱迪生在大干线铁路当卖报童时，就在一节行李车厢做实验开始发明创造的。

只要天气允许，詹姆斯敦的殖民者就会到新大陆的各个地方去淘金。他们在河岸的沙滩上发现闪光的物体，整个殖民地都欢呼雀跃。14周宝贵的春种时间就这样被他们浪费在无聊的淘金上。印第安人嘲笑他们为了不实用的黄金，错过了播种真正金子的时间。

米开朗琪罗在佛罗伦萨街边的垃圾堆里发现一块被遗弃的卡拉拉（Carrara）大理石。不知道是被哪个工匠在上面雕刻后又丢弃了。雕刻师们都叹息，这样好的一块石头竟就这样被毁。然而米开朗琪罗却不以为然，他拿起凿子和锤头，用这块公认无法再用的大理石雕刻出全意大利最伟大的作品：《大卫像》。

楠塔基特岛是一个闭塞的小岛，没人相信，这样一个小岛上能够孕育出成功人士。然而玛利亚·米歇尔② 却做到了。她在楠塔基特图书馆工作，每年只赚75美元的

① 约翰·哈里森（John Harrison，1693—1776），英国钟表匠，他发明了经线仪。

② 玛利亚·米歇尔（Maria Mitchell，1818—1889），美国第一位女天文学家，发现“米歇尔”彗星。

工资，却挤出学习的时间成为远近闻名的天文学家。美国社会慈善家和改革家卢克雷蒂亚·莫特[①]，也是从楠塔基特岛起步，从牧师做起，渐渐成为全美洲家喻户晓的名人。

1842年，麻省沃特敦一个活泼开朗的女孩儿问她父亲："为什么美国没有优秀的雕刻大师？"她那当医生的父亲说："虽然美国有很多凿石匠，但做雕刻家要求太高，他们认为自己不行吧。"这个勇敢的女孩儿听后说道："如果在美国没人敢尝试，那就由我来做第一个吧！"她每天步行7英里至波士顿上学，然而她就读的医学院没有上解剖学课。她于是改到圣路易斯上学，然后迁到罗马长住，雕刻出许多美丽的塑像，使得哈里特·霍斯默[②]这个名字享誉全球。想要获得更大的成功机会，与其幻想遥不可及的成功，还不如从当下从事的工作开始，把握好时间，从现在开始努力。

帕特里克·亨利是众所周知的懒人，一无是处的农民，一败涂地的商人。他总是幻想遥不可及的辉煌，从来不认为在弗吉尼亚州的玉米地和烟草地里能够做出什么成就。他从事木瓦销售工作时，花了6个星期学习法律。大家都以为他一定又学无所成，结果他在接到的第一单案件中就表现出了不凡的口才。他因此找到了在弗吉尼亚州出人头地的方向。印花税法案通过时，他当选弗吉尼亚州殖民会议的下院议员。他提出解决美国殖民地收税不公的著名法案，成为美国冉冉升起的一颗新星，被誉为最才华横溢的演讲家之一。他第一次就这个法案发表演讲时，就表现出巨大的说服力和勇气。他说："恺撒大帝时候的布鲁特斯，查尔斯一世的克伦威尔，还有乔治三世，他们都不可避免地遭到背叛，不得不让我们深思。如果背叛不可避免，我们就要让背叛也有利于国家。"

著名的自然哲学家法拉第是铁匠之子，他年轻时写了一封求职信给汉弗莱·戴维，要求在皇家学院谋得一职。戴维就此事咨询一个朋友的意见："有个名叫法拉第的学生寄来一封信，想要我给他在皇家学院谋份职业，我该怎么做？"他朋友说道："就安排他去干洗瓶子的活。如果他是能够有所作为的人，则会毫无怨言地接受。如果他不接受，只能说明他将来也不会有多大出息。"法拉第接受了。他一边在给学院的瓶瓶罐罐刷洗，一边偷空到药房做实验。就这样，他成为伍尔维奇皇家学院的一名教授。廷德尔曾经认为法拉第不会有多大出息，但现在却评价道："他是前无古人最伟大的实验科学家。"是的，他在那样年轻的时候就登上了科学的高峰，不得不说是一个奇迹。

---

① 卢克雷蒂亚·莫特（Lucretia Mott，1793—1880），美国社会改革家和女权倡导者。

② 哈里特·霍斯默（Harriet G Hosmer，1830—1908），美国著名女雕刻家。

有这么一个雕刻家，他为了找到可以用来雕刻圣母像的檀香木，寻找了很长一段时间。就在他绝望并打算放弃之际，他做了一个梦。梦里，他用一块准备用来烧火用的橡木块做材料，雕刻出他一生都在追求的梦想：圣母像。雕刻家于是退而求其次，改用最普通不过的木柴创作出他的杰作。很多人为了寻找稀有的檀香木而错失了很多机会，殊不知真正的机遇隐藏在我们日常所见的各类小事物中。有人终其一生都抓不住成就伟大事业的机会，而他的身边人却能从同样的环境中找到那个机遇并成就一番伟大。

安娜·狄金森[①] 曾经从事教师行业，阿德莱德·尼尔逊曾经担任看管小孩儿的保姆一职。法国女英雄圣德只是一名养猪女。克里斯汀·尼尔森是一个贫穷的挪威农民，小时候常常赤足奔跑。爱德莫尼亚·路易斯是黑人雕刻师，她冲破世俗对女性和肤色的歧视目光，成为意大利很有名的雕刻师。玛利亚·米切尔的父亲每星期在学校辛苦工作，换来的确是2美元的周薪。她冲破贫穷的束缚，最终成为一名天文学家。他们都是为数不多敢于同命运做斗争并最终出类拔萃的伟人。

机会无处不在。“美利坚合众国啊，你的另一个名字就是机会。纵观整个历史，全能的上帝为人类提供了无数次机会。”没有任何时代和国家能比现在的美国怀抱更多机会，尤其是对年轻的女孩子们而言。她们迎来一个新的纪元。成百上千的职位等着她们来填充，而在几年前这些职位都是不欢迎女性应聘的。

每当听闻某位年轻的女士考进了医学院，或者法学院，都由衷地为她们感到高兴，暗自为她们能够找到自我价值而鼓掌。

不可能人人都成为牛顿、法拉第、爱迪生或者汤普森那样伟大的科学家，也不是每个人都能够创作出和米开朗琪罗和拉斐尔的画作一样不朽的作品。然而做到让自己的生命怒放却不是不可能的，只要能够抓住普通的机会，就有可能使之成为成就伟大的筹码。格蕾丝·达令[②] ，一个跟随年迈的双亲住在用岩石搭建的陋室里的年轻女孩，能有多少成功的机会？她的兄弟姐妹纷纷到城里淘金涝名，却无人知晓，而她的名气却堪比公主。她不需要到伦敦也能成长为高贵的女子。她的品格为她赢得连皇帝都要忌妒的名声。她从不追求虚幻的名和利，只是脚踏实地地尽好自己的责任，把自己做到最好。

想要成功，首先得了解自己以及自己的欲望，你会发现成千上万的人都和你一样，需要穿衣，需要住处，需要食物，渴望安慰，渴望快乐，渴望拥有奢侈品，渴

---

① 安娜·狄金森（Anna Dickinson，1842—1932），美国演讲家、废奴主义者。

② 格蕾丝·达令（Grace Darling，1815—1842），英国灯塔守护人之女，因参与1938年“福法尔群”号沉船抱救而闻名。

望获得更好的教育，渴望文化生活。最保险的买卖，就是满足人们最基本的需要。一个人如果能够从人性的角度出发寻找商机，满足人们各种需求，并为此推陈出新，一定可以发财致富的。

爱德华·埃弗雷特说："我们应当相信，尚待挖掘的真理总有一天会回报人类付出的耐心和劳动，要比我们祖先传下来的知识还要广博深刻。"

黄金一般珍贵的机会
错过了便不会有第二次；抓住它
命运向你微笑，责任为你指明道路；
不退缩，不逃避
不停下脚步欣赏风景；
勇敢担当起自己，直奔目的地。

——佚名

梦想在远处，
机会在身边；
利用好机会，
实现梦想。

——歌德

切勿傻傻地等待，
有目标就出发；
命运是懒惰的女神，
永远不会主动造访；
去追求你的理想吧，
不要害怕和退缩；
只要辛勤耕耘，
总能取得丰收。

——埃伦·盖茨

为何要为了得不到的东西，
一辈子叹息哀伤？

机会就在身旁，
只要弯腰拾起，
便是一首永恒之歌。
——哈里特·温斯洛

不好高骛远，
抓住身边的机会；
成就的，
是照耀人类的最高荣耀。
——威廉·莫理·庞申①

① 威廉·莫理·庞申（William Morley Punshon，1824—1881），英国传教士、新教大臣。

第十五章

防微杜渐

世上无小事。从卑贱的泥土中可以诞生出骁勇的亚马孙妇女。而一次极小的偷窃行为，便能把人送上绞刑台。

只要持续击打一棵树，就算是最高大的树也会被击倒。

——富兰克林

琐碎小事看似小，
积沙成山，积秒成年；
生活从小事开始。

——扬

“不要看不起，
一个简单的用词或动作；
它们就像随风飘撒的种子，
总有一天会找到落脚的土壤。”
思维狭隘之人看不到小事的重要性。

——温德尔·菲利普斯[①]

看不起琐碎小事之人，将一点点地退步。

——《圣经德训篇》

往往从一个人的弱处，能够产生最坚强的行为。微风都能吹起的橡果，能够生长出抗击暴风雨的大树。

——布尔沃

一颗种子孕育出了整片森林。——爱默生

人成长于一点一滴的小事中。——拿破仑一世

“一块小石头改变了一条小溪流的流向，
从此许多河流改道而行；
一颗小露珠压住了一株小树苗，
从此一棵大树永远直不起树干。”
万恶之源不比蚊子的翅膀更大。

——苏格兰谚语

① 温德尔·菲利普斯（Wendell Phillips，1811—1884），美国废奴运动改革家。

小事不小：

多一点耐心，就能等到阳光；

多一点爱，就能家庭和睦；

多一点希望，雨天也令人愉快；

多一点仁慈，将快乐带给更多的人。

“阿勒塔的小脚在河水中闪闪发光，于是有了征服者威廉。”帕尔格雷夫[①] 在《诺曼底和英格兰历史》中如是写道。“如果阿勒塔没有把威廉一世的父亲，诺曼底的罗伯特公爵迷住，就不会有威廉的出世，英国国王哈罗德也不会战败黑斯廷斯，盎格鲁-诺曼王朝也不会崛起，世上也不会出现不列颠帝国。”

在洪水来临之前，我们通过积雨泛起的涟漪，判断出风的方向。我们通过动物的足迹，找到水源和食物。

两个女人——维图利娅和伏伦妮娅，哭求把罗马从沃尔西人手里拯救出来，而当时谁也无法说动科利奥兰纳斯那充满仇恨的心。

小小的希腊国颠覆了亚洲皇族奢侈的生活和专制的统治，并给欧洲和美洲自由政治体制的最高典范，自由思想从此繁荣起来。人类的进步却因希腊的一个小国普拉提亚，而停滞了10个世纪。

据说在阿尔卑斯山的某些方位，导游会要求游客保持安静，否则一点点声音的震动都会导致雪崩的发生。

生活在美洲大陆上的印第安人拥有细致入微的观察能力，足以让学富五车的知识分子汗颜无比。某印第安人回家后发现，自家晾晒的鹿肉干不翼而飞了。他认真检查了一遍现场，便直奔树林去追赶偷肉贼。他遇到一个路人，问道，你有没有见过一个矮小年迈的白人，身上背着一支短枪，身后跟着一只被截掉尾巴的小狗。路人答是，并对印第安人如此详细的描述惊讶不已。要知道这个印第安人从来没有见过他所描述的那个人。印第安人解释道：“我之所以知道盗肉贼身材矮小，是因为他为了能够拿到鹿肉，滚来一块石头站了上去。我看到他留下的足迹跨距很小，于是推断他是上了年纪的人。而他走路时脚尖是向外的，只有白人才那样走路。我知道他身上背着短枪，是因为他爬上石头的时候，身上背的枪划到了树皮，留下了痕迹。他身后跟着的狗足迹多而小，说明它是一只小狗。那只狗在地上坐下时留下的印迹说明它是一只被截尾的狗。”

---

① 帕尔格雷夫（Francis Palgrave，1788—1861），英国历史学家。

两滴肩并肩下坠的水珠，被微风一吹，又分开了几英寸。它们分别降落在威斯康辛某住宅的房顶。其中一滴水珠向南滚动，落入岩河，汇入密西西比河流并随着河流流入墨西哥湾。而另一滴水珠落入福克斯河，流入格林湾，汇入密歇根湖、麦基诺海峡、休伦湖、克莱尔爵士河、克莱尔爵士湖、底特律河、伊利湖、尼亚加拉河、安达利略湖以及圣劳伦斯湖，最后到达圣劳伦斯海湾。一阵微风的薄弱力量，改变了整片美洲的地理格局。谁能说小事不重要？从一块泥石中迸出亚马孙人，偷盗一枚便士把人送上绞刑架，当下的一个选择，足以改变人的一生。因一念之差犯下的过错，灵魂永不复生。

一粒火星落入易燃材料中，人类便发明了火药。暴躁的脾气毁了不少伟人的名声，如埃德蒙·伯克、托马斯·卡莱尔。海上漂浮的海草和浮木，帮助哥伦布熬过船员叛变的一劫，成功发现新大陆。历史许多时刻，成就了许多平凡人出身的英雄。达纳可以就着一把沙子持续几小时讲一堂生动有趣的课。阿格赛兹拿着一块没人见过的骨头，将动物的生活习性和生理构造一一演绎出来。后来挖掘出来动物的全副身骨竟和他的推论完全一致。

某支前往南美洲的百人远征队托一只小蟋蟀的福，免于一难。他们乘坐的船快到达海岸时，站岗的士兵疏忽大意，没有注意到船正往暗礁上撞。一只由某士兵带上船的蟋蟀嗅到陆地的味道，尖声打破了沉默，引起船上士兵的注意，让远征队免于一难。

巨人正想射下一棵橡树上停留的小鸟，眼睛就被一颗橡果击中。他的小矮人朋友帮他把橡果拿出来，巨人拿在手上，好奇地感叹道：“这样一个小东西竟然可以给人带来如此大的痛苦！”

有时候，一句话，一段对白，一个段落，就足以把写作人的全部性格体现出来。而科学家只需要借助一小根骨头，一片鱼鳞，一根鱼翅，一颗牙齿，就可以还原出早已绝种了上百年的动物模型。

一只小老鼠可能就是整座城市被水淹没的始作俑者。荷兰某男孩儿经过堤坝的时候，看到坝底有水从一个小洞里渗出。他马上就意识到，如果不把这个小孔堵住，很快就会越变越大。男孩儿于是用手把洞口堵住，一个人整夜站了几个小时。他的行为引起了过路人的注意。在荷兰，男孩儿的名字至今还被人所纪念。

在英格兰，巨大的白垩岩壁是由那些小小的根足虫组成的。因为它们太小了，使用放大镜才能看得见它们。

没有人会相信，火车这个想法的出现，源于被扔进大火的空烧瓶。而电报的构想，源于意大利某化学家生病的时候，他那爱吃爬行动物的古怪妻子。

加尔瓦尼夫人[①]之所以发现加尔瓦尼电流，仅仅因为其丈夫在侍弄一台带电机器时，不小心碰到一只被剥了皮的青蛙。这只青蛙的肌肉发生了痉挛，启发加尔瓦尼夫人发明加尔瓦尼电流，至今在艺术领域依然被用来传输声音和文字。

路易斯·巴斯德[②]在学校讲堂当引座员。每个星期四他都要带领一群学生找到各自的位置。一个学生带了一台显微镜观察昆虫，还借给巴斯德看。从此，巴斯德发现了显微镜下另一个世界的魅力。他痴迷地开始对显微镜下的世界进行探索。

英国人实施印花税新条例，征多了6万英镑的税收。然而因此爆发的美国独立战争却花了英国1亿英镑。因为一件小事，竟能引发如此浩大的战争。

据说，美国国会在马房附近召开商讨《独立宣言》的会议。当时参加会议的成员穿着及膝马裤和丝质长袜，频频遭受苍蝇的骚扰，即使拼命挥动手帕也赶不走可恶的苍蝇。他们因此提前结束了会议，很多人还没看清楚就匆忙在《独立宣言》上签下自己的名字。

格莱斯通说："一个国家的命运，常常受到一顿国宴是否合口味的影响。"

某年轻人到印度寻找发财致富的机会，却找不到任何门路。他沮丧地回到房间，给自己的手枪上了膛，并将枪口对准自己的脑袋，扣动了扳机。然而没有子弹射出。他于是走到窗前，把枪指向另一个方向并扣动扳机。他暗下决心，如果成功射出子弹，他将把这件事视为上帝的启示。这次，子弹飞出了。他激动万分，从此不再轻易放弃生命。他视生命为神圣的事情，下定决心要活出精彩，珍重生命。这个年轻人便是著名的罗伯特·克莱夫[③]将军。他带领一支欧洲军队，担当起东印度公司的保卫任务。后来又成为保卫大英帝国，一个拥有2亿人口的大国的将军。

是鸭子的嘎嘎叫声惊醒了哨兵，避免了高卢人对罗马的偷袭。蓟的刺痛警告苏格兰士兵丹麦大军的临近。拿破仑说："如果不是因为亚克沦陷，我早就重建世界格局了。"

亨利·沃德·比彻离当选铁路总监仅仅差了一票。假如他得到了那一票，美国将失去一位国宝级的宗教大师。一点差别便能改变人的命运！

早期的棉纺工艺，棉的纤维总会粘在线筒上，停下来清洗机器成了家常便饭，由此浪费的时间给工厂带来不少损失。罗伯特·皮尔的父亲一天发现，有一位纺纱工人从来不用停下来清洗纺纱机，因此他总是拿到最高的工资。皮尔于是问道："迪克，监工说，你的机器从来不会粘上任何棉絮。告诉我你是怎样做到的？"迪

---

① 加尔瓦尼夫人（Galvani，1737—1798），意大利解剖学家及物理学家。

② 路易斯·巴斯德（Louis Pasteur，1822—1895），法国化学家、微生物学家。

③ 罗伯特·克莱夫（Robert Clive，1725—1774），英国军官，在东印度公司建立了政权。

克·弗格森答："啊，他们确实发觉了。""你究竟是怎样做到这点的呢？""皮尔先生，您瞧，这个是秘密。我要是告诉你，你岂不是要变得跟我一样聪明？"皮尔继续劝说道："但我愿意跟你做个交易。你告诉我怎样不让棉絮缠绕纺纱机线筒。"迪克答应了，要求皮尔每天给他免费供应一夸特的麦芽啤酒。皮尔点头道："成交！"迪克于是小小声地凑在皮尔耳边说："用粉笔给锭子上粉。"那便是成功的秘密！皮尔以一根粉笔击败了所有竞争者，而迪克也得到了丰厚的报酬，而不仅仅是几夸特的啤酒。迪克的这个小技巧就为世界挽回了数以百万的经济损失。

平常如同空气的一点小事，就能触动伟大思想的产生，从而变革世界。

一个贫儿在雇主的逼迫下，登上了前往阿尔及耳的轮船。他的老板以给员工分红的方法，让员工一起分担轮船的收益和损失。男孩儿上船前用一个便士买了一只猫，好让自己能够安心睡觉不受老鼠的滋扰。他泪眼汪汪地抱着猫登上了轮船。到达阿尔及尔后，船长发现，阿尔及尔总督非常需要一只猫给他解决鼠灾的烦恼。他于是把男孩儿的猫租给总督。总督得到猫后，身边的老鼠都神奇地消失了。他希望买下这只猫，船长却非高价不卖。总督最后用价值连城的珍珠换来了这只能抓老鼠的猫。等轮船返回英国后，船员们吃惊地看到男孩儿成为船上大部分货物的主人。男孩儿把自己的爱猫卖掉换来了船上的货物。伦敦商人跟男孩儿做生意，男孩儿从此变得富裕起来。他后来成为伦敦市长，被授予骑士爵位，成为伦敦的一个人物。这个卖猫的男孩儿便是理查德·惠廷顿①。

约翰·威廉斯，伊罗曼加的殉道传教士，从某英国贵族的花园得到一棵香蕉树，便带着这棵树一起旅行至南海诸岛。从此，南海岛屿遍地可见这种香蕉树。西印度群岛上，某英国军团栖驻在一片庄园里，当时黑奴还没有获得解放。其中一个士兵为了帮助黑奴扫盲，教会了其中一个读写文字，希望他能把文化带给他的族人。这个黑奴尽管受尽主人的虐待，被驱逐到另一个庄园干活，依然不辱使命，在更多的黑奴中间传播文化知识。解放奴隶的东风吹醒整个岛屿，圣经教会向每个有读写能力的黑人发放《新约》，发现竟然有不少于600个曾经的黑奴都是从第一个学会读写的黑奴身上获得文化知识的。

有人向英国政府献上一块据说是最好的红宝石，但宝石的其中一面有点小裂痕。就是那一小条几乎看不见的裂缝，该著名红宝石身价大跌，甚至遭到英国皇室的拒绝。

教堂守门人像往常一样把灯挂在比萨塔的教堂上，然而正是这一件小事，这个

① 理查德·惠廷顿（Richard Whittington，1354—1423），英国中世纪时的著名商人、政治家。

在教堂屋顶左右晃动的油灯，启发了年轻的伽利略发现钟摆原理，并发明了钟表。

爱迪生说起自己发明留声机的始末：“当时我正在对着听话筒唱歌，突然我的一个高音颤动了一块铁块，刺痛我那握着它的手指。我于是陷入思考，为何不把声音颤动的轨迹记录下来，那样我就能把刚才的声音保存下来了。我立马决定制造一个可以精确记录声波的机器，并把必要的指示告诉我的助手们。这便是留声机诞生的全过程，因为一个手指头受到了刺痛。”

奶牛踢翻灯笼原本是再小不过的事情，然而就是因为这件事让整个芝加哥城陷入一片火海，数以万计的人流离失所。

你只要有一次对你的朋友表现无情，说出一次刻毒的评价，你们的友谊就可能从此终结。

一个小缺点，一点自以为是，一次发火，一次贪心，相对更伟大的能力显得微不足道，然而就是这些微不足道的事，却足以毁灭一个人的事业。大英帝国的国会制度，美利坚合众国的议会，全世界各个国家的共和制度，都起源于约翰国王签署的一篇《大宪章》。

本瑟姆[①]说：“一句无心之言，结束了无数段友谊，无数王国的命运。”

法国的居维叶受到一只受困乌贼的启发，成为世上最伟大的自然历史学家之一。布朗船长因为看到织网的蜘蛛，便想出了吊桥的创意。某君因为寻找一匹走丢的马，在爱达荷山脉捡到了一块石头，发现了一座金矿。

某军官因为迟到了几分钟向米歇尔将军道歉。这位天文学家回答道：“我一直在计算，千分之一秒的时间有什么价值。”

修·米勒因为把结婚证书弄丢了，从一个小小的搬运工摇身一变成为克劳福德的伯爵。至今泥瓦匠们还喜欢调侃道：“约翰，克劳福德的伯爵大人，麻烦你把砂浆桶提过来。”

不久前，著名的翁布里亚轮船因为发动机轴出现的一点问题，就被迫停泊在大西洋中央。

几年前，国会一份账单上因为少写了一个逗号，结果导致政府损失了几百万美元。一个小小的拼写错误就可以断送一个年轻人在新英格兰大学的前途。一点灰尘落入眼球，就足以击败一个拿破仑。因为一个小缺点，一次小贪心，一次坏脾气，就足以使几年付出的劳动化为乌有。

一位绅士去拜访米开朗琪罗，说道：“你的作品跟我上次来看到的没什么两

① 本瑟姆（Bentham，1748—1832），英国哲学家。

样啊？”米开朗琪罗回答道：“我重新修改了这个部位，把那里磨得更加光滑，让整个线条看上去更加柔和，凸显出肌肉的结实，嘴唇也变得更加饱满，四肢看上去更加健硕。”来访人不屑道：“这些都只是琐碎的细节而已！”雕刻大师回答道：“这些细节虽小，但想要完美就必须从细节抓起。如果不是尽善尽美，怎么能够达到完美的程度？”带着无尽的耐心，米开朗琪罗花了整整一个星期的时间，就为了把肌肉雕刻得更具真实感。而吉哈德·道花了整整一天时间把一滴露水准确地滴在卷心菜叶上。这便是成功与失败的区别。

富兰克林不小心把石膏撒在水田里，发现由这片土地结出来的稻谷颗粒更大，于是发明了化肥，并把它带到美国普及。他凭借一只风筝发现了电的运动规律，至今几乎所有有关电的学科都以他发现的规律为基础，给未来带来了无限的可能。

450年前，劳伦斯·科斯特① 为了让孩子们开心，把他们的名字刻在了树皮上。在那片风车之地上，僧侣早已不再从事印书卖书的古老行当。然而就在那天，独裁的君主制度也让步了，自由高昂着头颅，与她的姐妹知识并排穿越时间，惠及几个世纪的人类。一个简单不过的想法，为人类文明发展做出了巨大贡献。

科斯特在刻他孩子们的名字时突然想到，如果将这些名字分别刻在一块一块的树皮上，再蘸上墨水，就不需要用笔写出来了，直接印在纸上既方便又快速。他于是给每个单词都刻了印章，雇佣了一个名为约翰·古腾堡② 的人，一起将这些刻有文字的刻章用绳子绑起来，印制成册子。这种方法印制出来的书籍比僧侣的传统手抄书要便宜一点，人们以为还是手抄的呢。科斯特死后，古腾堡更新了这个做法，发明了金属刻章。在一间阴暗的小房间里，古腾堡印制出世上第一本书籍。

当时，一个旅行者请求觐见法兰西的查尔斯七世。查尔斯七世疑心有人想毒害他，不敢吃太多东西，而且每餐饭都先让仆人试毒。他高度警惕地接待了旅人，然而当旅人拿出一本装潢华丽的《圣经》却仅售750克朗时，这个多疑的君王二话不说就掏钱买下了。他向大主教展示了刚买的《圣经》，评价说这是迄今为止世上最好的版本，里面没有一处墨渍，也没有一个错字。查尔斯甚至认为这样完美的《圣经》必定耗费了抄书人一生的时间。大主教惊呼：“我几天前也买了一本一模一样的《圣经》！”不久，查尔斯国王便得知，几乎所有的巴黎贵族都买了这个版本的《圣经》。在国王的追查下，揪出了约翰·浮士德。此人利用古腾堡的发明，大量印制《圣经》。当时的人们传言浮士德将灵魂卖给了魔鬼，所以才能这样大批量印

---

① 劳伦斯·科斯特（Laurens Coster，1370—1440），荷兰发明家，与约翰·古腾堡被誉为“西方活字印刷术的发明人”。

② 约翰·古腾堡（Johannes Gutenberg，1400—1468），德国发明家，西方活字印刷术的发明人。

制出高质量的圣经读本。浮士德把古腾堡的印刷技术泄露出去才得以免除了火刑。

威廉·卡克斯顿[①]是伦敦的一个布商，他到荷兰采购布匹时，买了几本书回去，在威斯敏斯特教堂附近开了一间印刷所，1474年印刷出英国第一本英语读本——《象棋规则》。

小摩西的哭声吸引了法老女儿的注意，这个犹太人于是有了母亲。一只小鸟降落在穆罕默德藏身的洞穴外，为许多国家做出了预言，赶走了穆罕默德的追逐者。哥伦布在阿朗佐·品桑的劝说下，跟随一群迁徙的鹦鹉向西南方向行驶，并因此发现了新大陆。如果不是中途改变航行方向，哥伦布的探险船将到达弗罗里达海岸。洪堡写道："可以说是一群飞鸟改写了人类的历史。"

一个眼镜制造师的孩子贪玩将几对镜片叠加在一起，发现透过镜片看东西会被放大许多。他们将这个发现告诉父亲，世上于是有了放大镜。

富兰克林发现天上的闪电跟地上的电无异时，被人们嗤之以鼻："那又怎样？知道这个又有什么用？"富兰克林反驳道："要小孩儿又有什么用？不就因为他们以后会长大成人嘛！"

约翰逊说："期待在未来的某一天干出许多大事的人，往往一件事都干不成。"抓住当下，好好利用身边一切可利用的条件，否则难以成器。

每天都是人生的一次小轮回。不惜浪费一天时间的人是可怕的挥霍者，虚度光阴的人则是绝望的。人生的快乐来源于哪里？就是每天一点待人的谦恭，一点善意，一句赞美的言语，一个真诚的微笑，一封友好的留言，做一件好事，为他人祝福。一百万人中可能只有一个人在一生中能有一次机会逞英雄豪杰。很多人认为小小的原子无足轻重，但万事万物都是由这些微不足道的小东西构成的。

伟人即能见普通人所不见，他们能从一些小事情上悟出大道理。拉斯金从一朵玫瑰花、百合花上获得诗歌的灵感。如果搬运工能从他肩头上的扁担悟出日落的哲理，也能像拉斯金一样赚够能花上一年的收入。

拿破仑十分注重细节，很多他的下属认为不值一提的小事，他都给予很大的重视。对拿破仑而言，事无巨细，都是大事，他必须对每一个细节都了如指掌。军中号角吹响的时候，拿破仑要求每一个军官都按照安排好的队伍和时间，一刻不差、一分不差。

法国著名画家尼古拉·普桑[②]说："我工作的原则是，只要是值得做的，就一

① 威廉·卡克斯顿（William Caxton，1422—1491），英国第一个印刷商，在莎翁之前对英语影响最大的人，印刷的书包括《坎特伯雷故事集》等英译本。

② 尼古拉·普桑（Nicolas Poussin，1594—1665），17世纪法国巴洛克时期重要画家，也是17世纪法国古典主义绘画的奠基人。

定要做到最好。”当被问及如何在一片人才济济的土地上脱颖而出时，普桑回答道：“因为我注重细节。”

据说如果特洛伊美女海伦的鼻子长歪一点，她的美貌将完全走样。如果埃及艳后克里奥贝多拉矮那么一英寸，安东尼将永远不可能拜倒在她的石榴裙下，如此一来世界的整个历史都将改写。在安妮·博林[①]的迷人微笑下，伟大的罗马教会被一分为二。拿破仑敢于发兵攻打任何一位骄傲国王的城堡，却害怕一个独立的女人：斯塔尔夫人[②]。司各特如果不是从小患有小儿麻痹症，他的人生轨迹有可能完全改变。

克伦威尔曾经打算移民至美国，正好当时国家颁布禁止移民的法案，才没有成行。那时候的克伦威尔挥金如土，把家产挥霍得差不多了。得知无法离开英格兰前往美洲大陆淘金，他于是下定决心改变自己。如果克伦威尔成功离开英格兰，大不列颠帝国的历史又将变得怎样?

塞萨里安的朋友问他对那些用处不大的东西持什么看法。他回答道：“正是因为世上存在它们，我感觉自己富裕且快乐。”

所罗门的葡萄园被一群狡猾的狐狸践踏毁坏，我们的晚餐和奶酪被微小的细菌侵蚀腐坏。飞蛾弄脏了我们的羊毛和皮衣，老鼠吃掉了我们的储粮。人类有一半以上的疾病是因为微小细菌或病毒引起的。

人们通常把负面情绪视为小错误，而不是罪恶。除了酗酒，没有什么能够破坏一个家庭的和谐以及快乐。

理查德说：“世人大多活得糊里糊涂。”

波斯谚语说：“从小事做起的人才有干大事业的机会。”只要我们注重细节，上帝会眷顾我们的。

拜伦说：“一滴墨水像露水落在人的思想上，引发无数更深广的思考。”

1700年，10位牧师聚集在纽黑文以东几英里的布恩福特村里，每人捐献几本书。“我为在此殖民区成立大学奉献这些书籍。”耶鲁大学诞生了。

知识的金字塔是由一点一滴接收的信息以及自身对世界的观察体会积累而成的。

几千年来，亚洲国家垄断了丝绸织造的技术。在罗马，丝绸贵比黄金。到了公元6世纪，应查士丁尼的要求，两个波斯僧侣将蚕卵装在空心竹筒里，从中国引进欧洲。他们使用人工加热的办法孵这些蚕卵，自此以后亚洲独享丝绸的秘密。

跟费迪南[③]的浩浩大军相比，哥伦布的航行显得微不足道。哥伦布的计划是率

---

① 安妮·博林（Anne Boleyn，1501—1536），英格兰王后，亨利八世的第二任妻子。

② 斯塔尔夫人（Madame de Stael，1766—1817），法国评论家、小说家，她的作品反拿破仑色彩尤为浓重，为此拿破仑曾两次将她驱逐出法国。

③ 费迪南，阿拉贡国王，费迪南二世，奠定了西班牙统一国家的基础。

领三艘小船开往未知海域，而费迪南则率领千军万马征战沙场。然而，虽然费迪南创下了丰功伟绩，但同哥伦布相比不足为道。

在马拉松战役中，欧洲仅以192名雅典战士的代价，便免遭波斯帝国的覆灭。

伟人都是注重细节的人。歌德为了将灵感及时记下，中断了和国王的谈话。贺加斯走在街上也不忘用自己的指甲记录下行人特别的表情。在一颗真正伟大的心灵面前，事无巨细都是重要的。培根说："一双理解万物的眼睛可以透过山洞看到自然的真理。"轻如空气的小事在善于观察的人眼里，同样负有重要的意义。孩童玩耍的万花筒，也仅是一堆玻璃组合而成的罢了。古德伊尔因为一时疏忽，发明了橡胶硫化法，赫姆霍兹贫疾交加，用仅有的一点存款买了一台显微镜，从此在科学领域里越走越远。布律内尔受到一块虫蛀船板的启发，萌生出在泰晤士河底造隧道的想法。米勒对一块绝种物种的化石研究了大半生，成为他那个时代最伟大的地质学家。斯科特看到一个男孩儿拖着沉重的脚步走在路上，便邀他一同乘车。那个男孩儿便是乔治·坎普，他因为受到斯科特作品的震撼，立志也要成为一名雕塑家。他为了报答斯科特当年对他的善意和启发，在斯科特去世后，在爱丁堡的墓前为他竖了一座塑像。

拉斐特应聘巴黎一家银行的职位，结果遭到拒绝。他失意离开时看到地上有一枚图钉，怕图钉扎到路人，他顺手捡了起来。这一幕正好被银行行长看在眼里，马上把他叫了回来。拉斐特后来成为巴黎赫赫有名的银行家。

西奥多·帕克的人生在他捡起一块石头向一只海龟砸去的时候发生转折。当时他的内心有一个声音在说："不要这样做！"他听从了。回到家后他把这件事告诉了他的母亲，他母亲告诉了他管理自己的重要性。这件事对他一生影响重大。据说大卫·休谟因为参加一次辩论会为无神论者争辩，自己也成了自然神论者。伏尔泰5岁时读过一首关于自然申论的诗歌，影响了他的一生。柯勒律治的灵感来源于《一千零一夜》。一个参加南北战争的马萨诸塞州士兵看到一只正在啄稻谷的鸟，把它射死后取下鸟喙做研究，发明了稻谷脱壳机，给农业生产带来历史性改革。在英法百年战争死去的生命成千上万，而这场战争的起因竟是两国的轮船争执谁有权利先下海。两个印第安男孩为了争夺一只蟋蟀，引发了部落战争。英格兰乔治四世昏倒在地，村里的一名药剂师用放血的方式救醒了国王。乔治四世于是任命其为宫廷御用医师。

很多建构很好的船还是会搁浅海岸，全都败在一条烂木条上。我们要时刻警惕弱处的破坏力。

我们眼睛所看到的一切，耳朵所听到的一切，都不会从我们的记忆里消失。眼睛是永恒的摄影机，保存我们看到的一切景象、每一张面孔、每一棵树木、每一株植物、每一朵花朵、每一座山峰、每一条河流、每一幕街景……人的脑袋天生喜欢记下每一幅看到的景象，不管有多么短暂，或者有意无意，正如我们听到的每一个音节都会存留在我们的记忆中。即使千年过后，这些印刻在人类记忆中的画面又会流传给下一代。

宇宙将时间凝缩在地球这个小空间里便成为人类的“今天”。今天是一本书，涵盖了世界万物，是当下。过去一切转成灰，仍然穿越了时空影响着今天。

过去虽然过去，但并非遗失。过去哪怕一粒尘灰也参与了造就今天。

地球上出现的第一颗橡果是孕育如今大片森林的祖先。

“如种子之小，如丰收之茂盛”也许就是大自然至上法则吧。万物之生命均始于微小。显微镜下，世界由原子组成。广袤无垠的大海便是由一滴滴不起眼的水珠构成的。

锁链无论多么坚韧结实，有一处脆弱便前功尽弃。我们乐于看到自己的强处，并为之自豪得意，却经常忽略致命的弱点。而事实是，一个人的弱处往往才能决定此人坚强与否。在无数次枪林弹雨中幸存下来的士兵有可能因为被钉子刺破皮而死亡。一艘绕过无数次冰山危机的轮船，可能仅仅因为渺小如虫蚁的侵蚀，而葬身大海。慢慢渗入人体的毒药，足以取走无数宝贵的生命。

我们常常听人们说“就十分钟”“就二十分钟”“吃了饭再说吧”“这样做又能改变什么”之类的话。他们不知道，就是这十几二十分钟，就在这吃饭的时候，那些懂得珍惜时间的人在看书，在追求学业，在进修自己。

透过一个伟大的灵魂，看到的一切小事都被赋予了伟大的意义。一个人的一次高尚行为，一次英勇举动，可能就拯救了一个国家的命运。很多人之所以会决心开创伟业，也许就源于一个人适宜的一句话，或者一次友善的帮助。

只是因为一条小小的裂缝，
鲁特琴便归于沉默。
——丁尼生

她轻轻走过，
笑着说：“早上好！”
早晨便容光焕发，
快乐，持续了一整天。

一瞬间，
我想对人微笑，
对人说出鼓励的话语。
不知道，
多少人会因此，
卸下了重担，
触摸到天堂！

第十六章

做自己的主人

掌管好自己的弱点，做自己的主人。

谁不是情绪的奴隶，把他介绍给我吧！
我要把他装进心里，让他代管我的心！

——莎士比亚

品格的力量在于：意志和自控。

——罗伯逊[①]

自尊、自制以及自学，
带领人类通往人生至高境界。
达此境界，人复何求？

——斯特林伯爵

人的荣耀，在于征服自我，并成为自己的主人。
不能做自己主人的人，终究只能成为奴隶。

——汤姆森

人一旦沦为情感的奴隶，便失去了自我的价值。

——奥德赛

把心中不受控制的情绪用锁链捆绑住吧！做自己的恺撒，不让情绪俘虏了你。

——汤姆斯·布朗

懂得管理自己情绪、欲望和恐惧的人，是自己的国王。

——弥尔顿

懂得压制怒火的人，堪比一个城市的管理者。管理好自己的精神并不比管理一个城市容易。

——《圣经》

自信造就英雄。 ——爱默生

男子汉要懂得做自己的国王。 ——雪莱

牛顿吃完晚饭后回到家，发现他的狗把自己辛苦几年工作的成果搅得一团乱，

① 罗伯逊（Frederick William Robertson，1816—1853），英国神父。

烧成了灰，只说道："啊！戴尔蒙德，瞧瞧你都干了什么好事……"然后就俯身又重头开始做起。

正午时分，某君故意到伯利克里的家里羞辱他。他口无遮拦地乱骂一通，还愤怒地朝伯利克里啐了一口痰。直到天黑，伯利克里才平静地叫来用人，说道："去把灯提来，护送这位先生回家。"

古罗马在训练角斗士的时候，强迫他们学习最优雅的倒下方式，要求他们就算被打死也要保持美感。为了让观众享受到观看角斗士倒下死亡的过程，他们还被迫食用会让血液凝结的食物，延长死亡的时间。所有成为角斗士的人都必须宣读如下誓言。

"我们发誓，我们甘愿承受捆绑、鞭打以及火烧之苦，我们不怕被利剑刺穿身体。只要尤摩尔浦斯一声令下，我们就算赴汤蹈火也在所不辞。我们的灵魂和身体都已经奉献给我们的主人。"

他们被迫接受的训练要求很强的自制能力，要在死亡的时候保持优雅和淡定。

一天早上，圣彼得堡教堂的一位美国牧师遇到年轻的爱伦坡，当时的爱伦坡是一个酗酒浪荡的美国青年。在牧师的帮助下，年轻的爱伦坡重新回到美国，并成为著名的小说家和诗人。他的两篇作品参加巴尔的摩《星期六游客报》举办的征文比赛均获奖。这个曾经在圣彼得堡教堂受教，衣着邋遢面色苍白的少年，重拾勇气和决心，充分展示出超常的才华。他虽然在贫困交加中离开了人世，但他的思想无疑是富裕的。他的墓碑上如是写道。

这里安躺着一位战士，他的一生值得世人献上掌声，
他参加过国内外许多战争，
但没有一场比得上，
他和自己内心敌人的那场恶战。

1860年，林肯在斯普林菲尔德的家里迎来选举委员会的成员。他们是来告诉林肯他选上总统的好消息。林肯提着一罐水壶，拿着几个水杯，请委员们喝水："为了各位的健康，以及感谢上帝的垂青，让我们举杯庆祝我们不受情绪的控制，正如丈夫们拒绝在礼拜时带上妻子的帽子。"

彭斯并没有刻意去压制自己的食欲，他只是适量地控制进食量。

"然而无知的笨蛋把他扳倒，并侮辱他的名声。"

柏拉图说："人类第一次也是最大的一次胜利，是在战胜自己的时候。屈服于自己情绪和欲望的人，应该感到羞愧。"

自我控制是所有美德的前提，屈服于一时冲动和情绪激动的那一刻，人放弃的是道德的自由。

沃尔特·斯科特说："教会别人学会快乐地自我否定，实际上是为这个世界创造多了一个头脑开阔的梦想家。"

"石墙"杰克逊[①]年轻时候便下定决心要改掉自己身上所有的缺点，包括肉体上的、精神上的以及道德层面上的。他咬紧牙关一鼓作气，把自己打造成高度有原则、自制力强的人，并获得巨大成功。他故意在寒冬时候穿着单薄的衣裳，借此锻炼自己的意志力。他对自己说："不向严寒屈服！"整整一年，他仅以黄油面包以及牛奶为生，而且还不是新鲜的面包。他就这样忍着消化不良的痛苦以及穿着一件湿衬衫，不顾医生的反对和周围人的嘲笑，磨砺自己的身心。当时他已经是维吉尼亚军事学院的教授。他遵医嘱每天准时9点钟上床睡觉，严格根据拟订的作息时间生活。通过这种自我的锻炼，他不断征服自己，成为自己名副其实的主人，因此比别人拥有更多的力量。意志的力量并不会比天赋的才能差。

用评分的方式，给我们各方面的性格打分，是很好自我评估和控制的方式，让我们可以直观地看到自己的强项和弱项，促使我们积极改进分数低的方面，并发挥强项。如果你很勤奋，就在勤奋这栏打上100分。如果你不够勇敢，就在勇气这栏打上50分，打抱不平75分，脾气25分，自控能力10分等。有了这些评分，接下来要做的就是把自己的弱项一个个挑出来，一步步加强成强项。每天我们只需要花费两三分钟的时间就可以完成这些测评。如果你兢兢业业地工作，勤奋一栏便是100分。如果你容易发火，并常常失控，常常当傻瓜，脾气这栏便给一个低分，并在接下来几天努力改进自己。如果你容易生气，在应该勇敢的时候退缩，在应该果断的时候犹豫，在不应该出错的时候出错，在应当发挥智慧的时候干了蠢事，在应当马上行动的时候拖拖拉拉，在应当说出真相的时候隐瞒了事实，在应当公平的时候贪了别人的小便宜，在应当公正的时候有了私心，在应当耐心的时候焦虑不安，在应当高高兴兴的时候拉长了脸，都一一记录下来，给予真实的评分。很快你就会发现，这样做有助于我们塑造良好性格。

黑格尔对古埃及象征神秘大自然的斯芬克司之谜的评论微妙而深刻。他认为，俄狄浦斯的回答正是阿波罗神庙的神谕里所说的"认识自己"。俄狄浦斯说出正确答案后，斯芬克司便跳崖自尽了。这个神话说明，人只要认识自己，便能解开大自然的神秘面纱，人类的所有恐惧都会因此消失。

---

① "石墙"杰克逊（Thomas Jonathan Jackson，1824—1863），美国内战期间著名的南军将领。

阿波罗神庙的神谕具有永恒意义。人类若想走向成功，能依靠的只有自己而已。

看守好自己的弱点吧！人的懦弱之处其实力量更为强大，像传染病一样耗费了人的所有抵抗力。如果你脾气暴躁，情绪容易失控，这个弱点就好比拦洪堤坝的一处老鼠洞，多年积累的雨水终究要冲破堤坝造成洪灾的。一句气头上的话可以导致不可收拾的残局，让你失去许多好朋友。

某商人对某贵格会教友的耐心钦佩不已，于是向他请教控制情绪的方法。这位教友说道："朋友，我不怕告诉你，我曾经也像你一样脾气暴躁情绪热烈。后来通过观察那些跟我一样脾气不好的人，发现他们情绪一激动就会很大声地说话。我于是得出一个结论，如果我能控制住我说话的音量，就可以压制住我激动的情绪。我于是给自己定下一条规定，不许自己说话的音量超过一定的分贝。我认真遵守这条规定，最终学会管住自己的舌头。"

苏格拉底一旦发现自己有情绪失控的倾向，马上自我反省并低声告诉自己要控制住。如果你意识到自己情绪的激动，最好的办法就是紧紧地闭上嘴巴，避免情绪进一步恶化。很多人因为一时怒发冲冠猝死。生气原是疾病。韦伯斯特说，"上帝想要摧毁一个人，最好的办法就是使之发疯。保持冷静吧，生气的时候跟人辩论只会不可理喻"。乔治·赫伯特[①]也说："情绪过分激动往往使错误不可弥补，使真相变成无礼。"

跟比你弱的人发火只能说明你自己不够强大。毕达哥拉斯说："发怒从愚蠢开始，以悔恨结束。"评判一个人的力量大小的标准，不是看他面临了多大压力，而是他承受压力的能力。

德莱昂是西班牙著名诗人，他曾经有过一段暗无天日的牢狱生涯。德莱昂没有被孤独的牢房生活打败，反而将一本《圣经》翻译成西班牙语。他的第一次讲座吸引了一大群人慕名参加，大家都迫不及待地想知道多一些关于他的牢狱生活的故事。然而德莱昂却不紧不慢，接着5年前因为入狱而被打断的课程继续讲下去："昨天，我们讲到……"

你有看过一个被人用言语攻击和羞辱的人，仅仅面色发白，咬住颤抖的嘴唇，然后平静地给予回应吗？或者有没有看过一个忍受着身体巨大痛苦的人，像一块大理石一样坚挺着，努力撑住自己的身躯？抑或看到一个背负着毫无希望打赢的官司，依然保持沉默，不扰乱家里的平静？能够控制住内心情绪波动的人，是强悍的。"精神强大的人，是能够控制内心激情的人，是能够保持贞洁的人，是敏锐细

① 乔治·赫伯特（George Herbert，1593—1633），英国诗人、演讲家、牧师。

心的人，是能够压住怒火，不受挑衅的人，是自制力强大且拥有宽容之心的人。”

米开朗琪罗对皮耶特罗·托列加诺[①]说：“你死后只会被记得是那个曾经打断过我的鼻梁的人。”对于一个性子如此急的人，米开朗琪罗表现得多么克制啊！

厄德雷·威尔莫特[②]说：“你们问我，去憎恨一个伤害过你的人，会不会有失男子汉气概？我认为，憎恨正是有骨气的表现，然而原谅则是圣人的表现。”

能够管住自己舌头的人，不会让粗俗下流的笑话或者伤害别人的言语轻易溜出嘴边，会懂得在恶意批评和嘲笑声中保持沉默。英国有句谚语说：“不懂得生气的人是傻瓜，懂得不生气的人是智者。”

彼得大帝于1722年颁布了一条法律，将打奴隶的贵族定义为精神不正常，因为正常的人都会照看并爱惜自己的财产和仆人。然而有一天，彼得大帝自己却没有控制住脾气，将他的园丁打成重伤。园丁被送进医院后不久便死去了。彼得大帝听说园丁的死讯后哭道：“我教化我的臣民，征服了许多国家，却没能教化好自己，成为自己的主人！”他后来喝醉了酒，拿着一把剑冲至海军将领勒·福特[③]的跟前。勒·福特敞开胸膛，对国王打不还手。彼得大帝清醒过来后感到对勒·福特万分抱歉，并请求其原谅。彼得大帝说：“我总是试图改革我的国家，却没有能力改变自己。”可见，自制力是一个人实现成功的最终也是最大目标。

某权威医学院研究表示，过度的劳动、潮湿寒冷的环境、糟糕的住处、懒惰和放纵、缺少足够的必需品和食物，对人类的生活都是致命的打击。然而，这些都及不上人类激烈无节制的情绪泛滥。善于控制自己情绪的人常常能够活得长寿，而易暴易怒的人则很少有活得长命的。

克伦威尔直到40岁才开始接触军队，却能战无不胜。而当政府成立后，他弃戎从商，一点也看不出军人的模样，唯一跟邻居不同的是，他勤奋、淡定、爱好和平。

养成自制的习惯能够给予人类心灵的宁静。一旦我们能够学会用沉默和幽默淡然应对突如其来的挑衅，便能有做自己主人的感觉。

苏格拉底在被强制灌输所谓的道德观念，回答贪桩枉法的法官问题，聆听到自己死刑的判决，甚至在喝下毒酒的时候，都保持着冷静及心灵的安宁。

我们很庆幸能够拥有会思考的大脑，然而更重要的是，要学会控制它们。威灵顿公爵虽然性情暴躁，但却很懂得控制自己的脾气。在1815年6月15日凌晨3点，他依然留在里士满公爵夫人举办的舞会上，一副很高兴的样子。事实上，他心里明

---

① 皮耶特罗·托列加诺（Pietro Torrigiano，1472—1528），意大利雕塑家。

② 厄德雷·威尔莫特（Eardely Wilmont，1783—1847），英国政治家。

③ 勒·福特（Franz Le Fort，1655—1699），俄国著名军事家，大元帅。与彼得大帝关系密切。

白，一场残酷的战役正要到来。在滑铁卢战役中，他冷静应战，在关键时刻总能做出最明智的决定。

拿破仑为第二天的战役做好部署后，已经是半夜时分。他回到帐篷休息，平静地坐下，为坎伯尼夫人的女子学校制订学习计划和行为准则。圣·贾斯丁说："冷静下来才能指挥他人。"

马辛杰[①]说："懂得控制自己的人才有能力管理别人。"

我们要做自己的主人，做自己的恺撒，懂得控制自己，才能让理智打败情绪，成为环境的主人，做的比说的更成功。自制能把一群凶狠的暴徒训练成军队，能把鲁莽的粗人磨炼成军人。总而言之，自制使人懂得怎样控制不良情绪，成就自我。只要我们懂得好好利用职位带来的机会，在困难险阻面前把握好自己的情绪，就能成为自己的主人。有毅力有自制力的人不会成为工作的奴隶，因为他们懂得循序渐进地完成工作，懂得工作之余提高自身的文化修养。自控能力强的人不为了生活而工作，他们的工作就是生活。

自制力强，少说多做，懂得平衡时间的人，比那些摇摆不定犹豫不决之辈要强一千倍。

缺乏自制能力的人一无所有。他们失去耐心，没有控制自己的能力，缺乏独立性，无法挣脱情绪的影响。人一旦失去了自制力，连同人格也会一起丢失。

教育的终极目的是要让人学会控制自己的精神世界，成为思想上的强人、圣人。欧丽芬夫人[②]说："证明给我看吧，你有控制自己情绪的能力！否则，我不会认同你受过的教育。如果一个人连自己的情绪都控制不了，他的学历再高也等同于无。"

苏格拉底的妻子詹蒂碧是有名的泼妇，性格暴烈。一次，她狠狠地把丈夫责备了一通，看到丈夫跑出去，像没事人一样坐在门前，就更加生气了。詹蒂碧于是跑上楼，盛怒之下向苏格拉底泼了一盆水。苏格拉底笑道："打了那么大的雷下一场雨也是应该的。"亚西比德的朋友对他能够忍受妻子的不断唠叨和责备感到奇怪。苏格拉底答道："我早就习惯了，她的唠叨在我听来已经变得跟马路上的噪声无异。"

每个人在性格上都有弱点，有的人不够真诚，有的人不懂礼貌，有的人不值得信任，有的人脾气暴躁，有的人缺乏爱心，有的人放纵过度，有的人胆小怕事，有的人过于懒惰。这些不足都有可能成为我们通往成功的障碍。成功者必定是懂得扬长避短之人，他们拥有良好的自我控制能力，让自己性格上的不足遵从意志的需要。

试想下，一个准备闯荡世界、征服世界的年轻人竟是自己欲望和情绪的奴隶！

---

① 马辛杰（Philip Massinger，1583—1640），英国剧作家。

② 欧丽芬夫人（Margaret Oliphant，1828—1897），苏格兰小说家、历史学家。

这样的人能够站在世界顶端俯视芸芸众生吗？这样的人能够成为领导者吗？连自己都无法掌控的人用什么给别人以信心和方向？他即使控制住一切，也敌不过自身的欲望、情绪和弱点，一样不过是个奴隶。人最弱之处往往彰显性格之强悍。

古希腊著名哲学大师塞内加说："每天晚上我们都应当自省一次，今天我有没有克服性格上的弱点？控制住自己的情绪？有没有抵制住诱惑？有没有收获精神上的升华？"他接着总结道："一切恶都会在每天的自省中一点点消失。"首先学会控制怒火，控制自己的舌头，否则情绪像火焰一样，一旦失去控制，反过来就会成为你的主人。

扎卡赖亚斯[①] 因为多说了五个字，四十周不得说话。生气就像酒精，一旦过量，逃避了现实，暴露了自己。

本世纪最伟大的战略家之一毛奇将军[②]，除了拥有出众的才华，掌握七门语言，还懂得牢牢控制自己的舌头，不让它用任何一门语言说出不该说的话。某年轻人向苏格拉底拜师学习雄辩术，第一次会面便滔滔不绝地说个不停。苏格拉底等他结束后，告诉他需要收取双倍的学费。年轻人不解，这位雄辩大师回答道："因为我必须教会你两门课程，怎样闭嘴以及怎样开口。"往往第一门课程更难学会。

沉默是金。在情绪泛滥的时候牢记此言的人至少能够避免人生中一半的麻烦。

人精神状态不佳时，很容易受到一点小事触动而崩溃或暴怒。如果把这种情绪宣泄出来，将永远被别人记住，成为灼伤自己的伤口或者使皮肤溃烂的毒箭。当遇到小孩哭闹，朋友变卦，或者保姆耍赖时，千万要管好自己的嘴巴，切莫说出让自己后悔终生的话语。怒火中烧时紧闭双唇，防止说出与理智和判断相背离的言语。在感到情绪冷静下来前，请保持沉默。

"想到什么就说什么的人，连傻瓜都不如。"

齐默尔曼说："沉默，是面对尴尬、粗鲁、忌妒的最佳办法。"

爱默生认为，任何修辞的技巧都不及沉默的作用。"寡言能突显智慧。如果他不是脑袋淤塞，那么一定是拥有过人的见解。"所以，沉默也是一门艺术。

控制住自己的情绪即做自己的主人。一个受惊的仆人尖叫着跑进劳森医生的书房里，报道说："先生，房子失火啦！"劳森继续读着他的书，头也不抬地回应道："去告诉你的女主人，你知道家务事不由我负责。"某夫人在家里着火时，不慌不忙先把镜子扔出窗外，再将易燃的柴架和木制棍子移到安全的石墙边。"拥有一个在身处绝境时表现沉着和勇敢的人，比拥有一支军队更管用。"

---

① 扎卡赖亚斯（Zechariah），《圣经》里的人物。

② 毛奇将军（General Von Moltke，1800—1891），德国陆军元帅。

色诺芬告诉我们，古时候波斯王子拥有四位老师，一位是整个王国最富智慧的人，向王子传授智慧的哲言；一位是最勇敢的人，教会王子如何获得更多的勇气；一位是最公正的人，训练王子成为品行端正的人；一位是脾气最好的人，帮助王子学会控制情绪。在《圣经》同样描述了这四种品质，而耶稣则是这四者的化身。塞缪尔说："如果戒酒是你做出的一点小牺牲，可以为了别人而戒；如果戒酒对你而言是很大的牺牲，为了自己，则要义无反顾地戒掉。"许多生而高贵的人，因为不懂得控制自己的欲望，在酒精中丢了荣誉、名声甚至金钱。

经验告诉我们，酒精能够迅速瓦解一个人的自制力。然而，相比于道德和尊严的丢失，纵欲的后果算是极其轻微的了。不能简单认为，失去理智的人必定会犯罪，但他们做人的尊严肯定是受损了。醉酒的人要么变成傻瓜，要么变成暴徒，总而言之，他们会做出极度愚蠢的行为。

约翰·高夫颤颤巍巍地举起中风的手，在戒酒会上签下戒酒保证书。连续六个日夜，他没吃没睡，跟渴望酒精的欲望作战，最后拖着虚弱得几乎死掉的身体，爬到阳光底下，最终战胜了那个差点夺走他生命的魔鬼。高夫把戒酒的经历跟戒烟相比。他说自己抛下了一切，立志把酒瘾戒了。戒酒成功仅是第一步，全新的人生才刚刚开始。而他开始戒烟的时候，尝试过咀嚼洋甘菊、龙胆肝甚至牙签，但都无济于事。他还是忍不住去买了烟草，带在口袋里。他看着口袋里的烟草，抵制住强烈的欲望，说道："你是草，我是人，一个人怎么能受草控制，还要把自己的命也搭上去！"他于是特意天天把烟草装在口袋里，警示自己，并戒烟成功。

人的欲望如果不加以控制，就会变成猛虎野兽，甚至助长别的非自然的欲望，制造出一个弗兰肯斯坦，发展成一股负面势力，最终不留情面地将身为主人的你吞噬掉，把你沦为欲望的奴隶。酗酒便是最好的例子。酒鬼是地球上最可怜的生物。他们一半是野兽，另一半是恶魔。舌头无力地发出抵抗的呻吟，意志却早已屈服，甘于堕落。一个不能凭自己的意志言行的人，只能是一副行尸走肉，灵魂深陷入肉欲的泥潭不可自拔，被困野兽和暴君的牢笼里无力逃脱。

查利斯说："欲望的魔鬼站在门口，一切和平、希望和快乐将无处栖息。"

许多人过于情绪化，任由自己的感情泛滥。热烈的情感是无节制的表现，同样任性、反复无常也是。就连悲伤和快乐也有可能沦为无尽的情绪放纵。懂得克制情绪的人决计不会沦为情绪的奴隶。他不会受冲动的驱动做出极端的行为，他的坚定足以战胜沮丧的心情，不会大喜大悲，理智地对事情做出反应。大多数人在一时冲动下做错事或蠢事后，常常拿脾气暴躁当借口。把自己的王国统治好的人是能够控制住坏脾气的，他们会把一腔热血和能量用在正面而非负面的事情上。斯蒂芬·吉拉德[1]很高兴可以请到一个脾气暴躁的员工当反面教材，有助于教会其他员工更好地学会自控。控制脾气需要相当的能量，好比工业的齿轮要转动，需要煤炭燃烧产生的能量。克伦威尔、威廉、华兹华斯、法拉第、华盛顿以及威灵顿等脾气都相当暴躁，但他们都能够控制得很好。

华盛顿多才多艺，性情温和，他的意志好比一个把国家统治得井井有条的政府。他的热情与理智同在，思维敏捷，判断准确，一切冲动都牢牢控制在理智之下。他天性沉稳，懂得平衡理智和情感，明白自我控制带来的力量和愉悦。即使在厌恶的事情面前，他也表现出极大的耐心。

据说沉默的威廉从不出言不逊，就连他的敌人都评价他谦逊谨言。

卡莱尔把英雄、勇气、自制刻画得多动人，然而当他邻居的公鸡啼叫时，他马上就怒火中烧了。

懂得控制自己的人才拥有自由，这样的自由饱含着力量。

钱宁说："有独立思想的人是自由的。他们不是任何人的仆役，不复制别人的看法。他们的思维打开窗户接受阳光，迎接从天而降的真理，接受意见，但不奉为圭臬，而是用来完善和提高自己。不受环境左右的人是自由的。他们把自己置身于暴风眼外，远离冲动，与事件关联是为了获取进步，对待事情坚守原则。不随波逐流的人是自由的。他们不屈服于多数人的看法，不认为法律凌驾于人之上，不会为了赶时髦而触犯法律，懂得尊重法律，但不当法律的奴隶。相信上帝及道德力量的人是自由的。他们能够战胜恐惧，唯一害怕的就是犯错误，任何危险都不能使之退缩，任何喧闹都不能扰乱他们内心的平静，失去一切都不会失去自我。能够打破习惯的人是自由的。他们不重复过去，不活在曾经，局限于现世的条条框框，过去就让它过去，接受新事物，吸收新思想。珍惜自由的人是自由的。他们守护自由，避免被人同化，守卫属于自己的王国。"

当个自由人，不仅仅摆脱身上的镣铐，
还有情感的控制。
成为自己的主人，
不受冲动和环境的左右，
当一个自由的人。
——以法莲·皮博迪

① 斯蒂芬·吉拉德（Stephen Girard，1750—1831），法国出生，美国慈善家、银行家。

拉罗什弗科说："拥有好的品格还不够，我们还要学会如何管理自己。"只有学会理智行事的人，才有资格说自己受过高等教育。

每个人潜意识下都有两面性。一面驱使我们追求真善美，升华、净化我们的灵魂。这是神圣的一面，是精神的层面，是靠近上帝的一面。另一面则是我们的动物性，欲火中翻滚，像野兽般只知道满足各种自然欲望，没有道德观，也没有感恩心。只要填饱了肚子，解了口舌之渴，便像绵羊一样温驯祥和。然而在食欲的驱动下，又张开了血口大盆只求得到满足。面对本能你没有任何道理可讲，不要指望野兽有尊严，有品格，有灵魂。

人的灵魂和肉体常常相互矛盾，一个不食烟火，一个徘徊尘世，彼此都不妥协，不是你死便是我亡。灵魂即使匍匐在肉欲脚下，也不忘伺机反抗。它肩负着造物主的精神，即使身陷泥潭也将铭记自己的身份。呼唤人类向上、向善的声音永远不会遭湮没。只有那些忘记自己是按照上帝的模样造出来、成为肉体奴隶的人，才会甘愿像动物一样生活。然而人性的光辉面不会那么容易被抹杀，一旦灵魂挣扎出来发出声音，他便不会真正快乐。为了短暂的快乐牺牲灵魂的人，无异于饮鸠止渴，最后便懂得害怕的滋味了。狂欢的宴会就在面前，双手却把自己拉向毁灭。

主啊，请赐予我那样的灵魂，
战胜命运，
抵制软弱，
谨小慎微，
热爱和平，
纯洁美好，
让我们的人生，
闪烁着精神的胜利光芒。

——查尔斯·斯万[①]

读者们，请警惕，
你的灵魂是高高在上，
还是钻入地底，
追逐物欲和肉欲？

① 查尔斯·斯万（Charles Swain，1801—1874），英国诗人、雕刻家。

请小心地把握自己，
自制才是智慧之根本。
——彭斯

能够控制自己的人才能当好国王。
——卡莱尔

啊，你们这群愚民，
以为把别人管理好才是本事，而不是自己；
别人是你的奴隶，你是自己的奴隶，
狂野的情绪，
像铁链一样禁锢了你的灵魂；
这样的生活充满荣耀吗？梦想之翅，
在怒火中折断；
做自己国王的人，远比你高贵万倍。
——菲尼亚斯·弗列奇[①]

① 菲尼亚斯·弗列奇（Phineas Fletcher，1582—1650），英国诗人。

第十七章

大自然的一点收费

我们常常看到不珍爱身体的人，他们践踏了大自然最伟大的作品。任何触犯大自然法规的人都难逃其处罚。

上帝的磨坊慢慢磨啊磨，把面粉磨得又细又软；

他抱着极大的耐心在等待，直到磨出最好的面粉。

——弗雷德里克·凡·洛高[1]

作恶的报应来得太迟，使人类心存了侥幸。

——《圣经：传道书》

莫以为，神灵的意志，会因香客改变。

——维吉尔

年轻人啊，狂欢吧！趁着你还年轻，跟随你的心走，看这世界的精彩。然而谨记在心，你今天做过的一切，总有一天上帝会跟你算账的。

——《圣经：传道书》

人如钟表，只有一次上发条的机会；

齿轮一旦停止转动，便永远不再走动。

——赫里克

长寿一字诀：慢。

——西塞罗

把青春燃烧殆尽，老了就只剩一幢腐坏的房子。

——南方谚语

上周日，这里挂了一个年轻人。他活了25年，便透支完生命。

——约翰·牛顿

真理不会说话，但它会敲打你的关节。

——穷汉查理的格言历书

人类的至高荣耀，

在于从点点滴滴中，

认识自己。

——柯勒律治

① 弗雷德里克·凡·洛高（Frederick Von Logau，1605—1655），德国讽刺诗人。

富兰克林痛苦地喊道："我要做什么才能减轻一点痛楚？"痛风回答："少吃一点，少喝一点，莫让你的双腿，承受纵欲的后果。"

你违反了自然法则，大自然不会马上让你品尝后果。你在它的银行透支太多，不得不把身体当作抵押，它早已撤销了你赎回的权利。大自然允许你预支，事后便成为夏洛克，一盎司的血肉也不会给你少算。它很少在你40岁前跟你讨债，它不会在你的黄金时代丢给你账单。然而，等你意识到了，你已得了白来特氏病、心肌梗死、肝硬化等疾病。你付出的，不仅仅是健康的代价，更有生命。你的脆弱、无能、无知在它面前不会得到可怜。它要求所有人都处于最佳状态。

我们常常听说，奇迹只属于过去。被钉死在十字架上的盗贼死后也有进天堂的可能。哈瓦登堡的早餐桌上一小块肉或者蔬菜从死神手中夺得，转化成思想。拥有奇迹的时代已经过去，有什么奇迹能够比得上起死回生？在贝德福德监狱，一个衣衫褴褛饥肠辘辘的补锅匠狼吞虎咽着一块面包皮。面包被胃酸消化，化成血液，汇成生命的河流。身体里大大小小的工厂都等着这块面包的出现，施展魔术，将它加工成养分，孕育出更多新的细胞。整个过程我们无法知悉，一双无形的手操纵这一切，如同操纵班扬的命运一样。我们不知道这块发黑的面包是怎样幻化成补锅匠创作的能量，从而诞生了人类历史上伟大的寓言《天路历程》。我们只知道，如果没有饥饿的驱使，没有食物的刺激，大脑和肌肉都将停止工作。如果没有健康的饮食，适当的分量，良好的消化能力，格莱斯通无法发表那些伟大的演讲，班扬也不可能写出《天路历程》。

想象下吧，如果有一个水池，可以把城市下水道的污水瞬间变成可以饮用的清水，把中毒发黑的血液重新变得新鲜殷红，把坏死的脑细胞重新激活，让脱落的死皮重新生长。伟大的炼金术师妙手回春，将我们身上流淌的每一滴血液汇聚成河，用魔术创造成功和命运。在生命的河流，蕴藏无数可能性，有健康和长寿，疾病和早逝；有希望和勇气，恐惧和懦弱；有能源和力量，厌倦和软弱；有成功和失败。同样，生命的血液孕育了我们的骨头和肌肉，神经和大脑，美好和丑陋，以及人类的一切。制造人类的元素有善有恶，于是人便有了向善向恶的倾向。保持身体的健康才是王道，只有健康的身体才能拥有向善的正面力量。

斯宾塞说："我们常常看到不珍爱身体的人，他们践踏了大自然最伟大的作品。违背自然法则总有一天会尝到恶果，活下来的人，不会犯下同样的蠢事。"

我们能从大自然索取到一切需要，然而如果搁置多年不用，大自然便又回收回去。"想要拥有什么，就必须有所付出。"

如果手臂一直挂在绷带上，功能将渐渐退化。只有解下来活动，它才会恢复原来的功效。同理，脑筋不动了就会生锈，最终退化到弱智水平。铁匠把一只手锻炼得强壮了，另一只手必定变弱。只要你愿意，你完全可以将生命的全部能量贡献给身体的一个功能，那么其他部分必定饿死街头。

年轻的女士可以选择穿束胸衣显示身材，但她的双颊的玫瑰红一定会被苍白取代。她付出的代价是健康的脸色。攫取财富的代价是，封闭内心的柔软面，使心肠坚硬起来，面对贫穷和不幸无动于衷，最终让自己成为皱巴巴、讨人厌的守财奴。

别以为健康就不用付出代价。世上没有免费的午餐。健康也是长期坚持锻炼的奖励。

大自然的眼睛是雪亮的，任何触犯其法则的人都难逃处罚。有时付出的，甚至是生命的代价。

某著名外科医生为他的学生演示了最新的临床治疗，这种治疗方法得益于新的医疗技术发展才得以实现。主刀医生坚定、细腻地完成了手术。他在完成最困难的环节后对自己学生说："如果这个病人在6年前注意养生，病魔绝对不会降临到他的身上。如果他在两年前接受一次简单又安全的手术，很快也可以痊愈出院。但到了今天这个地步，我们作为医生已经尽了全力，他能不能活下来，只能听天由命。"第二天，这个病人就死了。

爱默生看着自己无忧无虑的儿子感叹道："可怜的孩子啊！没有经历过艰苦的你该失去了多少东西！"

要获得健康、力量和长寿，必须遵守一个不变的法则。首先，你父母的遗传必须是健康的。其次，在于我们自己，我们要对自己的身体负责任。世上一切医疗手段都是有毒的，四分之一的人类在赞美诗作者写出十七分之一的作品前，就提前升天了。你沦为小偷小摸，上帝不需要为此负责。

除非发生意外事故，我们的生命掌握在自己手中。美国现有6万执业医师，因为我们不懂爱惜身体，让十分之一的医生都过上了富裕的生活。讽刺的是，在如此绚烂的美国现代文明下，每年竟有30万美国人死于可预防的疾病。塞内加说："神赋予我们长寿的身体，是我们给自己折了寿。"现代人很少能够活着步入老年期的，一百个人当中只有三四个是安享天年后离世的。然而，大自然造人时，确是让人类活上一个世纪的。

英格兰的汤姆斯·帕尔[①]活到了152岁，他120岁结婚，130岁退休。约克郡的亨利·詹金斯活了169岁，要不是因为国王坚持让他到繁华的伦敦生活，他还可以活得

---

① 汤姆斯·帕尔（Thomas Parr，1483—1635），英国长寿人，活到152岁零9个月。

更久。140年前，他曾经是一桩案件的目击人，至今英格兰法院还保留着他的口供。亨利在100岁的时候，还能够穿过湍急的河水游泳。著名的哈维医生在检查帕尔尸体的时候，没有发现任何生病的迹象。他是享尽天年自然离世的。

人类知道得最少的领域，在于自己的身体。一千个人中甚至没有一个能够正确地指出人体各个器官的准确位置和确切功能。

我们应该为此感到羞愧。要知道我们可是按照上帝的模样造出来的人啊。就连那些高中甚至大学毕业生，那些受过高等教育的年轻女性，那些精通语言学、音乐、艺术甚至行过了万里路的人，都不知道自己身体有哪些器官以及这些器官的作用是什么。弗兰西斯·威拉德① 说："我们给孩子开设生理课程的时代很快就会来临。届时孩子们便会学习到自己身体的构造，快乐产生的生理原因，以及人性的方方面面。"对于人类，没有什么比了解自己的身体更重要，而这最重要的知识正是我们最缺乏的。

人的身体是造物主诗意的杰作。不能读懂它、欣赏它，甚至不去揭开它的秘密，对人类文明是莫大的耻辱。

人类已经为此付出了巨大的代价。国民平均身高矮小，发育不健全，过于短寿便是活生生的答案。

病态的诗人只能写出病态的诗句。缺氧的血细胞流入作者的大脑，只能写出灰暗的篇章。被疾病耗尽生命的人，只能创造出带有疾病味道的作品，就像拜伦的文字充满了杜松子酒的味道。

"天才的灵魂住进生病的身体，好比把金块放进了游泳健将的口袋里。"

我们的一边大脑因为缺少训练，渐渐麻木甚至退化了。一点小小的浮肿压迫了神经，便能使人痛苦万分，能叫拿破仑都像小孩儿一样哭泣。脚趾间长了一颗鸡眼或者肾脏、肝脏受了感染，身体的任何部位烫伤，甚至一个小小的肿瘤都足以影响我们的眼睛甚至大脑。人的整个身体分布着神经系统以及各个器官的工作系统，彼此紧密合作，某一个部位发生异常，立刻殃及全身。

我们在身体上、精神上、道德上的一切支出和收获，在大自然这家银行里都详细记录着。

就让我们看看大自然账簿吧：

过度运动、抽烟喝酒、暴饮暴食、喝浓茶咖啡、训练过量、熬夜学习、情绪激动等——年轻开始便摧残心脏的表现；

---

① 弗兰西斯·威拉德（Frances Willard，1839—1898），美国教育家、禁酒运动倡导者、妇女政权论者。

吃烹饪不当的食物、喝冷饮、喝烫嘴的饮品（茶）、在疲劳、焦虑、情绪低落时进食——破坏消化系统，容易产生消化不良、精神抑郁、忧愁过度等疾病；

纵欲无度、受虐、过度兴奋、成名心切、拼命赚钱、吸食兴奋药物等——破坏人的神经系统，容易导致身体虚弱，效率降低，消耗生命；

挑灯夜读，消耗大量脑细胞——大脑超负荷工作，容易削弱记忆力，使大脑变迟钝。

在大学当干部，参加比赛，赢奖心切等导致大脑过度紧张——容易产生消极情绪，身体虚弱。

喝酒、吸鸦片破坏大脑灰质和肠胃黏膜——脑硬化、意识不清、家破人亡、布莱特病、肥胖后代、精神堕落等，毁灭自己的人生，一生无益于他人，而且短命早逝；四处举债——失去经济来源，道德沦丧，身体摧残。

有时候，一个账户里还不止一条记录。找找看，你是不是也有符合的几条？

神明是公平公正的，我们从罪恶里获得快感，就会从天上取得报应。

我们违背了自然法则，还能活着已经是奇迹了，怎能奢望享尽天年？就像一个人把好好的手表扔在沙尘暴或是雨天中，还希望它能够准确无误地显示时间？家里的主人开敞着门窗，还希望盗贼乞丐不入家门？刮风下雨不波及家具？

我们喝净化过的饮用水，睡松软舒适的床铺，住通风良好的卧室，喝营养搭配得当的牛奶。我们尽量跟肮脏和疾病绝缘，但粉刷的墙壁还是不可避免地含有砷，我们每天被迫吸入这些有毒物质。我们天天拥挤在人群中，这些人中不乏肮脏的流浪汉和病人。就算我们只是坐着不动，也要呼吸大量受污染的空气。燃气管排放成百上千升二氧化碳，消耗六个人加起来需要的氧气。空气充斥着从病人的肺部呼出来的细菌，死人发出的恶臭也铺天盖地而来。我们几个小时几个小时地坐在充满有毒物质的空气里，第二天还疑惑自己怎么全身乏力甚至患上了头痛？

我们喝下一杯冰水，给正在忙碌工作的肠胃增加负担。它们花了足足半个小时才恢复98华氏温度，继续工作分泌消化液。我们这个时候又向它们倒入另一杯冰水。

我们给肠胃灌酒，使肠胃壁不得不增厚变硬来抵御酒精的伤害，还破坏了神经细胞皮跟大脑灰质。我们将肉、蔬菜、糕饼、坚果、葡萄干、酒、水果等一股脑儿倒进我们身体最精密的器官之一胃，还期望它哼也不哼地把这些东西全部消化。

不仅如此，我们吃下那么多东西让胃工作，还不给它提供足够的血液和能量。反而马上进行脑力和体力活动，让血液都集中到大脑或肌肉上。

有谁看过马匹饥饿的时候用水送燕麦和干草下肚？我们真应该从动物身上学习健康的饮食习惯。大自然在给我们设计身体时，已经调配了充足的胃液和胃酸帮助我们消化食物，并保持肠胃正常工作的最佳体温。我们喝下冰镇饮料或在肠胃工作时喝水稀释胃液的浓度，即在削弱肠胃的工作效率，容易导致消化不良。

在英国，工厂里的童工为了那点微薄的薪水，被迫一天工作18个小时。而理想共和主义者对待自己的肠胃，比非法雇主对待童工还严酷，几乎不容有休息的时间，没有礼拜日，没有节假日，也没有年休。他们为了追求愉悦，也不让心脏休息，一天到晚处于亢奋状态。

人的心脏只略重于半磅，却能喷出18磅的血液，输送到身体的各个角落，然后又在两分钟内循环回来。我们这个小小的器官每天的工作量就跟将124吨的重物举起一英尺高无异。它拥有世上最完美的构造，跳搏一次所使的力量有一个强壮男子在干重活时的三分之一。这个力量足以将它自己在一个小时内向上举高2万英尺，比一般登山者爬的高度还要高出十倍。只有蠢货才会使用兴奋剂让这个兢兢业业工作的器官再加快心跳。

法国一位颇著名的医师临死前，一位巴黎重要的医生哀叹不已，认为他的去世是医学界的重大损失。医师最后讲的话是，白开水、适量的运动以及健康的饮食才是世人所需要的最好医生。“白开水只要口渴了都可以喝，”他说道，“运动则要适量和坚持，饮食要节制。遵循我的这条意见，永远都不需要看医生了。活着的时候，我离不开这三条金科玉律。现在我要死了，传授给你们，你们也就不需要我的医术了。”

最好不要从事高危工作。如果选择了从事，请珍惜自己的生命，做好防护措施。凿石、采矿、轧钢都是缩短人寿命的工作，四处飘散的灰尘足以毁坏人的肺部。在英国曼彻斯特，磨制刀叉的工人很少能活过32岁。钢铁等金属炼制时会产生铁屑，下地底采矿时会有飘浮的尘灰，用打谷机打谷会产生大量颗粒。从事这些工作的时候一定要高度重视，保护好自己以免受到伤害。

在空气中飘满灰尘的环境深呼吸，灰尘便积淀在肺顶部很少使用到的部位，久而久之很难再清除，最终把整个肺部都吞噬掉。从事跟砷有关的工作也很容易折寿。波士顿附近有一家包装盒加工厂，在厂里工作的女孩儿有几个工作了四五年便离奇死亡了。

威廉·欧格医生是职业病的专家，他说：“在一个社区，从事不同职业人群的死亡率各不相同，最普遍的工作反而是死亡率最低的。”他指出，从事神职工作的人死亡率是最低的，他将之定义为100。同理，酒馆和客栈的服务生则为397，矿工

331，瓦陶匠317，制纸师300，酒店经理274，园丁、农夫以及农业劳作者则和神职人员不相上下。他归纳了几条高死亡率的原因：一、工作不开心；二、工作环境产生有毒物质；三、工作量过大；四、工作环境空气污染严重；五、应酬多；六、工作责任过于重大；七、工作环境尘灰多。在生产酒的工厂工作，死亡率跟其他行业相比，是1521：1000。从事自己喜欢的职业是最重要的。如果把工作视为折磨，人的生命很快就会被消磨殆尽。

健康是需要投资，需要长期坚持一点点换来的。稍有不当，全盘皆输，好比一个有钱人把所有资金都投资在一个坏项目上。但如果得法，则跟任何原始资本一样，将越滚越多。

勤奋的人往往更加长寿。停靠在码头的船比行驶在海上的船更容易腐烂，因为奔腾的海水可以使船身常新。因此，诚实正直、兢兢业业工作的人才能够身心都健康。运动能够控制胆汁的分泌，如果胆汁分泌正常，我们也就乐观向上；反之，悲观消极。

然而，物极必反，过度工作是要付出代价的。适当划船对我们的肺有好处，而越来越多的职业划桨手恰恰是死于肺痨。医生便对年轻运动员和士兵的身体状况很了解，他们的心率又快又乱，还常常伴有心悸，表明心脏已经受损，身体的供血系统受到阻碍。十分之九的赛马还没成年就死去，那些迫切想要打破世界纪录的年轻人也往往英年早逝。拥有成人体格的少年恒力不足，长身体时如果身体负荷过重，很容易就会出现问题。身体健康的成年人则能找到身体的平衡点。无论是体力劳动还是脑力劳动，少年都比不过身强体壮的成年人，他们同样无法承受烟草、酒精、咖啡以及浓茶带来的刺激。

近来，大家都颇为赞同一个作家的观点，有极高文化素养的人很难成为有钱人。在纽约、波士顿、费城，成百上千的百万富翁经营者几代家产，却没有一个在文学、雄辩术或者政坛上有所成就。他们没有出版过值得付印的书籍，没有写过值得一读的诗歌，也没有发表过任何精彩纷呈的演说。他们坐在堆积如山的钞票上，文化上却是一片沙漠。他们也上大学，也到海外旅行，甚至聘请最昂贵的老师为他们讲课，将图书馆建在书房里，有的还购买了大量的名画名作。即便如此，他们的大脑还是在奢侈的生活中枯萎了。灵感的缺失，与他们的养尊处优以及精神闭塞有关。即使是百万富翁，同样逃不开自然的规律。文化成果不会结在骄奢淫逸的有钱人身上。他们因此被思想的大门拒之门外。大自然不会允许不劳而获。再有钱的人也有可能精神空虚甚至道德沦丧。

当一个人纵欲过度，思想淫荡，放纵肉欲玷污自己的人生，必定要付出智力、感受力甚至灵魂的代价。

疲劳是我们身体发出的危险信号。体力和脑力使用过度，感到疲劳的时候，比丢失了方向还糟糕。失眠以及精神紊乱是长期不注意睡眠的代价。

拷问犯人采用的最残忍手段便是不让他们睡觉，常常导致犯人精神失常甚至死亡。失眠和精神紊乱都会使人感到忧郁。为了保证我们的身体健康，造物主赋予我们睡眠的习惯。人一天三分之一的时间都在睡觉，身体各个机制都在睡眠中不知不觉复原。人通过睡眠，消除了一天工作的劳累和为生活奔波的辛苦。脑细胞重新活跃起来，皮肤也焕然一新，血液奔腾得更加有力，肺呼吸得更加顺畅。经过一夜的睡眠，人早上起床感觉良好，全身舒畅。

伟人工作过度或者心情焦虑时，也会失眠。睡不着觉的人生好不折磨！戈德史密斯45岁患上失眠症，除非极度劳累，否则难以入睡。约翰·里奇① 因在《讽刺周刊》杂志发表漫画而出名，却不幸饱受失眠之苦，最终因过劳而死。牛顿以及很多数学家有时工作过于忘我时，甚至连睡觉都在解题。

很多杰出人物因为长期忘我工作，有时会忘记时间，没日没夜地工作。这种时候对他们而言没有休息的概念。他们的大脑高速运转着，直到麻痹了，转不动了，甚至于失常。拜伦便是失眠症的受害者。沃尔特·斯科特因为用脑过度，还遭到艾伯纳斯医生的强烈抗议。然而斯科特答道："茶壶已经放在火上了，你能够叫它不要沸腾吗？"伽利略曾经因为失眠差点神经失常。他没日没夜地工作，直到晕倒在地。

早起的男孩儿一早上都无精打采，一到中午便神采奕奕。

约西亚·昆西每天天没亮就起床，根本就睡眠不足。在大白天里，他只要坐下十分钟，马上就可以睡着。亚当斯也是习惯早起的人。一天，他和昆西一起到哈佛大学听斯托里法官的讲座，坐下不到几分钟，两人都呼呼大睡了。法官说道："先生们，你们面前的两个人，便是过早起床、睡眠不足的可悲例子。"全部人哄堂大笑，才把两人惊醒。

在美国，蜂蜜不一定都要经历被蜜蜂蛰的痛苦才能得到。有钱人是为了品尝美食而进餐，穷人是为了填饱肚子而吃饭。长期过于勤奋容易演变成一种疾病。很多野心勃勃的美国年轻人为事业奋斗失去了生活。

在北欧神话中，奥尔菲德除非挖下他的眼睛作为交换，否则不许喝智慧之泉的水。很多学者献出了健康和快乐，就为了能够得到智慧的真谛。他们为了名誉、影

---

① 约翰·里奇（John Leech，1817—1864），英国讽刺漫画家。

响力和金钱，牺牲生命中更有价值的东西。商人为了追逐利润和权力，放弃家庭、健康和快乐也在所不惜。

大自然不是多愁善感的慈善家，凡是有人犯错误了，或是违背了自然规律，她一定会施与处罚。即使是坐在宝座上的国王，只要越界犯错，一样要付出甚至于生命的代价。不论面前站着的是疯子还是总统，子弹射过来了，不会因为你是总统就偏离毫厘。

美国梦固然美如珠蚌里含着的珍珠，但同时常常要付出健康的代价才能实现之。

紧张很大程度可以通过意志力来控制，但这种情绪会使人折寿不少。容易紧张的人因而也容易英年早逝。查特顿18岁离开了人世，济慈25岁。37岁是很多天才能够活到的最高年龄。雪莱一生饱受病痛折磨。索西说："我写关于美国女诗人卢克雷蒂亚·戴维森[①]的故事。她年仅17岁就像怀特一样因为兴奋过度而猝死。这是世上最令人惋惜的故事了。"伟大的哈勒医生为了争取更多的时间研究，连续几个月吃住睡在书房里。为了腾出更多时间反而过早离开了人世。如果他能够按照自然作息休息睡觉，也许他的工作还能够完成。歌德完成每一部作品都要大病一场。

查尔斯·林奈[②]是著名的自然主义作家，他因为工作时用脑过度，最终连自己的名字都认不得了。科克·怀特虽然拿到剑桥大学的奖杯，却失去了生命。他每晚靠烟草甚至鸦片给自己提神，结果24岁便英年早逝了。佩里因为工作过度死于39岁。他被称为世上最卓越的思想家之一。

耶鲁大学校长蒂莫西·德怀特[③]曾经因为过于勤奋差点死去。他每天学习9个小时，上6个小时课，并且没有进行任何运动锻炼身体。直到他脾气变得越加暴躁，神经也越来越脆弱，一天花10分钟时间看书也看不进去，才开始作出改变。休息调养了很长一段时间后，他终于完全康复了。腓特烈大帝的一生让卡莱尔钦羡不已。

面对英年早逝的年轻躯体，就连天使也掩盖不住内心的惊讶。假如我们看过这些年轻人的验尸报告，我们在他们的葬礼上也就会少谈一点万能的主。我们也许会在悼词里加入他们验尸报告的内容。

造物主赐予我们一副可以活到百年之后的身躯，我们却只让它活了30个年头。就好比一座建了28年的庙宇还没有完工就轰然倒塌了。为什么白头发、皱纹、弯腰驼背甚至于死亡会跟一个年轻人挂上钩了呢?

---

① 卢克雷蒂亚·戴维森（Lucretia M. Davidson，1808—1828），美国诗人。

② 查尔斯·林奈（Charles Linnaeus，1707—1778），瑞典植物学家、医生、动物学家。

③ 蒂莫西·德怀特（Timothy Dwight，1752—1817），美国教育家、神学家、作家。耶鲁大学校长。

难道这些美丽的生命注定要在绽放之时被无情地采摘？难道他们非要自我放纵在亢奋的情绪、日日夜夜的工作中，才算是享受到当下时髦人士的快乐？可怜的生命啊！

一位受过高等教育，举止优雅的女士因为肺痨死去。我们人类因为呼吸受污染的空气，付出了生命的代价！大自然给予了我们清新的空气，我们污染了它，并用岁数来赎罪。为了健康，他们就算好几天不吃不喝，受寒受冻，没得念书，没有娱乐活动，他们的肺部一天二十四小时一秒也不能离开干净的空气。他们用不了多久就能够体验到，在污浊的空气中工作，伴随而来的是道德的沦丧，接着便是犯罪的产生。也许这听起来很不可思议，但事实上，成千上万的有钱人住在大都市的黄金地段，却呼吸不了天堂里的空气，也享受不到阳光的温暖。

难道他不知道自己正在走向毁灭？是的，只可惜太迟了。他紧握着拳头躺在棺材里，人们在一张皱巴巴的纸上发现以下内容："妻子、孩子以及4万钞票都离我而去了。我要对此负全部的责任。我21岁就挖得人生第一桶金，到现在我35岁不到。是我害死我妻子的，她因为我心碎而死。而我的孩子因为我疏于照看而死去。等我把这最后的一个铜板花出去，我真不知道拿什么去换取下一顿饭。我肯定会像徘徊路上的醉汉一样，流浪街头。这个铜板是我的最后一分钱，包含了我的故事和经验教训。我希望能够把它送给同样酗酒的人，让他从我的人生悲剧中得到警示。"

假如他能够活在理性而非情感的控制下，也不至于在40岁壮年时候衰老而死。他头发灰白，眼窝深陷，皮肤暗淡无光，全身上下都贴满了"病人"的标签。一个拥有健康体格、前途一片光明的上帝之子女，在情感的海洋里触礁身亡，留下一副残骸警示世人。假如船长让他们自个在危机四伏、布满暗礁的水域航行，却不提供任何指示甚至地图，作为父母会不担心吗？他们清楚，在情感这片汪洋大海平安度过的概率要比沉船小得多。身为父母应当要教会他们最亲爱的孩子如何平安度过。年轻人不理解父母为什么要送他们上学、参加各种社团。聪慧的父母亲会向孩子们透露人身体的秘密，告诉他们到了一定年龄，身体将发生翻天覆地的改变。

年轻的神父为了获得更多人的爱戴，不惜把自己劳累死；学堂里的学生为了领导班里的同学，不惜竭尽最后一个脑细胞；刚刚出道的律师从自然银行里大量透支，最后被罚以终生瘫痪的下场。

35岁便死亡的商人是栽在了自己的手里。他的人生还没有享受到快乐的滋味便不知不觉溜走了。他亲手杀死自己感知快乐的能力，再给自己的灵魂挖了坟墓。还有一个30岁就离开人世的年轻人，因为无所事事而死，人们发现他的时候，他的大脑的细胞已经所剩无几。

他是一个60岁的长者，满头的银丝似乎在向世人昭示年长的智慧。然而他的智慧却没有拯救他活了仅仅60年的生命。他难道没有注意到自己的头发正渐渐发白，脸上的皱纹越来越多，思维也不如以前活跃，步履因为支撑不住身体的重量而变得蹒跚不稳？他难道不知人的身体从婴儿般的柔软开始，以老人一身硬骨头结束？他难道没有想过，老人那僵硬的身躯，是年轻时候摄入过多碳酸盐磷酸盐导致的？食物中的这些添加剂，不仅使人的骨头越变越硬、越变越脆，连血管也增厚起来。

无论男女都在上演一出出人生闹剧。时间是多么宝贵啊，即便是上帝也不愿意浪费一秒钟的时间，而人却像浪费水一样浪费它。能够得到机会垂青，是连天使都眼红的事情，许多人不知道珍惜，直到生命结束才感叹自己因为生不逢时一生无所成就。生命如此珍贵，但人类却像对待破物一样轻视它。世间很少存在从来没有浪费过时间的人，很少有在上了年岁后不像秋天落叶一样枯萎的人。假如他们能够领悟到人的身体是怎样一个奇迹，就不会舍得拿丑陋的衣服来装饰它，过度消耗它的各项功能，还忽视对它的照顾。难道生命就如此廉价，作为只有一次生命的凡人，就那样毫不留情地将之丢弃？

历史的教训比比皆是，而且每个故事都不会重复。而珍惜生命，活出精彩的例子确实少之又少。

第十八章

好职业？坏职业？

世界上有一半的人没有找到属于自己的位置，一生都因此而痛苦不已。如果我们每个人都能找到适合自己的职业并有所成就，人类文明将于现在达到顶峰。

世上没有什么问题比“我适合做什么”更重要。圣人带着这个问题开始探索之旅，小说家带着这个问题展开情节。人类还在摇篮熟睡时，便注定要一生去寻找这个答案。

——布尔沃

只有遵循自己的秉性和天赋，才能获得成功。否则，比什么都不做还要糟糕一万倍。

——西德尼·斯密斯

许多人用健康换取成功。

——马登

没人能够花一辈子改变自己的本性。成功的第一准则便是听从自我，而不是牺牲健康和兴趣。

——布尔沃

敢于做贸易的人才能拥有房产。

——富兰克林

每个人都有自己擅长做的事情。

——洛威尔

从事什么职业决定人的寿命有多长。年轻人选择职业的时候应当考虑从事这种职业对人的身体健康有没有影响。政治家、法官和神职人员一般都能活到老。他们不需要上如战场的生意场，不用加入惨烈的竞争。天文学家则更长寿，如赫歇尔、洪堡等。他们考虑的是广阔的宇宙天地，思想遐游在遥远的星空。而哲学家、科学家以及数学家更是一生无病无痛，因为他们一门心思都在研究科学。如伽利略、培根、牛顿、欧拉、道尔顿等。专业是自然历史的学生也一般比别人活得快乐和健康。在英格兰有一个知名的历史学会，其中14个成员在1870年去世，两个活到了90岁，5个超过80岁，两个超过了70岁。

从事什么职业对一个人的身体健康以及思想都有很大的影响。科学家因为一心一意追求真理，身心处于和谐状态中，因此都能长寿。

世上有许多职业充满了危险，但依然不乏从业者。比如，磨制铁针和刀叉的工作。从事此类工作将吸入大量铁屑，导致严重的肺部疾病。很多从业者不到40岁就一命呜呼了。许多人牺牲健康从事这类工作，为的就是高薪酬，而且他们为了工资不至于减少，甚至不愿意采取保护措施。在法国，医学界对在火柴厂的工作进行了调研，发现他们的工人大多没有牙齿，甚至患上了骨头坏死症。

在34年零8个月的时间里，马萨诸塞州死了16.7万人，其中801人还不到20岁。他们从事的职业是导致他们早逝的重要原因。而马萨诸塞州的人均寿命仅51岁。那些从事农业工作的人则平均能活到65岁以上，比例占了这个州人口的五分之一。

我们在农村里看到的老年人要比城市里的多，因为农村人的平均寿命要比城里人长。农村人因为经常进行户外运动，呼吸新鲜空气，所以吃得香睡得沉。跟城市人相比，他们少了许多摩擦，少了焦虑，也不必面对激烈的竞争。然而长寿的敌人即使在农村也很难避免。因为人不仅是靠面包活着的，精神状态也是维系身体健康的重要因素。在城市，有图书馆，有讲座，有布道，有社团活动，文化生活相对农村要丰富多彩得多。虽然农村生活远离城市的喧嚣，但农民往往却不比科学家或者教授活得更长寿。

毫无疑问，理想和成功能够延长生命。只要我们不做牺牲健康追求财富的事情，人在得意时候更容易长寿。托马斯·西金森列出30名18世纪最著名的神学家，计算出他们的平均寿命长达69岁。

在1000名矿工中就有超过600人是因得肺痨而死的。欧洲的监狱因为卫生条件差，空气不流通，61%的犯人因犯肺结核死去。在巴伐利亚修道院，50%的健康人进去不久便染上肺病，丢掉了小命。普鲁士监狱也差不多是这种情况。污浊的空气、糟糕的卫生以及变质的食物是导致20岁至40岁之间的年轻人早逝的主要原因。1892年的纽约，五分之一的人死于恶劣的环境。在欧洲，这个比例还要更高些。以1000为基础，得肺病死亡的农民有103名、渔夫108名、花匠121名、农场苦工122名、杂货店老板167名、裁缝209名、服装店员301名、排字工人461名。

选择一份不用在灰尘四起、毒气飘浮的环境中工作的职业比什么都重要。我们可以用一年的生命换来金钱，没人会因此笑话我们，但如果选择的职业会缩短你二三十年生命，那么谁都会觉得你精神不正常了。

如果从事的职业需要耗费大量的精力和时间，甚至工作作息不规律，危害是很大的。1895年一位医生说道："6年前在纽约俱乐部有32名全职运动员，3个死于肺结核，5个靠假肢走路，4个还是5个失去了双臂，3个听力严重受损。"帕登医生是代顿市士兵之家的主治医生，那里80%的病人都患有心脏疾病，不得不接受物理治疗。

人体各项器官和功能都是息息相关的，牵一发而动全身。训练过度的运动员往往要付出身体、精神甚至道德健康的代价。我们身体的任何器官如果使用过度都会损坏，这是无法改变的自然定律。

人只有在大脑清醒的时候思维才会活跃。一个极度疲劳的脑袋，怎么可能迸发思想的火花，写出机智的文章，说出俏皮的话语？大脑是人所有器官中最晚发育成熟的，大概要到28岁人的大脑才发育完全，所以千万不要在年轻时候思虑过度。很多人就是因为在学校用脑过度毁了一生。

脑力工作者无法一天连续工作太长时间。大脑在疲劳的时候会开始变得迟钝和迷糊，工作效率也会相应下降。有人喜欢利用业余时间进行文学创作，虽然经过了一天的劳累，大脑里的文学细胞却依然活跃，因为在其他细胞工作的时候，他们得到了休息。

思想家都有深切的体会，大脑在停止思考的时候并没有停止活动。刚刚完成一项脑力劳动的人，往往在松懈下来时感到疲劳，此时他们学会让一部分的大脑休息，另一部分的大脑再调动起来工作。用这种方式，他们为世界留下了宝贵的精神财富。野心勃勃的人想要持续耗费同一个领域的脑细胞，往往适得其反。同一拨脑细胞无法承受长时间的工作强度，它们必须得到休息，否则很容易产生疲劳甚至发烧。

只有体魄强健了，大脑才能活跃。韦斯利在他82岁大寿时说：“现在的我跟40年前一样强壮，能干一样多的体力和脑力活。”他83岁时说：“我创造了一个奇迹。12年以来，我一次也没有感到疲倦。”马修斯说，人的身体一旦崩溃，意志也会跟着崩溃。肩上的重担掉了，里面挑着的奖品也跟着掉了。

身体健康是事业成功的保障。如果格莱斯通是一个孱弱多病的人，他能取得如此大的成就吗？他马不停蹄地工作，一会儿到希腊的科浮岛演讲，一会儿又到意大利的佛罗伦萨，结束了又要赶到德国会见俾斯麦，到巴黎用法语演讲，回来还要处理国会那些堆叠如山的英语文件。

亚当斯喜欢在严冬时候跳进波多马克河游泳。他瘦小的身躯隐藏着强大的意志，就像一把头重脚轻的刀，刀身太重，刀柄太脆弱。不管刀刃有多锋利，刀柄却挥不动刀身。同理，意志再坚强、再果断，心再勇敢、再有毅力，都得需要一副健康强壮的身躯才能承载。

任何使人身体以及精神疲劳麻木的工作都要敬而远之。很少雇主会真正为了员工的福利考虑。他们才不关心员工是否把一生都花在打造针头或者手表螺丝呢。他们也不会在乎员工是否会在工作中接触到有毒物质磷或者砷，或是吸入灰尘入肺摧毁了健康，缩短了生命，甚至导致身体残障。

盖基说："胜利必定伴随着失去。用健康交换黄金的人，做的是赔本买卖。用自由交换黄金，更是一种买椟还珠的行为。用灵魂交换黄金，付出的更是做人的尊严，是内心的平静，是自己的品格。"

大城市里，很多人为了跟随主流，牺牲了自己的天性。

逼迫员工自我堕落而非帮助他们提升的雇主，是在把员工培养成废物。"要求画家用褪色的颜料作画，建筑师用腐烂的石头建房子，承包商用劣质的材料盖楼，无异于让米开朗琪罗用雪雕刻作品。"

拉斯金说，我们的时代倾向于把天才推向毁灭，以为是为了他们着想。我们强迫别人为我们工作，是为了自己，还是为了这个社会？如果你为了参加晚会，想要一条荷花褶裙，请裁缝来帮你缝制，那不是你大公无私地花钱给别人饭吃，而只是为了你自己。所以千万不要把贪婪和仁爱混淆了，甚至自欺欺人地以为自己欲望越多，就越能惠及底层老百姓，让他们有工作做，有饭吃。那些在寒冬中冷得发抖的人，排队等你高抬贵脚走出马车。你身上的华丽并不是为了填饱他们的肚子，而是为了剥削他们的劳动力。

选择高尚、对人类有益的职业。如果你发现你所从事的职业不具备这些特点，便应该当机立断放弃。一旦你习惯了，便再也看不清你所从事的职业的本质。择业的首要条件是发展前景。有些买卖就算让古尔德来经营，也不会成功，就算让皮博迪管理，也不会获得别人的尊重。选择的职业必须要有助于你的发展，可以提升你的知识水平和精神境界。也许你不会挣太多的钱，但你作为人有很大的进步，这点要比一切金银财富、一切头衔名誉来得重要。人格的成熟比事业的成功更为重要。假如你可以选择不干那种低微甚至没日没夜的工作，千万选择离开。不要自我安慰总得有人干这些工作，舍我其谁。那就让别人去做，但不是你。且不论一星期工作七天的不合法性，没有休息的工作对人的身体健康会造成毁灭性打击。更不要干日夜颠倒的工作，人应当在白天工作，晚上睡觉，而不是晚上工作，白天睡觉。

但依然有很多人为了赚钱，不惜牺牲做人的尊严，放弃自己的理想。

我们要记住自己的理想是什么，而不是考虑当律师、当医生、当科学家、做生意、搞研究等职业有多么挣钱。成为一个更好的人，你便是国王。

朗费罗说："认识自己，找到自己的天赋。"

马修斯医生说："没有什么比失败更能叫人认清自己。"我们在找到适合自己的职业前，总是不断在碰壁和失败中逐项排除那些自己不适合从事的职业。只有经过了不断的否定，我们才能找到最适合我们的职业。

有太多人因为觉得医生和律师的职业充满了荣誉而选择它们。这多么荒谬啊！这些人如果从事农业或者经营生意，也许会获得巨大成功，却选择了在表面光鲜的职位上默默无闻。不适合自己的职业就算再荣耀，也只会让我们变得更加暗淡无光。

成千上万的年轻人在选择专业时不是遵从自己的兴趣，而是从将来毕业就业的角度考虑。什么都了解一点却又一知半解的学生不会优秀。值得注意的是，在巴黎，很多出租车司机在学校学的是神学。他们在学校的时候不是好学生，出来工作了也不是好司机。

汤普金斯为了文学，
放弃他工作用的工具，
自我标榜是诗人，
然而，诗人也不得不靠缝缝补补吃饭。

千万不要因为你家族经营的事业而选择同样的职业。也不要因为你父母希望你继承家业便放弃自己的理想。更不要看到什么职业赚的钱多或者你觉得那份职业受人尊敬便选择了它。很多人都喜欢轻松简单的铁饭碗，殊不知这样的工作对年轻人的损害也是最大的。

从事不合适自己的工作既损耗精神又打击自信心，我们很容易觉得自己不如别人。因为我们选择错了职业，我们的人生变得灰暗，精神变得消沉。

怎样才能帮助我们更快找到适合自己的职业？那样我们在年轻还是充满希望和热血的时候，就走对了路，把精力投入到正确的方向。每天的工作都能丰富我们的人生！

事业失败的人往往是因为选错了职业。没有找对位置的人往往不能发挥自身的最大才能。他违背自己的天性在工作，就像逆着河流往上划船，失败只是时间问题。一旦他把力气都用光，便只能顺着河流往下漂流。如果一个人花费大部分力气逆流而上，是不可能成功的。只有能够让他调动全部才华的职业，才算处于和谐状态，才能获得成功。

一个年轻人，难道会愿意选择一份让自己丢掉人品，变得爱撒谎、会骗人、狡猾甚至失去身上所有高贵品质的工作吗？难道他会选择激发他兽性而非人性的工作？

选择职业的最佳办法就是问自己一个问题：“我的天性、资质适合这份工作吗？我在这个岗位上是否能够发挥出所有天赋？”还是挪威谚语说得好：“毫无保留地善待朋友吧，因为他们会给你更多的回报。”我们能为自己做什么，为了别人也能做到。只要想，我们为自己和为别人都可以发挥自己的最大潜能。为了朋友赴汤蹈火，也是为了自己好。我们不应当出于私利选择职业。欺骗大众即欺骗自己。

我相信在不久的将来，一定会出现专门研究儿童天赋所在的机构，到那时有经验的专家学者便会帮助年轻人认清自己的所长，帮助他们选择最合适的职业。有时候，我们理所当然认为的事情，不一定是对的。如果年轻时候就弄清楚自己擅长做什么，一开始就挖掘自己的强项，并在将来越加得心应手，获得成功的概率也就越大。这类机构可以帮助孩子们从小开始培养自己的天赋，越早确定职业通往成功的道路就越短。在人生初始时选择正确方向很重要，越早走对路，需要付出的努力就越少。如果走错了路，便注定一世辛苦。找准自己位置的人很少失败或活得不快乐的。

一旦选择了，就不要轻易回头，坚持到底。不让任何事情动摇你达到目标的决心，那样你就算赢了。即便荆棘满地，也不要因为短暂的挫折放弃你的目的。总是三心二意的人是不可能获得成功的，坚持是唯一能够让你克服困难，得到胜利的办法。这份坚持和坚定，能够给予别人信心，从方方面面给予我们信念及道德支持。人们总能相信目标坚定的人，即使他们失败了，人们也愿意施以援手。人人都知道目标坚定的人是不容易失败的。他们拥有勇气、决心和毅力，成功所需的品质。

没人强迫你一定要从事什么职业，但既然你做了，就要做到最好。年轻人在适合自己的岗位上奋斗拼搏的情景，比任何事情都叫人感动。我们工作的最终目的不是为了金钱和地位，而是想要获得一种力量。品格拥有一股超越行业的力量。

加菲尔德说：“我恳请您不要止步于不能助你进步的职业。”我们选择从事的职业一定要让你有进步的空间，要让你感到自豪，要给你足够的时间提高自我修养和智慧，要让你成长为更好的人。

人活着是为了成长，为了变得更加强大。我们从事的职业应当像所学校，助你成长，塑造更加完善的人格，并激发上帝赋予你的各项潜能，以达到身心和谐平衡。

不论你在什么岗位上工作，都要让你自己超越你的位置、你的财富、你的职业、你的头衔。我们必须努力工作、学习，避免陷入发展的桎梏。

宇宙之子伯克，
封闭了自己的思想，
放弃了人类的美德。

——戈德史密斯

人应当有股向上的精神，向你打算从事的行业的前辈多加学习。我们在学习的时候应当问自己，我今天有进步了吗？我们跟随的老师是否心胸广阔、聪明机智、崇尚自由？抑或他们只是工作上的傀儡，对社区毫无贡献？千万不要以为自己会是个例外。即使你意志坚定，能够出污泥而不染，也无法抵御环境的影响。一个人从事什么职业，就会被塑造成怎样的人。

我们常常看见，一个踌躇满志刚刚踏出大学校门的年轻人，因为选错了职业，从一个阳光、慷慨、思想开放的人，变得“面目全非”了。曾经的宽厚和大方，变得狭隘和小气起来，变得贪婪、刻薄、吝啬。我们不禁疑惑了，难道几年的光阴竟能使一个宽厚善良的年轻人改变如斯？他的品格经受不住金钱至上的社会浸染啊！

“我明白地告诉你吧，人各方面的能力如果得不到锻炼，就会腐坏变臭。人的想象力需要永恒做出努力来滋养，否则连你自己都不能理解。相信上帝和爱的人，做任何事情都不会没有目标。”

站在高处的时候不要忘记自己的根本，在工作上做到事无巨细都要是佼佼者。工作无小事，亚历山大·斯图尔特的成功便源于这条工作信条。他在纽约公司的包工头死了，一个搬运工过来申请这个职位。斯图尔特问：“你只是一个搬运工，凭什么来申请这个职位？”搬运工说：“我知道。但我天天都观察包工头的工作，我知道各项工作细节，我认为我可以胜任这份工作。”斯图尔特拒绝了他。这个搬运工没有放弃，在别家成功申请到包工头的职位，并最终成为这个领域的佼佼者。

很多事业上的失败者，他们尝试了各种各样的工作，每一份工作都从头开始，都从零开始，刚熬出头了又换工作了。假如他们把那些个努力专注于一个方向，肯定能成功。他们就像那些设计发动机设计到一半就放弃的机械工，就在快成功的时候又转去干其他事情，结果什么都干不好。世上充斥了许多这种人。他们在离成功半步之远时停下了脚步。他们就快是专家了，却在中途放弃。我们许多人难道不是因为过早放弃与真理擦肩而过？自诩懂得一两门外语实际上既不会写也不会说。说是懂得两门学科实际上连基本元素都没有掌握。会一两门艺术却什么作品都没有。这种散漫的作风，事情未完成便轻言放弃的态度，永远不可能在工作上领悟到细节的重要性。

小心看待多才多艺这个词，许多前途无量的人便是栽在这个词上。他们本来可以成为某个领域的佼佼者，分散精力去干别的事情，结果只能平庸一世。受多才多艺的光芒诱惑，毁了许多天才。试图成为各领域专家的人，往往什么也掌握不了。美国某著名制造商说：“什么都懂一点的人也许在我这一代还有机会成功，但在制造业是绝对不可能的事情。”

梭罗说：“人学识的深浅取决于他选择放弃多少学科。”在给船制造指南针的工厂里，还没有磁化的指南针指向各个方向。但是一旦它们受了磁化，便好像被一种力量吸引，指针只朝北指。人也一样，需要有一个职业的目标，才会永远只有一个方向。

一个实事求是的人，一个精力充沛、兢兢业业的人，再拥有一份自己喜欢的工作，就好比把一栋房子建在踏实的土地上。而幻想家则把城堡建在虚无缥缈的空气中。前者在银行积累了几千块钱资产，后者在想象的王国里当百万富翁。幻想家只有在睡梦中口袋才是鼓的，醒来后发现自己一无所有。

把你的人生、精力和热情都奉献给那份你能胜任的工作吧。卡农·法拉说："人生最大的失败，在于对自己不诚实。"

柏拉图说："让各行各业的人遵守岗位、恪尽职守，无论成功或失败，都能够问心无愧。"

"只有责任，是我永远需要承担的。"

乔治·麦克唐纳说："知道自己接下来要做什么的人是幸福的。没有人能够同时做两件事情。"

> 尽最大努力把事情做好，
> 天使也挑不出毛病。
>
> ——扬

爱默生说："总会有属于你的事业，就像菲迪亚斯的巨凿，埃及的泥刀，摩西或但丁的笔。属于你的将与众不同。"

第十九章

做有主见的人

有主见的人能够改变世界。

希望完成自己人生使命的人只能拥有一个目标，一个想法，指引并控制他的全部人生。

——贝特

对理想的渴望，是人生之美好和祝福。

——吉恩·英格娄[①]

深远的理想，让人远离荒谬。

——斯图亚特·穆尔[②]

理想的声音盖过大炮，思想的力量赛过军队。遵守原则比骑士和战车更能带来胜利。

——帕克斯顿

某富人和发明家向波士顿乐器厂商阿瑞斯·戴维斯咨询怎样制造编织羊毛的机器，阿瑞斯反问："为什么要为一台编织机烦恼？自己制造一台缝纫机不就好啦？"发明家答道："我也希望可以啊，但就是做不出来。"阿瑞斯说："谁说的，我都可以做出来。"富人说："好，如果你做出来了，我奖励你一笔财产。"阿瑞斯的话只是一时逞能，然而他的想法却被一个20岁的年轻工人听进了脑里，并发明了缝纫机。

这个年轻人名为伊莱亚斯·豪[③]。他不像表面看上去那么木讷，他对机械很感兴趣。4年过去了，他以周薪9美元养活妻子和3个小孩，从一个无忧无虑的男孩儿成长为有思想、勤劳负责的男人。然而自己动手制造出一台缝纫机的想法并没有离开，反而与日俱增。他最终下定决心动手了。

经过几个月的努力，他终于成功让一根针指向两端，同时进行缝纫。他灵光一现，也许还可以补上一针呢。于是发了疯似的没日没夜工作，直到把模型做了出来。他在他的脑海里看到了成果，但是资金不够，他父亲的资助不足以让他完成这个实验。他的一个老同学乔治·费希尔在剑桥从事煤炭和木材的买卖。他同意资助

① 吉恩·英格娄（Jean Ingelow，1820—1897），英国诗人、小说家。

② 斯图亚特·穆尔（John Stuart Mill，1806—1873），英国哲学家、经济学家。

③ 伊莱亚斯·豪（Elias Howe，1819—1867），美国发明家。

伊莱亚斯500美元，但要求获得伊莱亚斯创造的一半专利权。1845年5月，机器完成了，7月，伊莱亚斯用这台缝纫机给费希尔、自己还有别人缝制了两套羊毛衣。这台缝纫机至今仍保留着，依然可以在一分钟内缝上300针，被公认是世上最完美的发明之一，甚至比后来发明的其他缝纫机技术还要精良。

普尔曼坚信商业价值创造美。由他设计建造的城市以他的名字命名。同样，他设计的汽车体现了他的信念。他认为，给予员工一个舒适雅致的工作环境是一项回报率高的投资。因为，普尔曼城也是一座干净、整洁、舒适的城市。

有想法，再把想法付诸实践，改变了基督世界的样貌。希腊哲学家早在千年前就产生了用蒸汽发动机器的想法，只是千年之后才有人将这种想法付诸实践。

17世纪，英国打铁匠纽可门，一个看似与机会无缘的年轻人，怀着用蒸汽推动活塞运动从而产生发动力的想法，用了30英镑买来煤炭，制造了相当于一匹马动力的发动机。而瓦特，一个贫穷没有受过任何教育的英国男孩儿，不得不走在伦敦街头绝望地寻觅工作，完善了现代蒸汽机的模型。格拉斯哥大学的一名教授给他提供实验室。瓦特利用没有工作的空闲时间，把废弃的玻璃瓶作为蒸汽存储器，空心藤条作为输送蒸汽的管道，开始了实验。他用在活塞完成三分之一或四分之一运动的时候切断蒸汽供给的办法改进纽可门的发明，留在里面的蒸汽继续推动活塞运动，但至少节省了四分之三的蒸汽。身处艰难困苦的瓦特没有像别人一样灰心丧气，反而更加发奋。他的妻子玛格丽特在他身边鼓励他。她在伦敦挣钱养家时写信给瓦特道："就算发动机不会转动，也不要对自己绝望。"

瓦特说："在一个晴朗的安息日中午，我出门散步经过一家洗衣店。当时我在思考发动机的问题，突然灵光一现，如果将汽缸用导管连接起来，那么在蒸汽进入汽缸前，不需要冷却汽缸蒸汽也会凝结成水。"一个简单的想法，给瓦特的实验带来重要的价值。詹姆斯·麦金托什评价这个贫穷的英国男孩道儿："走在全世界发明家的前面，甚至超越了历史。"

乔治·斯蒂芬森[①] 在煤矿上工作，每天挣得6便士，晚上再给工友补衣服修鞋子赚外快。他把挣来的钱全都用来上夜校了，还把第一笔工资150美元拿给他父亲还债。人人都认为他疯了，说他的蒸汽发动机产生的火花会让整栋房子都着火的，那些烟会污染空气的，马车匠跟车夫都会因为找不到工作而饿死。3天以来，众议院不断给他提问："假如一头奶牛走在高速行驶的蒸汽机车对面，岂不是要发生可怕的事故？"斯蒂芬森承认道："是的，确实非常可怕。"政府调查员继续说道，假

① 乔治·斯蒂芬森（George Stephenson，1781—1848），英国机械工程师、发明家，他建造了世界上第一条公开铁路。被誉为"铁道之父"。

如火车真的可以达到10英里每小时的速度，他就把蒸汽发动机吃掉。英国1825年3月的《季刊评论》上有作者发表文章嘲笑道："有什么比说火车的行驶速度能够达到马匹的两倍更可笑和荒唐？""我们应该期待，不久之后伍尔维奇的居民就不再需要担心被逼坐上火箭速度的火车，因为一个那样的机器根本不可能达到这个速度。我们相信，国会会限制火车速度至八九英里每小时。我们也同意希尔维西特先生的意见。"这篇文章刊登在斯蒂芬森用他新发明的发动机拉动车子，并跟利物浦和曼彻斯特轨道上用马拉的火车相比时。一家公司将这篇报道反映给英国两位最著名的工程师，他们认为蒸汽发动机的使用只能是放在两台相隔1.5英里远的车厢之间，中间还必须用绳索连着。斯蒂芬森悬赏2500美元，激励他们对蒸汽机改造。决赛的晚上，很多人都前来观看了比赛。持久号的速度仅仅为6英里每小时，桑施帕莱尔号速度达14英里每小时，然而因为排水管烧焦失去比赛资格。创新号虽然也做得很好，但排水管也烧焦了。只有火箭号最后以15英里每小时的速度成功，最高时速甚至达到了29英里。斯蒂芬森采用了天才瓦特弃用的装置，并添加在车轮上，打破了最前沿工程师关于火车的悲惨预言。

在人类发明史上，没有谁的故事比约翰·费奇[①]更悲惨。他要长相没长相，要学识没学识，家庭贫寒，生活困难，死的时候也是两腿一伸什么都没有。然而，他却是一个真正的发明家。他发自灵魂地喜欢发明创造。他自己也说，在遇到经济瓶颈时，让他割掉下肢就能换来100英镑他也愿意。为了建造他的蒸汽船，他在国内甚至到法国到处借钱，希望得到赞助。他说："我们也许不能活到看见蒸汽轮船航行在西部河流、从新奥尔良开至惠灵的那天，看不到蒸汽轮船漂洋过海的英姿，但要相信，那一天总会来临的。我约翰·费奇会被世人遗忘，但总会有人继承我的遗志，他会变有钱人，会成为伟人。"他在贫穷、被人嘲笑、得不到赞助的情况下，于1790年在特拉华州成功造出了世上第一艘蒸汽船。这艘船能逆浪以每小时6英里的速度前进，顺风时候的速度甚至达到了每小时8英里。

1807年8月4日，星期五中午，人群围在哈得孙河码头边好奇地观望。他们想要亲眼见证一个怪人的失败。他居然说要将他们全部人员顺着哈得孙河载到奥尔巴尼，用一艘名为"克莱蒙"号的蒸汽轮船。有谁相信这种荒诞的事情吗？不扬帆就想航行在湍急的哈得孙河？有人说："那家伙的船非得崩溃不可。"有人说："我觉得会着火。"还有人说："这样的船肯定会沉。"当时没人听说过用蒸汽推动船航行。绝大多数人认为制造这艘船的人肯定是被人给骗了，要么是傻瓜要么就是疯

① 约翰·费奇（John Fitch，1743—1798），美国发明家、钟表师、企业家、工程师。

子。然而当乘客上船后，登船板被拉了起来，蒸汽机发动了。随着传动杆的转动，“克莱蒙”号向前出发了。船逆着河流向前行驶，打破了一口断定它不够动力逆流而上的预言。它的主人，那个从小就坚信没有办不到的事的小男孩儿，获得了巨大成功，向世人展示了蒸汽船的实用价值。

即使是像富尔顿这样为人类事业做出伟大贡献的人，也难免有遭到攻击的时候。只要一提到他的名字，扑面而来尖锐的批评声。世人责备和刁难的人，往往都是对人类有突出贡献的人。

纽黑文的查尔斯·固特异[①]与贫困斗争长达11年之久，才将印度橡胶推广普及。他负债累累地蹲监狱，将家里的衣服和妻子的珠宝拿去典当换面包，以免自己的孩子饿死家中。他的邻居喊他疯子，指责他置自己的家庭不顾。他终于领悟到将橡胶硫化的原理，并发明了橡胶的500种不同的用法，雇用了6万名员工。

帕里西则没有那么幸运。他为了找回遗失的珐琅陶瓷技艺，亲自背砖炼炉，眼看着自己的6个孩子死于饥饿。他的妻子衣衫褴褛，对自己的疯子丈夫彻底绝望了。他的邻居都谴责他对家庭没有责任感，他自己也变得骨瘦嶙峋，因为付不起工资，把自己的衣服都送了出去。他一次又一次地失败，一次又一次地希望，最终完成他的杰作，收获了回报。

看到德国统一是俾斯麦最大的心愿。这个身强体壮的独裁者年复一年地否决反对派提出的方案，并不顾一切反对，将反对他的人遣送回家。他一个人控制着德国的命运。在他的统治下，德国成为欧洲最强大的国家，相比拿破仑和亚历山大，他更想让普鲁士国王威廉成为更有力的统治者。不论是人民、国会还是别的国家，都不能挡他的道，必须臣服于他的意志。当时的德国掌握了世界话语权，凡是不听他话的，都被他的铁蹄踏破。

但丁被冤枉犯了贪污罪，法院判决活活烧死他。他流亡期间形容枯槁，面黄肌瘦，却从不放弃自己的理想。他全身心投入诗歌创作，坚信正义的世界终会获胜。

哥伦布被推向舆论的风尖浪口，被嘲笑为不切实际的梦想家和探险家。据说连孩子都把他视为疯子，看到他经过掀起额头表示侮辱。

一个老人和一个孩子想要救赎世界！穆罕默德花了3年时间感化了13个信徒，召集40个亲戚开会，试图让他们也皈依上帝。然而只有年仅16岁的阿里受到了感召。整个会议以笑场结束。穆罕默德没有因此放弃信仰，继续行走至麦加布道。只要有人听，他就说，甚至死亡的威胁都无法动摇他的决心。他不得不躲藏在洞穴里，逃

① 查尔斯·固特异（Charles Goodyear，1800—1860），美国发明家，发明了橡胶硫化法，并获得此专利。

亡各地。经过了13年的艰辛，他遇到一群野蛮人，想把他杀死。穆罕默德于是穿越戈壁沙漠，走了两百英里的路程才从敌人的势力范围内逃出。伊斯兰教的纪元便是从这次逃亡开始。接下来的10年，他用武力传播了上帝之音。不再有人嘲笑他，他改变了世界。思想的力量便是如此伟大，一个坚持不懈的男人，带着一个信念，建立起堪比罗马的帝国。

拥有坚定信念的人通常只是少数人，而大自然只让最合适的人生存。穆罕默德的信念不是别人的嘲笑、生活的艰苦或者贫穷和失败就可以打败的。他带着这个信念迈着坚定的步伐前行。在这片充满机会的土地，崇尚着自由和文明，一个没有受过教育的孩子，就这样带着坚定的信念，单枪匹马地闯荡世界。

一个美国人受邀跟德国著名自然学家欧肯① 进餐。叫这个美国人惊讶的是，欧肯的晚餐既没有肉类也没有点心，只有烘烤的土豆。像他那样的名人竟然为了晚餐的简单向客人道歉。欧肯的妻子解释道，因为欧肯的收入很少，欧肯又要买许多科学书籍和仪器，所以每天的饮食安排都尽量做到简单经济。

在发现乙醚之前，病人晕倒都得等上一个星期甚至一个月的时间才能苏醒。有时为了减轻病人术后的疼痛，不得不过量使用药物，有时甚至使用超过500滴的剂量，导致病人昏厥。摩顿医生从年轻开始便相信大自然一定存在一种药物能够减轻人类的痛苦。他不是化学家，没有受过正规的训练，不知道怎样提炼化学成分，该怎么办呢？他没有向书本求救，也没有寻求专家的意见，而是马上着手开始从最常见的物质做起了实验。他的麻醉剂实验差点让自己也中毒了。但他丝毫没有放弃，最终从一些能使人神经麻醉的植物中提炼出乙醚。

既没有资金也没有影响力是很难开展一项大家都认为愚蠢没有前途的工作。幸而有不少人带着一颗勇敢的心和坚定的决心敢于与世界抗争，奋勇挑起推动人类进步的责任。成功，不是命中注定的。

弗朗西斯·威拉德凭借一种信念，创建了国际妇女戒酒协会，并以一条白丝带作为会徽。对于成百上千的妇女以及她们的丈夫、家人而言，这条白丝带代表了纯洁、远离酒精的生活。文森特主教秉着改变世界的伟大理想，创办了肖托夸夏季教育集会，克拉克医生则发起基督教奋进协会。克拉拉·巴顿② 在南北战争时期，看到医院的不足。为了消除战争，她创建了红十字会，并在全世界推广。尽管遭受世人的嘲笑，她的理念还是在各国得到响应。

英国科学界的权威开尔文爵士宣称，1894年最伟大的科学发现便是对空气组成

① 欧肯（Lovenz Oken，1779—1851），德国博物学家。

② 克拉拉·巴顿（Clara Barton，1821—1912），美国护士、教师，创建了美国红十字会。

元素的新发现。实验表明，我们呼吸了上万年的空气，含有一种很特别的成分——氮气。氮气的发现经历了漫长的过程，是罗利爵士工作了12年意外得到的成果。罗利爵士对知识孜孜不倦地追求给他带来了名声和财富。工作接近尾声时，一种不知名的气体终于被提炼出来了。正是由于罗利忘我的工作态度，才为人类发现了氮气的存在，也给自己赢得持久的名声。

千百年来，推动人类进步的人在他们邻居眼里都是一群失去理智的人。诺亚建造了诺亚方舟，摩西跟以色列人通婚，耶稣为了拯救人类献出生命又获得重生。对于他们这些行为，受过教育的富人有的反对有的同情。然而不管在哪个年代，都有男男女女甘心情愿为了理想忍受贫穷、嘲笑、艰苦的生活、苦累的工作甚至死亡。他们从襁褓走向坟墓的路上，心中的理想便是他们的阳光和慰藉。一个没有理想、没有想法的人，是不可能为人类事业贡献什么力量的。

拥有不凡能力的圣保罗，放弃在犹大公会的领导地位，甘心为了理想过上住帐篷吃面包的漂泊日子。他在凯撒利亚坐了两年牢，在罗马坐了一年牢，身上有多处鞭伤，遭受犹太人的憎恨，甚至有40个犹太人发誓不把他杀死便不吃不喝。然而，正是他心中的理想支持他承受这一切，勇敢、快乐、有骨气地进行抗争。

詹纳在给一个农村女孩儿看病时，女孩儿说道："我已经得过牛痘了，不可能再患天花。"女孩儿的话给予了詹纳一些启示。他于是疯狂研究关于防止瘟疫扩散的理论。他的学生因为他的理论甚至威胁要联名驱逐他出校。他用自己的手臂做实验，花了3年时间证明自己的理论是正确的。伦敦的每一个医生都不同意他的观点，每一个学生都抵制他上课。传言说接种疫苗的孩子会变成牛脸，从脓疮里长出角来。第一批接种疫苗的病人走在街上甚至被人袭击和驱赶。然而幸运的是，詹纳活到看见他的理论被全世界认可的那天。他造福了全人类。

比彻在成功之前经历了无数次的挫折和失败。在这些为原则和真理战斗的日子里，他单枪匹马地与世俗的偏见、狭隘以及盲目作斗争。他在责任面前从来不犹豫不决。对他而言，在对与错之间没有灰色地带，在原则面前没有妥协。他有自己的底线，从不为了博得公众掌声违背自己的原则。责任和真理便是他人生追求的目标。他宽宏大量，没有憎恨之心；慈悲为怀，不想报复仇人；心胸开阔，不会嫉妒别人。

《一千零一夜》里的故事反射了如富兰克林、莫尔斯、固特异、斯托夫人、阿莫斯、劳伦斯、爱迪生、贝尔、比彻、麦克考密、郝等伟人的故事。他们是一群为了理想奋不顾身之辈，他们推动了人类医学、人类的精神文明的发展以及人类生存环境的改善。

世上还有许多发明创造等待人类去挖掘，等待具有独立思想，敢于挑战难度的人，创造出更多更美好的东西。

有人也许要问了，那我怎样才能灵光一现获得那么多想法呢？随时打开你的思维，观察和学习！更重要的是勤思考，然后行动！

第二十章

下定决心

不认真对待人生目标，意志力不够坚定，或者过于中规中矩的人，只会失去对自己人生的掌控权。

只要下定了决心，你就是自由的。

——朗费罗

人类语言中含义最丰富的词往往也是最简单的：“是”和“不”。“是”代表意志的屈服，“不”代表拒绝和否认。前者满足了别人的要求，后者则代表了自己的个性。坚决说“不”是个性强悍的体现，轻易说“是”的人则是软弱的。

——芒格

我们的世界处处存在交易，任何东西都有各自的定价。我们是要用时间、劳力、创意、金钱、名誉、良知还是知识去换取，都需要我们做出决定。我们不能再像孩子一样，端着自己碗里的，还羡慕别人锅里的。

——马修斯

人应当学会主导自己的事业，而不是让事业主导自己。就算是犯错，他也必须自己决定犯什么错。

——阿穆尔①

一旦决定了，就不要再等待和犹豫。跟随你的心走吧，这样你便能得到所有的祝福，这是一个罪人无法企及的。

——基布尔

真正成就艺术家的，不是那些不稳定的幻象和触觉，而是在画布或大理石上清晰的思路和坚定的下手。

——霍姆斯

人应当在年轻时候做出人生的重大决定，成年后实施之。到了中年才决定改变人生轨迹是件可怕的事情，因为届时人的黄金时间已经过去了，精力也衰退了。

——勃朗宁

谨慎考虑，果断行动；有自尊地屈服，坚定不移地反抗。

——科尔顿

---

① 阿穆尔（Philip Danforth Armour，1832—1901），美国商人，阿穆尔食品公司的创建人。

罗马在共和国期间，曾经遭受高卢人的围攻。面对高卢人的逼近，罗马人企图用黄金买来和平。传说中，就在这个时候，卡米卢斯[①] 站了出来，举起剑号召罗马人要反抗，要拿起武器，不要为了和平一味妥协。他的勇气和强烈意志感染了整个罗马城，使得罗马人团结一致打倒入侵者。

发生事故的时候，如果出现一个果敢、向上的人，便能改变事态的发展。这样的人就像一缕清风，能给犹豫不决的人群打一剂强心剂。跟随他，仿佛就能看到胜利在招手。

安条克·埃皮弗内兹[②] 入侵埃及时，埃及还活在罗马的庇佑下。罗马于是派出使者要求正在逼近亚历山大港的安条克四世停止进攻，却被入侵者搪塞过去了。勇敢的罗马使者拔出利剑，在国王四周画下了一个圆圈，要求国王马上答复，否则不能走出圆圈。面对使者的无畏和坚持，安条克四世无奈答应撤兵。一场战争就此避免了。罗马人因为果敢的个性，赢得了许多战争，成为世界霸主。世界史上，许多伟大的成就，都是在果断、迅速的抉择中才得以完成的。

在活着的世纪留下痕迹的人，一定是能够做出果断决定的人。他们一旦决定做某件事情，马上就会着手去做，而不是犹犹豫豫，把时间花在两条道路的抉择上。犹豫不决的人，往往不能为自己做主，反而受制于人。这样的人，不是一个独立自主的人，而是一台卫星接收器，传达别人的意愿。有主见、果断行动之人，是不会等到天时地利人和了，才着手开始。他们不受制于事件本身，而是让事件屈服于他们的意志。

优柔寡断之人往往最容易受他人意见所左右。这样的人即使知道什么是对的，也容易朝着错误的方向行进。一旦有人跳出来反对，他就开始怀疑自己。

恺撒来到划分高卢和意大利的鲁比孔河边，在没有得到议会的决议通过就入侵高卢的计划在他心中还是犹豫了一下。然而，这个伟大的军事领袖立即就下定了决心，不再犹豫。“舍我其谁？我的命运就是国家的命运。”他带领他的军团冲过鲁比孔河，高呼：“我们视死如归！”就因为那一瞬间的抉择，人类的历史被改变了。那个说着“我来到，我看见，我征服了”的人，并没有犹豫太久。他就像拿破仑，拥有选择一条道路并坚持下去的力量。恺撒带领他的军队第一次踏上不列颠的土地，遭受当地居民的顽强抵抗。恺撒清楚地知道，如果不能获取胜利，他和他的士兵面临的只有死亡。为了断绝后路，他甚至破釜沉舟，烧毁了所有的船只。没有

① 卡米卢斯（Marus Furius Camillus），古罗马政治家与将领。约活动于公元前5世纪至公元前4世纪前后。

② 安条克·埃皮弗内兹（Antiochus IV Epiphanes，公元前215—公元前164），希腊化叙利亚王国的塞琉西王国国王，安条克三世之子。

退路了，要么打胜仗，要么兵败死亡。正是这种坚决和果断，成就了这名伟大战士的丰功伟绩。

在《失乐园》里，撒旦被驱逐出天堂，绝望中滋生出一种类似于钦羡的心理。经过了几分钟可怕的沉默，他重拾不屈服的精神，留下了一句悲壮的话语："无论身处何方，我都不会改变我自己。"

能够下定决心追寻某一条道路的人，能够为此否定所有反对声音的人，能够牺牲其他考虑，永远不给它们机会让你分心的人，便具备了获得成功的力量。有的时候，想得越多，失去的也就越多。总是在犹豫不决，时进时退，拖拖拉拉和权衡掂量中虚度光阴的人，是不会有任何成就的。这样的人心中积累了负面能量，没有足够的正面能量帮助他实现目标。他们对自己都信心不足，更不用说获取别人的信任。积极向上又果断勇敢的人，拥有一种力量，助他们事业成功。对于这样的人，你可以从他们的精力旺盛程度估算出他们能够取得多大的成就。

多亏了菲尔·谢里丹[①]的果断抉择，一支盛载荣誉的军队免遭败军之辱。他远在百里之外，就听见大炮的轰鸣声，知道军队正在热战之中。他马上策马狂奔，一路跑下温切斯特路，拦截从敌军处逃跑出来的士兵。他高高站在马鞍上，大声喊道："停下来！停下来！向右转，都跟我走！"他冲在最前方，带领他的军队，以他的坚定和果断给绝望的士兵带来了希望。很快，在他的带领下，败溃的逃兵拿出刚刚逃跑的力量，以排山倒海之势扑向了敌军。因为有了坚定的领袖，他们没有变成可悲的逃兵，反而取得了引以为豪的胜利。

据说亚历山大大帝被问及征服世界需要拥有什么品质时，回答道："坚定不移，不犹豫。"

午夜时分，斯蒂芬·惠特尼号撞到了爱尔兰悬崖边上。那些在轮船撞击瞬间马上跳向悬崖的人全部获救。而那些迟疑了刹那的人都遇难了。在撞击的瞬间坚定跳上岩石的人捡回一条生命。而在生死关头还犹豫的人又被返回来的浪花打回大海，消失在茫茫大海中。

果断是获得成功的前提，优柔寡断者很少能够成功的。只有当机立断，能够为了达到目的不惜牺牲其他的人，才有可能抓得住机会。良机难觅，而且转瞬即逝。

约翰·福斯特说："不能自己拿主意的人，严格来说并没有自我。任何比他强势的人都可以将之玩弄于鼓掌间。"

拿破仑说："我很少遇见能在突发事件面前呈现出道德勇气的人。在不可预见

① 菲尔·谢里丹（Phil Shendan，1831—1888），美国南北战争时期联邦军将领。

的事件面前，更能看出一个人的判断力和决断力。”

守时的人从不拖拖拉拉浪费时间，因而比那些对任何事情都再三权衡和思量的人节省了更多的时间和精力。

果断并不代表急躁。真正有主见的人因为知道自己想要什么，往往比那些总是犹豫不决和拖拖拉拉的人更容易做出决定，因此做的事情也更多。拿破仑和格兰特正是受益于此，多次因为果断抉择拯救了军队。拿破仑曾说，一场战役可以持续整整一天，然而真正决定胜负的时间却只有短短几分钟。在那关键的几分钟里做的选择，决定了战役的胜负。这个征服了整个欧洲大陆的人，不论在指挥军队的细节上，还是在重大战役中，都表现出果断和坚定不移的作风。

他目标之坚定，行动之果断，使他获得了震惊世界的成功。他似乎无所不在，一天内能完成许多事情，让所有认识他的人都惊叹不已。他充沛的精力使他的军队为之一振，又重新充满了力量。即便是面对最萎靡不振的队伍，他都有能力使之士气高涨起来。他说：“‘如果’和‘但是’都是过气的词汇了，我们做任何事情都要求一个速度。”只要有需要，他可以在骑行了一两百公里后通宵不睡，部署军队的通信、派遣等安排。他值得所有优柔寡断和三心二意的人学习！

那些嫉妒他的副官和士官认为他之所以成功，是因为运气好。他们认为他骑马从西班牙赶回巴黎是极其愚蠢的行为，因为路程长达85英里，需要在马背上颠簸5个小时。历史常常因为一个果断的决定，或者一次迅速的行动，改变了行进的轨迹。相反，也有很多时候因为一些主帅的犹豫，部下的拖拉，导致成千上万条生命的消逝，成百上亿的财产损失。

莫特利说：“查尔斯五世因为疑心太重，犹豫不断，导致整个文明世界命运之改变。”

华盛顿在群众中的影响力之大，连杰弗森都要在议会休庭期间写信给巴黎的门罗道：“这次议会又验证了一个真理，正如我时常告诉你的，只要一个人有勇气坚持己见，他的影响力足以压倒所有人。共和党终于放弃了他们自己的观点。”

世上没有一种职业和工作是容易的。年轻人若每次遇到困难都退缩，很难获得成功。没有坚定决心之人是很难集中精力从事一份工作，而专心恰恰又是成功的前提。一个人假如不能确定其人生目标，便很难专心致志地静下心来从事一份工作。他的精力和力量都将分散给不同的事情，导致最后一事无成。这样的人无法长期为一个目标奋斗，因而很难成功。当他看见从事某项职业的光鲜表面，便觉得热血澎湃，认为这是自己想要从事的职业，将其当成自己一生要追求的事业。过了几天，等他遇到困难了，热情便像蒸发掉了似的，开始怀疑起来，当初怎么就蠢到误把这样一份职业当成终生事业了呢。他朋友从事的工作要轻松许多呀，也许更适合他也不一定。这样想着，他便半途而废，转行干其他去了。这样的人终其一生都无法确定自己的人生目标，一旦看到别人的好，便心生羡慕。他们凭借表面看到的印象和感受做出决定，而不是靠常识和理性的思考判断。他们没有做人的原则，你永远不知道他们下一年又跑到哪里工作。今天也许还在这里，从事着和你一样的职业，明天也许就听说他辞职了跑到另一个地方去了。他们轻易就能放弃在上一份工作中辛苦积累得来的经验，因此从来不会在某项职业中走得多远，从重复辛苦的阶段跳入下一个对技术有更高要求的新阶段。他们终其一生，只是在不同工作中跳来跳去，从来没有在哪一份工作上有所发展。他们极少成功，也不会得到任何满足感。

传说有一位拥有法力的天才向一个漂亮女孩儿承诺道，只要她穿过一片玉米地，找到其中一个最大最饱满的玉米，就能获得跟这个玉米一样大小的稀世珍宝。但前提是，她不能走回头路。女孩儿于是一路往前走，途中虽然看见许多长得很不错的玉米，但是她期待后面会有更好的出现，所以没有摘下那些玉米。走到最后，她发现，前面的玉米是一个不如一个，个头小得她都不想再去挑选，而前面走过的路又不能再回去了。最后，女孩儿只好两手空空地走出了玉米地，什么也没有得到。

满心只装着一个伟大目标的亚历山大大帝最终征服了世界；一心一意要向罗马人复仇的汉尼拔甚至穿越阿尔卑斯山脉完成了他的计划。当别人都在抱怨甚至打退堂鼓时，那些真正拥有伟大品质的人，正在默默地付出努力。切莫让自己变成地上的枯叶，随风一吹便飘向四方。没有主见的人好比一个十字转门，人人都可以从那里通过，却没有人会因为它而停下。

阿莫斯·劳伦斯[①] 说：“成功的真相是，凡是养成言必行、行必果习惯的人，必能走在时代潮流的前列。而那些做事喜欢拖拉不决的人，很快就会被时代超越，并远远抛弃。”

许多年轻人之所以迷失在城市里，是因为他们不懂得对诱惑说“不”。如果在面对诱惑时，他们能够在一开始就坚决说“不”，恐怕永远都不会惹上官司。但他们不敢得罪别人，不喜欢拒绝别人，于是把自己推向毁灭的大道上。年轻时候叛逆过的人反而是更有主见的人。

从前，一个笨蛋和一个智者一起旅行，来到一条分岔路口——一条是风景美丽的宽敞大道，另一条是崎岖不平的狭窄小路。笨蛋想走那条平坦的路，然而智者知道，崎岖小路其实才是最安全也是最快的。但是在笨蛋的叨唠下，二人还是选择

① 阿莫斯·劳伦斯（Amos Laurence，1786—1852），美国商人、慈善家。

了康庄大道。没走多久，二人便遇到了强盗，不仅财物遭劫，还沦为强盗的俘虏。他们又遇到执行法律的军官，连同强盗一起被押送到法官面前接受审判。智者认为笨蛋应该负起所有责任，因为是他非要走大道的。而笨蛋则辩解道，他只是一个笨蛋，作为聪明人的智者不应该听从一个笨蛋的意见。最后法官处于他们两人同样的惩罚，说道："明知是错还去做，一样是犯罪。"

优柔寡断的习惯一旦形成，便极难改正。那些因为赌博输掉人生的人，从来没有下定过决心要把恶习给戒了。在他们知道该怎么做之前，就已经赔上了自己。很多失败者都是因为"虚度太多光阴""落后于时代""做事拖拉""没有志向""缺乏勇气"等。

韦伯斯特如此描述优柔寡断、没有主见的人："他们就像不涨潮也不退潮时候的大海，仅仅是停在那里犹豫着是要涨潮呢，还是退潮。"这样的人任凭命运的安排，常常活在对过去的悔恨和缅怀中，没有抓住眼前的能力，无法让环境位置服务。

懒惰、得过且过的人生终将衍变成一种麻木、无意义的生活。过着这种生活的人意识不到，他们习惯把所有事情都延后处理，耽误的是自己的成功，自己能力和人格的提升。他们的懒惰甚至传染给了周围人。斯科特曾经警告年轻人要杜绝养成懒惰和拖拉的习惯，以免这种坏习惯渗透进生活的方方面面，从而毁掉一个原本前途一片光明的好青年。他说："年轻人应当养成言必行、行必果的好习惯。"只有这样，才能检查出自己是不是开始变懒惰了。我们很多人每天因为赖床浪费了许多宝贵的时间，甚至因此错过了事业的发展机会。伯顿同样克服不了这个坏习惯，直到他意识到赖床对他事业的危害，他才请求仆人答应每天早上无论如何要把他叫醒。他的仆人软硬皆施，还是叫不起伯顿。最后不得已，想到如果叫不醒主人，自己不久也将饭碗不保，就端了一盆冷水，直接泼到主人的床上。伯顿马上跳了起来。有人曾经问一个喜欢赖床的年轻人，怎么可以在床上挣扎那么久才起来。年轻人回答道："我每天早上都要听两个声音在吵架，一个叫勤奋的声音喊我起床，另一个叫懒惰的声音则让我再睡一会儿。它们各自都能列出20多个理由，而我为了公平起见，每条理由都必须仔细听取，最后做出判决时午饭都可以吃了。"

通常能够果断做出决定的人都是拥有健康体魄的人。历史上这种人大多身体强壮。如果身体羸弱，很难支撑得起一个强势的个性。只有身体强健，才能承受得起强硬的意志。伴随着病弱或者死气沉沉的身体，更多的是低落、脆弱的意志。没有什么能比果断、坚定的名声更能帮助一个年轻人从银行那里贷到款，从朋友那里借到钱。做事爽快的人通常都能准时还钱，所以更能获得信任。"踏入社会的第一件事就是要告知全世界，你的心不是用木头或稻草做成的，其中更是含有钢铁的成分。”“告诉别人，你一旦做出决定，必定不再反悔，必定说到做到。即使困难解决了，你也绝对不会动摇。”

有些人在责任面前退缩了，他们害怕面对困难，被恐惧迷惑了双眼，没有勇气清除眼前的障碍。对于事业、进步和成功，犹豫都是最大的敌人。他们不断反省自我，却从来不把精力放在行动上。他们总在分析、思考，却不付诸行动。太多人在机会到来的时候，因为不能果断抓住，错失了人生唯一一次机会，从此一败涂地。

据说拿破仑手下有一位军官比拿破仑更懂得行军打仗的战略，但因为缺少果断和专心的品质，无法像拿破仑一样成为世界级的军事领袖。格兰特手底下也有好几名将军熟读兵法，很好地掌握了国家的人文地理情况，甚至比格兰特受过更高等的教育。正是因为他们缺少格兰特在关键时刻临危不乱的品质，永远超越不了他们的将军。格兰特一旦做出决定，便像不可改变的宿命，没有后路，也没有重新考虑的可能。他的命令以最让人印象深刻且强力的语言传达下去。比如，他要求他的军队“无论如何也要坚持打下去，即使战争要持续到夏天也不能放弃”。而对对手伯克纳将军则发话要其无条件投降。格兰特的命令给予整个北方军队以信心，不久叛乱就被平压下去了。林肯手下的一名同样拥有坚强意志和果断精神的将领，让北方盟军第一次松了口气。

能够在这个竞争激烈的世界获得成功的人，无一不是意志坚定、行动迅速之人。就像恺撒，他毫不犹豫地下令焚烧战船，使撤退变得不可能。他将剑从剑鞘中拔出的瞬间，便将一切疑虑和犹豫都消灭了。跟纳尔森将军一样，他将船桅染成血色，代表其不成功便于战船同沉海底的决心。果断与勇敢，成功帮助许多人渡过最困难的危机。考虑过甚带来的往往是毁灭。

第二十一章

精神的力量

精神强大，身体自然也就健康强壮。精神的力量远比人们想象得要强大，不仅能够使人焕发新生，还能延长寿命。

有谁懂得意志的力量？上帝存在于万物的意志之中。人们之所以死亡，不是屈服于天使，也不是臣服于死亡，而是意志已太薄弱，再也无法支撑自己活下去。

——约瑟夫·格兰维尔①

健康的肉体才是神圣的。女孩子们应当为自己的体弱多病感到羞愧，没能照顾好自己身体的人是愚蠢的，理所当然要受到处罚。

——切尼夫人

健康的愿望是处方之一。

——塞内加

是精神丰富了我们的肉体。

——莎士比亚

勇敢的灵魂会自己焕发香气：
精神的高尚，
比任何膏药更能治愈伤口。

——卡特赖特

有人曾对拿破仑说："世界在我们的想象之中。"拿破仑回应："人的意志可以统治世界。"

据《芝加哥论坛报》报道，牧师的妻子得知海希小姐生病不能正常演出后，跑去安慰她道："听说您病得厉害，明天甚至不能回到您常在的位置，我感到很难过。我急忙赶来就是想告诉您，请别为了明天颂歌的独唱部分着急，古德曼先生已经安排了刚白夫人顶替您的位置。""什么？"这位女高音歌唱家听完立马坐了起来，道："那个嗓子嘶哑的老女人要顶替我担任领唱？我绝对不允许这样的事情发生！"说完，她一只手将缠在头上的绷带扯掉，另一只手把身旁桌子上的药扫到地上。她高声道："快去通知古德曼和指挥，告诉刚白夫人她不用麻烦了，我明天早上会到场的。"海希小姐那银铃般的声音在屋里回响着。

① 约瑟夫·格兰维尔（Joseph Glanvill，1636—1680），英国作家、哲学家、牧师、自然科学家。

医学专家说，给一只得急病死亡的狗输入其他狗的血液能够使它重新复活。至少能够再站起来并摇尾巴，尽管活不了多久。将四只绵羊的血液输入一匹26岁濒临死亡的老马，能够使之重新焕发生机。同理，一个无知、麻木、绝望、萎靡不振的灵魂，可以因为一个新的想法和感觉获得重生。从而改变了整个人的精神面貌。这种状态，我们比喻为"思想附身"。因为心中怀抱了伟大的想法，身体羸弱的人也会变得强壮，腼腆拘谨的人也会变得勇敢，摇摆不定的人也会变得坚定不移。

拉蒂默①、里德雷②以及上百个阿兹特克人被押送到火刑场，在火光的照耀下，木柴燃烧的噼啪声中，一脸的宁静祥和，以至于围观者为他们脸上挂着的微笑感到疑惑。西班牙人将他们赶到燃烧着的火炭上，折磨他们，逼他们说出墨西哥城的藏宝点。古尔特莫辛望向国王，请求国王允许他将这个秘密说出来，结束折磨。国王蒙特苏马面带微笑地回视古尔特莫辛，哼哼道："难道我们不是躺在玫瑰床上？"

印第安战士在遭受严刑拷打时，会高声唱起死亡之歌，赞颂自己的英勇事迹。他们陷入一种癫狂状态，毫无痛苦地死去。

纽约的一个屠夫饱受痛苦的折磨，来到药房寻求帮助。在医师的询问下，他道出自己在悬挂牛肉的时候不小心从梯子上掉了下来，撞到了尖利的钩子。当医生将他的衣服脱下来时，他痛得呻吟不止，面色苍白甚至脉搏停止。面对这种情况医护人员甚至不敢挪动他。然而检查后发现，钩子仅仅刺穿他的衣服，并没有伤害到他的身体。他的疼痛完全是自己想象出来的。得知这点后，屠夫的痛也就消失了。

几年前，巴黎有一个妇女在圣母院附近被狗咬伤，被送到迪厄医院救治，很快伤口就痊愈了。数个月后，这名妇女在路上碰见她的学生，学生告诉她咬她的狗是疯狗，为她的痊愈感到吃惊不已。这个可怜的女人一听到这个事实，马上就狂躁起来。等比夸医生赶到时，她已经死了。

查默斯医生坐马车的时候，坐在马夫旁边，问道："约翰，你为什么要用鞭子狠狠地抽领头马的腿？"马夫答："不远处有一块白色的石头，领头马害怕那块石头。我这样做就是想用疼痛分散它的注意力不再去害怕那块石头。"查默斯回去后马上写了一篇文章：《分散注意力治疗法》。为了抵制诱惑，我们应当立马转移注意力。

拜伦小时候听到一个占卜师预言他最多只能活到37岁。从此这个想法便常常萦绕在他的脑海。直到他病重时，他重新提出这个预言，一下把所有治愈的希望

① 拉蒂默（Hugh Latimer，1487—1555），英国都铎王朝亨利八世的皇家随军牧师，文艺复兴时期欧洲新教改革家。玛丽一世在位时期他拒绝改变信仰，被以火刑处死。

② 里德雷（Nicholas Ridley，1500—1555），英国国教主教大人。

都打破了。他的医师认为，正是因为这种消极的想法，消耗了拜伦与疾病斗争的能量。

相信每个医生以及读过医学史的人都曾多次惊讶于精神的力量。人只要求生意志强烈，就没有治不好的疾病。同样，恐惧的力量也让人印象深刻，足以使一个原本健康的身体生病，甚至走向死亡。医生都知道，越是勇敢、意志力坚强的人，越是比那些软弱、摇摆不定的人更能抵抗传染病。拿破仑曾经到一所传染病医院去探望病人，那个地方连医生都害怕进去，而拿破仑却敢去握病人的手。他说，只要消除了对疾病的恐惧，就可以消灭病魔。

医生告诉道格拉斯·杰罗尔德他时日不多了。杰罗尔德说："要我留下一家子无依无靠的小孩儿死去？我绝对不会这样做的！"结果，他多活了好几年。塞内加患上不治之症，然而他却坚强地活了下来，理由如他自己说所说："一想到我的死会给我父亲带来怎样致命的打击，我便不允许自己那么快死了。"沃尔特·斯科特55岁时欠下了一身的债务。他虽然身体不好，但为了还清每一个铜板，他重新振作起来。还债的决心给他的精神和身体都注入了一剂强心剂，他身上的每一个细胞都告诉他要把欠款还清，最终他也做到了。只要拥有坚强的意志，肉体便能百病不侵。强大的精神力量足以遏制住疾病的恶化，甚至拖延死神到来的脚步。

某个演员说："我们不会生病的，因为我们不能。只有帕蒂及其他明星享有这样的'恩赐'，而我们大多数人都没有生病的权利。我们是绝对不能生病的。其实我也希望能像所有正常人一样拥有卧病在床休息的权利，但我从来不那样做。任何疾病在意志面前都会退却，人的意志力是最好的药方。我们剧团的工作人员都明白，为了工作，必须让自己的身体保持高度运转的状态。"

一名走钢丝的杂技演员饱受腰痛之苦，甚至不能下床行走。然而当他接到表演任务时，他集中全身的意志站了起来，扶着一只独轮小车重新走在了钢丝上表演。表演结束后，他被搬到担架上，现场人员描述当时的情景道："他就像一只结冰的青蛙那样僵硬。"

洪堡说："总有一天，病人会被视为可憎的小偷或骗子。他们的疾病完全是因为自己没有运用好精神的力量所致的。"他的观点有些极端了，但毫无疑问的是，精神对于肉体确实有着强有力的作用。

约翰·拉布特爵士在《人生乐趣》中说道："据说相士坎帕内拉能完全将注意力从受苦受难的肉体中转移出来。他甚至能够忍受被肢解的疼痛。能够通过意志力将注意力集中在别处的人，事实上是把自己从人生林林总总的小悲小哀中解放出来。这样的人面对使人焦虑的情况，面对身体上的痛苦，都能保持内心的平静。他们超越了过度在意的情感以及疼痛的感觉。”

据《青年之友》说，精神对肉体的超灵力量已经成为科学研究的新对象，最近甚至有科学家对此做起了实验调查。我们将此学科称为心理行为学，即研究灵魂对肉体影响的学科。实验表明，当一个人内疚时流出的汗水跟普通的汗水拥有不同的化学成分。通过对汗液成分的分析，可以得知这个人的心理状态。一种含硒的酸性物质会呈现出粉红的颜色，而普通汗液是不会有这种颜色的。

愤怒的情绪能使唾液分泌出一种对身体有害的物质。人人都知道，突入而至的强烈情绪不仅可以使人一夜白头，还能致死和逼人发疯。当斯坦利宣布远征就快结束，他们即将走出非洲丛林时，他的一个部下就因为高兴过头失去了理智，冲进丛林里消失了。不同的情绪能使人变得漂亮或者狰狞。像焦虑、不安、不满、嫉妒、恐惧等消极情绪，往往能产生毒素残害我们的身体。哈佛的詹姆斯教授是精神领域的专家，他说：“哪怕是一丁点高尚或者邪恶的念头，都会在我们身上留下痕迹。严格来说，我们做过的事情，是永远不会被抹掉的。”我们同情但无法相信那些自甘堕落或者酗酒自残的人，而我们自己也常常犯下看似“纯洁”的罪恶。愤怒对身体产生的危害甚至比喝醉酒还大。憎恨给一条纯洁生命划下的伤疤甚至比酗酒还要长。嫉妒、愤怒、不适时控制的悲伤比常年吸烟对身体产生更大的伤害。这些负面情绪是比尼古丁更毒的慢性毒药。

除了抽烟喝酒，还有很多办法能够摧毁一个人的身体。追火车的行为比抽烟对心脏的损伤更大，不控制好情绪胡思乱想比任何我们所了解的不健康行为更能缩短人的寿命。暴躁的马匹和盛怒的小狗比那些心情平和的生物更短命。长相丑陋的奶牛挤不出奶，嫉妒心强的绵羊长不胖。希伯来先贤说道：“正义之士为了好好活着而生活。而那些心术不正的人，却是直奔着死亡而去。”

没有什么比坚强、有活力的意志更能带给人们健康和成功。强大的意志对精神和肉体来说都是最好的补品，增强人类抗击困难的决心，承受失败以及抵御疾病的能力。人的意志力是肉体和精神之间的调剂，保持两者的平衡。失去两者之间平衡的人，一旦遭遇打击，肉体和精神将处于一片混乱。意志是大脑王国的执行官，如果它软弱而不坚定，便不会有能力维持人精神世界和肉体之间的和谐。相反，如果它强悍而坚定，那么人的身躯、灵魂以及道德领域都将处于一片和谐之中。软弱的统治者是不可能制定出强有力的法律，摇摆不定的君主是无法统治好一个国家的。

赫尔德[①]临死前还对其儿子说：“告诉我你有什么伟大的想法要实现，我马上

① 赫尔德（Johann Herder，1744—1803），德国评论家和哲学家。

又能精神起来。”牛顿在剑桥大学时通宵达旦地思考一个数学难题，第二天早晨因为解决了问题又精神百倍起来。

除了意志的力量，对某件事情执着的信念同样可以让人远离疾病保持健康。伦敦权威医学杂志《柳叶刀》[①] 讲述了一位英国女士的故事。她在年轻时候因为失去爱人而发疯。她对时间完全没有概念，没人可以劝她相信她活在她爱人死亡以后。一天天、一年年过去了，她一直站在窗前等他回来。她坚信自己还停留在年轻时候，这份信念使她的容颜保持不老。几年前有个美国人去看望她，认为她不超过25岁，而当时她已经是75岁高龄了。可见人的意志蕴含了多么强大的力量啊，甚至能阻挡时间对人的容貌的侵蚀。只是我们不知道怎样利用自身的意志力。

恐惧能使身体最强壮的人倒下，勇气则是最好的补药。一个英国犯人被医生蒙上眼睛，带到一张桌子旁边坐下。医生轻轻抓破他的皮，甚至连血都没有流出，向他的手臂倒下温水，使他相信自己正在大量失血。这个犯人不久就因为恐惧死亡了。如果他能够睁开眼，看到面前是一盆子清水而非鲜血，估计马上就能恢复健康。

在费城，几个医学院的学生决定在同学身上做个实验。他们轮流跟那个同学说觉得他看上去很憔悴，病恹恹的。结果他们这个年轻的同学回到家后就真的生病了，几天后病重身亡。医院里的一个病人相信他自己睡着的病床曾经死了一个霍乱病患者。不久他也出现同样的症状，并像得了霍乱一样死去。而他的病床曾经属于霍乱病患完全是别人瞎编出来骗他的。1891年7月，在罗得岛普罗维登斯，一个男人拿起高脚杯喝水，被告知里面放了大头针，一下子就感觉喉咙肿痛起来。他到医院治疗，经过医生仔细检查，没有发现有大头针的存在，这个人顿时也不感觉到疼痛了。

在阿伯丁马歇尔学院，一名学生告诉宿管，他们将对他执行绞刑，把他绑起并蒙上眼睛，把他的头摁在一块石头上，用湿布绕过他的脖子。让他们吃惊的是，宿管竟真的死了。不久前，在法国对一犯人执行死刑。他得知消息后并没有流露出害怕的神情，直到来到绞架面前，他抬头一望，脸唰地一下就白了，身体一下便没有了生命的迹象。他被抬到刀下，等了20秒刀才落下。鲜血并没有像平常一样喷涌而出，解剖专家发现，他心脏凝结了大量血块，证明在刑刀落下之前，他就已经一命呜呼了。

《无病呻吟》是莫里哀最著名的作品之一，里面一个角色得了忧郁症，总是以

---

① 《柳叶刀》（The Lancet）为世界上最悠久及最受重视的同行评审性质的医学期刊之一，由爱斯维尔出版公司发行，里德·爱斯维尔集团协同出版。1923年由托马斯·魏克莱创刊，他以外科用具“柳叶刀”（Lancet）命名刊物，而“Lancet”在英语中也是“尖顶穹窗”之意，借此寓意“照亮医界的明窗”。

为自己就快离世了。演出的第四天，莫里哀亲自上阵，扮演那个无病呻吟的角色。贝尔说："据说莫里哀在演出时太投入，等到演出结束后，竟然再也起不来了。"

很多时候病人在看到医生的一刹那病也就好了一半了。这种情况在乡下尤为明显，因为他们要请到一个医生并不容易。

被抓获的得克萨斯人累得走不动了，而一旦听说不走的人将被射死的消息，又持续多走了一整天。

安布鲁瓦兹这样评论1520年出现的彗星。他说："当时人们对彗星的出现充满了恐惧，很多人因此死了。有的是因为害怕死去，有的是因为生病。"

一个准备上吊自杀的穷人突然发现一瓦罐的金子。他于是把绳子扔掉，抱着金子急忙跑回了家。而那个把金子藏起来的人发现金子不见了，看到穷人留下的绳子，上吊自杀了。成功是活着的动力，失败是抑郁的根源。

心中有追求，身体才健康，生活也快乐。不仅是财富隐藏在心的所在，同样健康也是。许多失去健康甚至奄奄一息的人，因为突然之间有了目标，又精力充沛起来，实现非凡的成就。同样，如果一个需要人照顾的病秧子突然之间失去了所有能够照顾他的亲人，失去全部家当，在环境的逼迫下，能够做到曾经认为不可能的事情。

教育也是健康的保障之一。在学校上学的小孩儿往往身心都更为健康。因为健康和道德有着紧密的联系。如同一个房子的两个房间，不可能拆开单独成为一所房子。一切放纵堕落都将破坏生命的协调。人的身体是精神的仆人，只有接受过良好教育、自制力强、处于一片和谐状态的灵魂才能调理出健康的身体。纯真、向上、高尚的思想能升华人的心灵，提高生活的品质。高尚的理想和无私的奉献，能增强人的身体素质，使肉体变得更加健康和迷人。

佩德罗一世在欧洲卧床养病，收到临时代替他执政的女儿发来电报称，她已经签署了《巴西废奴条约》。受到这条消息的鼓舞，佩德罗一世一生的梦想得以实现，他的病一下子就痊愈了。

人的精神力量是伟大的、不可思议的，使人战胜环境，使人打败疾病。在许多科学家、改革家以及政治家的身上，我们都看到了这种力量的存在。

一个贪吃、卑鄙、淫荡的人，是不可能还拥有一副圣洁面孔的。邪恶到了一定程度，总能从脸上看出来的。

一位处于愤怒中的母亲的奶水含有毒素，能使襁褓中的婴儿生病甚至痉挛。孕妇的情绪对胎儿的影响极大。著名驯马师雷利说，如果对马匹发火，它们的脉搏一分钟便加快至少十下。如果连牲畜都如此，何况人类呢？

过于强烈的情绪波动常常使人呕吐。盛怒和过度的惊吓能在很短时间内使人患上黄疸病。

《美国科学》记述了这样一起病历。在康涅狄格州布里奇波特有一位老太太自己吞下了一颗假牙。医生赶到时发现她喉咙处的肌肉剧烈抽动，好像要窒息而亡。医生决定采取气管切开手术。就在同时，另一位医师感觉到床边有异物，于是翻开床单一看，发现正是老太太不见的假牙。老太太一看到自己的假牙没有卡进喉咙，痉挛马上就停止了。

著名女演员伯恩哈特夫人[1]说："我在表演《菲德尔[2]》的时候从来没有晕倒或者流血过。然而在第四幕出演狄奥多拉时，我要杀死马塞卢斯，就再也忍受不住激动的情绪跑到试衣间哭泣起来。如果我不跑到试衣间发泄情绪，肯定会忍不住把手头能抓到的任何东西都摔到地上。"

汉弗莱·戴维给一个中风病人治疗时将温度计插入他的嘴里量体温，病人就以为那是疗程的一部分。一个长期卧病在床的病人在火灾发生的时候，竟然能够从病床上起来并协助其他人逃生，最后还帮助清理火灾现场。有医生认为，让长期卧病在床的病人接受一些演练，让他们有机会展现自己英勇的一面，将有助于他们身体的恢复。

费城在1794年黄热病疫过后总结了一份医疗报告。报告写道："拉什医生的出现就是一剂最好的药剂。尽管药物紧缺，他只要站在病人旁边叮嘱几句话就能使病人退烧。"像拉什那样的医生焕发出一种精神的力量，比任何膏药都更有效果。他是医学界的国王，治愈了成百上千人的精神抑郁症，最后自己却病倒了。他丢失了宗教信仰，精神从此陷入一片混乱，不再相信牧师的安慰和布道了。

很多时候，因为遭受痛苦而心情烦躁、连篇抱怨的病人，也会因为朋友的一次拜访，医生的一个微笑而顿时心情开朗起来。身体的痛苦消失了，脸上重新焕发光彩，开心的笑容代替了阴沉的黑脸。病人完全变了个样，不是药物或者治疗的效果，纯粹是因为精神状态好了，身体自然也就舒坦了。很多时候，叫人无法忍受的牙痛一旦到了牙医面前，便即刻停止了。

布尔沃认为，我们应当拒绝生病，永远不要跟别人说我们病了，也不要这样告诉自己。疾病是所有人都应该拒之门外的恶魔。如果你想变得更强，就不要说自己很脆弱；如果你希望保持旺盛的精力，就不要说自己累了。如果你在心里已经认为自己生病了，很快身体也就跟着真病了。

---

① 伯恩哈特夫人（Sarah Bernhardt，1844—1923），法国19世纪末20世纪初最有名的女演员。

② 菲德尔（Phèdre），法国剧作家让·拉辛的最杰出的代表作品。

“在人类的七情六欲中，恐惧是最可怕的。”古时候人们甚至把恐惧这种情绪当作神灵来膜拜。然而到了今天，我们知道恐惧是人类进步的最大敌人。恐惧使我们的身体暴露在混乱和疾病之间。恐惧和焦虑的情绪可以杀死人体内的血小球。血小球一旦低于一定的含量，疾病和死亡便会接踵而至。然而没有人能够计算出恐惧究竟能化身成多少种形式。很多女孩正是因为从小被灌输了肺痨的可怕印象，因为害怕死亡而死亡。

很多家庭成员便是因为接受不了突如其来的家庭变故患上绝症的。曾有新闻报道过，一名妇女听到丈夫突然去世的消息后，全身痉挛不止，最后昏迷不醒。过度气愤容易使人中风甚至死亡。仅仅是一个晚上的精神煎熬就足以使一个原本健康的人无可救药地成为废人。长期悲伤、怨恨、嫉妒、焦虑都有可能使人患上癌症。病态的思想和混乱的情绪都是滋养疾病的沃土，犯罪的行为最容易从这里产生。恐惧实际上就是把我们置身于各种病态的思想当中，而不是想办法像防止小偷和传染病一样去阻止他们的入侵。如此一来我们对疾病的免疫力便下降了不少。我们一生都必须对抗的敌人，竟然被我们以同情心对待，使之愈加猖狂，我们愈加恐惧。恐惧还可以导致一些疾病的发生，尤以心脏病最多。因为恐惧，心脏的搏击力度减弱，身体也因为把太多注意力集中在一个器官而降低了其他功能的力量。医生常常以为自己也患有心脏病，医学院的学生也经常误以为自己患上了自己学习的那种疾病。费城有一个发明家害怕自己得了心脏病，于是到医院就诊，医生检查后告诉他，他每次深呼吸听到的刺耳声来自他自己发明的背带。

医学专家告诉我们，那些过度自恋的人是不可能拥有健康的。因为这样的人喜欢研究自己，只要有一点点变化便大惊小怪，以为自己得了什么病，久而久之没毛病也急出毛病来了。

没有自主意识的人不是自己的主人，甚至连身体都不属于自己。这样的人很容易受到疾病的侵袭。他们很容易受人影响，一旦生病，别人推荐什么药就吃什么，结果徒劳无益，反而损害了自己的身体健康。

突然的刺激很容易扰乱人的神经系统使其失去和谐。

英国一名银行家遇到严重的金融危机，3天时间就把头发给愁白了。德国一名医生过桥时看到桥底下有个男孩儿在水里挣扎，等他下去救他时已经太迟了。医生发现男孩儿竟是自己的儿子，一日内，悲伤让他头发发白。玛丽·安托瓦内特在死刑执行前几天头发全白了。佛蒙特的P船长在1813年被英国人抓获，在得知自己第二天将被枪决的晚上，他乌黑的头发一夜之间便变成了银丝。

来自东方的朝圣者在路上遇见“瘟疫”，问：“你要去哪里？”“瘟疫”答：

“我要去取5000条人命。”几天过后，这个朝圣者又遇见了回去的“瘟疫”，问：“你说你去巴格达取5000条人命，怎么那里死了5万人呢？”“瘟疫”说：“我确实只杀了5000人，其他人是自己把自己吓死的。”在医生手里经常可以看到这样的病例，在大城市的贫民区，成千上万的贫民在瘟疫盛行期间因为害怕而死。

嫉妒能使一个可爱的人变成恶魔。怨恨能让一个快乐的家庭争吵不断。一份宣布亲友死讯的假电报足以使人顿时虚脱无力。同样，一个好消息也能马上让人心情开朗。

一个画家为画中的可爱孩子痴迷不已。他把画挂在自己的书房，每天看上几个小时。无论是在悲伤还是在情绪激动的时候，他都要去看看那幅画，这样他的心也就宁静下来了。一天，他突然想画一幅和孩子的纯洁相反的作品，可是找不到灵感。直到几年过后，他在监狱看到一张绝望的脸，显得十分丑陋和可怕。不久，画家吃惊地发现，两张完全不同的脸竟然属于同一个人。那个曾经天真无邪的孩子后来由于挥霍过度，走上了不归路。欲望将天使扭曲成魔鬼，随着精神的堕落，孩子纯真的面孔也变得狰狞无比。

走在医院的看护室里，你会发现无论是开朗的病人还是满脸哀愁的病人，对于医生的态度都十分在意。医生是微笑还是摇头，或是表情冷淡，对于病人而言就是希望和绝望的区别。他们都想从医生的一举一动中看到一线治愈的希望！发烧的病人从医生那里得到鼓励后原本干燥的舌头马上便温润起来，眼睛重新焕发出光彩，又干又热的皮肤也变得湿润清凉。任何药物都无法施展这样的魔术。病人的想法和感受一旦发生变化，身体也跟着改变。如果医生流露出无奈和迟疑，病人的身体马上渗出冷汗，绝望立即表现在病人的脸上。

就算是拉斐尔，也无法照着犹大的脸画出耶稣。菲迪亚斯如果满心装着邪恶的思想，也不可能在大理石上雕刻出天使。思想出现的一点偏差都会表现在雕像上。没有心怀远大志向的人永远不可能成就多大的事业。心理不够正直健康的人永远无法获得健康的体魄。一个满脑子想着要自杀或者犯罪的人怎么可能拥有纯洁澄净的心灵？人的每一个想法都会进行自我复制，从而影响到人的精神状态，再影响到人的身体健康。人的大脑会将所有听见的，看到的都吸收进去，不论真假，不论好坏，也不论是引人向上还是堕落，不论是使自己变美丽还是扭曲，是带来和谐还是混乱，是真理还是谬论。因此，我们应当做出慎重的选择。

“一个人的心里想什么，他就会变成怎样的人。”如果年轻女孩希望变漂亮，她便不愿再看到或想到任何丑陋的形象，以免这些不好看的打扮影响到自己的品位。如果她想变成优雅的女性，也不会再笨手笨脚。认为自己生病的人永远不会获得健康。

我们必须保持身体的健康及和谐，抵制不协调的思想及引诱人犯罪的诱惑。不要总想着自己生病了，那也不是你所希望的。也不要把注意力集中在痛苦的事情上，纠结于所有的细节。不要闪过哪怕是一刹那的想法，认为你不是自己的主人。不要匍匐在消极情绪的力量之下，让精神战胜身体上的疾病吧。

我的小孩儿，我会从小教会他们养成健康的生活习惯，做一个乐观向上、有抱负、正直的人。我会教他们如何面对疾病和死亡，如何防止如怨恨、嫉妒等负面情绪的发展。我会告诉他们，我们吃下、喝下甚至呼吸进肺里的东西，都将构造成我们，化成我们的血和肉。我要告诉他们健康的思想是身体健康的保证，正如纯洁是过上无污点人生的前提。我会让他们知道培养坚强意志力的重要性，让他们学会自己对抗生活上的敌人。我会带给生病的孩子以希望、信心以及快乐。因为我们的思想和想象力的局限性，限制了我们的发展。自信心不足的领域是不会有成功光临的，因为我们自己给自己设置了屏障。任何负面的情绪都会不断“繁殖”，并影响世界上其他甚至下一代人。

有良心的医生和将要为人父母的人不会对身体滥用药物，就像不会给自己设立太多规章制度一样。准妈妈会用世上最伟大的万灵药——爱，代替所有愤怒、憎恨、恶意等负面情绪。好的医生会让病人培养开朗的心情，怀抱善良愿望，从事高尚行为。他们除了给病人的身体开补药，也不忘让病人保持一颗快乐充实的心。

耶稣之所以能够施展奇迹，是因为他道德高尚，精神和肉体达到和谐统一的境界。耶稣被派到世界就是为了向人类展示完美人类的模范，帮助人们打败人性弱点。他精神力量之强大，使他感觉不到肉体所受的折磨。在耶稣身上，各个器官和生理体系都完美无缺，小病小痛和身体的紊乱都可以得到自愈。耶稣告诉人们，精神的力量可以打败肉体承受的痛苦，人格的力量可以超越极限，实现奇迹。他让人们看到，只有身体健康了，灵魂才会健康；只有灵魂健康了，身体才会谐和。耶稣向世人展示了精神对于身体的提升、净化作用。

毫无疑问，精神的力量足以使人保持年轻和美丽，让人体格强壮、健康。过去，越是长寿的人越是品格高尚，远离所有使人精神混乱、削弱精神力量的负面情绪。

有文化、有知识、身体健康的人更容易颐养天年，他们不会衰老，身体和灵魂处于一片和谐美好的状态中，一起随着岁月更加成熟。这样的人一定是性情温和、品格高尚之人，因为他们不会允许任何邪恶的思想和行为玷污自己神圣的灵魂殿堂。灵魂是肉体的天然保护者。造物主不可能创造了我们的肉体，又留给我们有限的药物去治疗。人类的一切疾病都是可以通过精神力量治疗的。如果人人都通晓这点，并学会怎样运用精神的力量治疗肉体上的疾病，那么全世界的医生都要失业了。而我们也将更年轻，更加快乐地迎接即将到来的新纪元。

第二十二章

宽仁之心

当人人都在谴责诅咒一个人时，拥有宽仁之心的人便会站出来：“请大家不要只看到他坏的一面，在那人灵魂深处的某个地方，一定还残存着人性。”

太阳从不吝啬自己的阳光，无论是对阴暗的角落旮旯，还是遥远的星球。只有自己发光发热，才能站到更高处。

——爱默生

即使我讲人话，甚至表现得像天使一样，如果没有一颗仁爱之心，也只是一把动听的喇叭，叮当作响的铜钹。

——圣保罗

勇敢的战士啊，你们与我并肩作战，
假如人类的规定允许，
对于信仰不同的朋友，
我们是不是就可以抛弃之？

——莫尔

上帝是天父，全人类都是兄弟。

——拉马丁[①]

对别人好也就是对自己好。

——富兰克林

切莫刻意寻找别人的缺点，
就算你看到了，
也最好装瞎子，
去发现他们身上的美德吧！

——艾拉·惠勒·威尔科克斯[②]

若我们能了解敌人成长的秘密，他们所经历的悲伤和痛苦，足以让我们同情、放下成见。

——朗费罗

仁慈之人富裕，贪婪之人贫穷。
诅咒他人即诅咒自己。

---

① 拉马丁（Alphonse Marie Louis de Lamartine，1790—1869），法国诗人、历史学家。
② 艾拉·惠勒·威尔科克斯（Ella Wheeler Wilcox，1850—1919），美国诗人。

民主不是要实现“我过得跟你一样好”，而是“你过得跟我一样好”。

——西奥多·帕克[①]

我们不是施与者，而是分享者；

天下不会无端掉下馅儿饼。

——洛威尔

在国家农业部种子供应室，一个身材苗条、头发有些花白的妇女，为了每周9美元的薪水辛勤工作。她的穿衣打扮以及气质体现了她的学识及教育水平，然而，她似乎将全部精力都放在自己的岗位上。有拉斯科秘书的书信为证。

华盛顿安纳科斯提亚，雪松山

1891年11月26日

J.M. 拉斯科部长，

部长阁下，我很荣幸可以提醒您关于××小姐的事情，我曾经在她的家里担当仆人。她家因为大环境不好而没落。××小姐希望能够通过我的帮助找到一份工作补贴家用。人生际遇之变幻莫测让人措手不及。我本来是仆人，她是主人，现在她却需要我帮她谋得一份职位。我相信，××小姐在农业部一定会有出色的表现，证明自己的价值。我希望您能同意她的加入。您忠诚的部下。

弗雷德里克·道格拉斯

“本月5日在本店偷窃物品的朋友们请注意啦，本店店主真诚地希望能够成为你的朋友。如果您是因为贫穷不得已才出此下策，本店店主一定为您严守秘密，并帮助您重新走回正道。”这则在革命战争期间登在费城报纸上的广告吸引了很多人的眼球，但只有那个真正的盗贼知道登报的主人是一个名为威廉·赛弗里的贵格会信徒。晚上9点，威廉为一个犹豫小心的敲门声打开了门，一个男人站在门口，眼睑垂下地说道：“赛弗里先生，我是来把这些东西还给你的。我应该把它们放在哪里？”威廉回道：“请稍等一会儿，我去把灯点亮，就和你一起到仓库把东西放好。也许等会儿你能告诉我你为什么要这样做？”等他们把东西放回仓库，赛弗里夫人已经准备了热咖啡和食物。她说：“我的邻居史密斯先生，吃点热饭会让你感觉好些的。”史密斯默默地转过身子，过了一会儿哽咽地说道：“这是我第一次偷东西，我感觉糟糕极了。我也不知道是怎么回事。我染上了酒瘾，跟人吵架，任

① 西奥多·帕克（Theodore Parker，1810—1860），美国先验论者、社会改革家。

凭自己堕落，被人打骂。赛弗里先生，您是第一个给予我援手的人。上帝会保佑你的！我从您这里偷来兽皮，本来是想倒卖挣钱。我说的都是真的，这是我第一次偷东西。”赛弗里说：“这是第一次也是最后一次，我的朋友。也是我和你之间的秘密。你还那么年轻，请务必答应我一年之内不再沾染酒精。若是你能做到，我明天就请你到我的店铺当伙计，我会付给你可观的薪酬。也许我还能帮助你的家人找到工作。但现在，请你坐下来吃点东西，喝口热咖啡。坚强点吧朋友，就算是为了你的妻子和孩子。你会做到的。”说完，赛弗里跟他道了晚安，说道：“只要你有困难，随时都可以来找我。”向我讲述这个故事的先生最后讲到了史密斯的结局。他第二天就到了赛弗里的店里工作，干了许多年依然保持了诚实、忠实的品质。

爱默生说：“对我来说，每个人都是上帝之子，没有谁天生就是别人的奴隶。”

在世纪之初，伊丽莎白·弗莱[1]将全部精力都奉献给英国监狱里的犯人。她的一位女同事说，在新门监狱，那里的女犯人都将伊丽莎白当成朋友。当问及那些犯人都是因为犯了什么罪被关监狱的，伊丽莎白回答：“我不知道，我从来不问她们这个问题。”

歌德说：“至今我还没有听说过，有哪一种罪恶是我没有犯过的。”

贝尔白·波图斯[2]感叹道：“啊！为什么高高在上的国王要忘记自己也是一个普通的人类？而普通老百姓要忘记他们跟国王一样，是上帝之子？”

一位老太太说：“有人相信人类终会获得拯救，而我则希望发生更好的事情。”这位可爱的怪老太不像别人一样总是从原罪角度出发挖掘别人的缺点，她反而很高兴看到人性的显现。

克罗维斯望着嘉伦河边上的富饶土地，恨恨地说：“这样富饶的土地竟然属于坏人，太可惜了。让我们把它夺回来吧！”

富兰克林写道：“在太阳下山的时候，亚伯拉罕在帐篷门前坐下。这是一个上了年纪的老人，长途跋涉后坐下来休息。他看到迎面走来一人，便站起来打招呼道：‘朋友，洗把脸吧，早早起床就赶路啦？’那人回答：‘不是，我住在这棵树下。’亚伯拉罕盛情邀请他一起到帐篷里用餐，烤了面包，两人便一起吃了起来。亚伯拉罕发现那人吃饭前不做祷告，便问道：‘你吃饭前为什么不感谢万能的上帝赐予我们这顿饭吃？’”

“男人回答道：‘我不崇拜上帝，我自己就是上帝。我的一切都是我自己努力得到的。’亚伯拉罕气愤不已，把男人撵了出去。午夜时候上帝造访亚伯拉罕，问

---

① 伊丽莎白·弗莱（Elizabeth Fry，1780—1845），英国监狱制度改革者、社会改良家、慈善家。

② 贝尔白·波图斯（Beilby Porteus，1731—1809），英国国教主教。

道：‘亚伯拉罕，那个陌生的男人去哪里啦？’亚伯拉罕答：‘由于他不相信你，我把他赶出去了。’”

“上帝说道：‘虽然知道他反对我，我还是为他提供吃穿。而你，竟然不能容纳他一个晚上？’”

塔尔梅奇说：“某牧师对法国路易六世说：‘请您制造一个铁笼，将所有反对您的人都关进铁笼，使他们不能躺下，永远只能站着。’”过了不久，这名牧师得罪了国王，被判处在他建议制造的铁笼里关押14年。

塞缪尔·约翰逊说：“除了美国人，我愿意爱全部的人类。”

同年，伊莎贝拉女王资助哥伦布到西方寻找新大陆。她签署文件宣布西班牙禁止信仰伊斯兰教。伊莎贝拉女王一面是宗教独裁的恶魔，一面又帮助了哥伦布发现了有宗教自由的新大陆。

培根在科学发明方面贡献很大，却是一个因为贪污罪背叛入狱10年的犯人。

爱默生在佛蒙特米德尔伯里大学开讲座，一位牧师说道：“主啊，请别再让我们听到这些形而上学的废话！”爱默生对此仅淡淡回应说，他认为这位牧师是一位工作勤恳，说话真诚的人。

威灵顿公爵建议牛津大学签署39条约并要相信这些条约的作用。

布顿是一名卓越的医生。一天，他受邀给法国首相看病，准备给他做一场大型手术。首相对布顿说道：“我是首相，你不能像对待普通病人一样敷衍我，你要给予我特殊待遇。”布顿不卑不亢地答道：“首相大人，您口里所说的普通病人，在我眼里看来，和首相您是平等的。”

一个贫穷的妇人，得知戈德史密斯懂得医术，并且仁爱为怀，便写信向他求助。她的丈夫因为失去食欲处于非常悲惨的状态。好心的诗人收到信后接待了妇人，并详细询问了她丈夫的病情。戈德史密斯免费给妇人的丈夫开了药，回到家后将十个几尼投入纸盒，写道：“这个盒子将用来存放帮助穷人的钱。我们应当以善良之心对待他们。”

他甚至捐出部分自己的衣服。因为把床褥都捐给了穷人，他不得不爬到床单底下睡觉才能保暖。

一位法国妇女因为医生误割到她的动脉，失血过多在病床上奄奄一息。为了防止这个医生危害到更多的人，她支付给他一笔很可观的养老金，请求他不要再出来行医害人了。一位波兰公主也是因为医生手术失败无救身亡。她临死前写了一份遗嘱道：“为了不让别人重蹈覆辙，我希望支付给这位庸医一笔足够他下半辈子生活的金钱，以及我的房产。但愿他不要再行医害人。我真心原谅他，只希望同样的事情不要发生在其他人身上。”

滑铁卢战役后，有人要求威灵顿处死拿破仑。这位铁公爵答道：“如果我这样做了，肯定给后世留下骂名。我们的子子孙孙会认为我们没有资格当拿破仑的战胜者。”

南北战争期间，弗雷德里克斯堡战场上伤亡惨重，士兵因为负伤传来痛苦的喊叫声，与枪声交织在一起。一个来自南方的士兵再也无法忍受受伤士兵的哀求，请求将军允许他送水给他们。将军说，你下去自己也会死的呀。但是听到战场上伤病的惨叫声，将军还是答应了。这名士兵冒着枪林弹雨的危险，逐个伤员去送水。北方联军为这个士兵的行为所感动，于是下令停火一个半小时。在这一个半小时内，这个士兵为每位伤员都送上了清水，虽然他们都是敌军的人。他帮他们摆好姿势，让他们躺得舒服些，还将衣服毯子盖在了他们身上。

罗莎·博纳尔[①]买来一只凶狠无比的狮子，并给它起名为尼禄。当人们都认为这头狮子无法驯服时，罗莎却以真心相待的态度，赢得了狮子的信任和喜欢。后来她因为要外出旅行不能照顾尼禄，就把它卖给了巴黎的自然博物馆。两年后，罗莎回来探望尼禄，竟发现尼禄双眼失明，受尽了看管人的虐待。尼禄凄惨地躺在笼子里，对外面游客的来来往往无动于衷。当罗莎轻声喊道：“尼禄，尼禄。”这个百兽之王突然惊醒，疯狂地奔向主人，似乎要以这种方法表达对主人回来的强烈喜悦。罗莎感动不已，决定重新把尼禄带回家。尼禄死去的时候，两只大大的肉掌趴在它最喜欢的主人身上，仿佛在请求罗莎不要再离开它。罗莎后来说道：“想要获得猛兽的爱，你必须真心爱它们。”

帕里斯是一位德高望重的权威外科医生，莫特去拜访他的时候，他正在为一场即将进行的大手术感到紧张焦虑。因为在医院找不到类似的病人，帕里斯说：“我的朋友，不用担心，在监狱里关了一个恶魔，你明天可以过来，我将拿他先练练手。”莫特医生拒绝了，他不愿意去看一场冷血残酷的活体实验。

一个再刻毒的人，心中也有上帝；一个再悭吝的人，心中也有慈善家的一面；一个再胆小的懦夫，只要时候对了，也会呈现出英雄的一面。心中的贪婪、冰冷的法律，让一颗高尚的心用自私自利的外壳保护起来。等到万不得已的时候，这颗心才会冲破这层保护壳，展现出温柔善良的一面。

当每个人都摒弃甚至诅咒一个人时，“仁慈”说：“不要着急下结论，上帝躲藏在他心中的某个角落里，只是我们还没有找到。”不要轻易批判别人，他们做事

① 罗莎·博纳尔（Rosa Bonhenr，1822—1899），法国动物画家。

的动机也许是你们意想不到的。在费城，黄热病暴发时，人们甚至连亲友都抛下，恐惧地逃命去了。这时候，你有再多的钱也请不到护士看护你，人死了没人埋葬，人病了没人照顾。就在这种情况下，留下来照顾患者的竟是一个平时冷酷无情、铁石心肠的人。他甘愿冒着危险，不求回报地留下来当苦力，拯救同胞的生命。这个人在业内出了名地小气，没有朋友，从来不愿意帮助别人，对于别人的遭遇也总是摆出一副大理石般的冷酷表情。就是这个大家公认没爱心的人，反而留下来协助医院照顾病人，安葬死者，没日没夜地工作。

新英格兰威胁说要退出联邦政府时，政府马上筹集资金应对。筹集的500万资金中有20万是由一个冷酷、没有什么朋友的人捐献的。这个人捐了500万给费城的孤儿，剩下的2000万打算用在更高尚的事业上。

他曾说："等我死后，世人自会根据我所做的一切对我做出客观的评价。"

苏格拉底说："在爱与仁慈诞生之前，恐惧占领了世界。当爱出现在人世间，便孕育出了人类。"

波斯的一位作家说道："我年轻时候曾非常虔诚。每天晚上都要读《古兰经》，并对着经书向主祈祷。一天晚上，我像往常一样捧起了《古兰经》，我父亲被我惊醒了。他是一个很实际的人。我对他说：'当其他孩子因为没有宗教信仰迷失在这个世界时，只有我依然虔诚地信奉着上帝。'父亲说：'我的儿，你竟然牺牲宝贵的睡眠时间在这里数落你兄弟的不是？'"

挑别人的缺点非常容易，难的是怎样从别人的错误看到自己的错误，从而改正它们。重担背在别人身上便显得没那么重。别人的悲伤我们容易忘却，却忘不了自己的悲伤。

马拉松战役胜利了，希腊重获自由。每一个打了胜仗的将军都自诩应当获得头等荣誉，只有米太亚得[①]得到全部人的肯定，被授予二等荣誉。

有人说，人类犯下了十四项错误：一、凭借自己的主观思想设定对与错的标准。二、用这个标准评价他人。三、以自己的喜好判断别人的喜好。四、试图统一世人的观点。五、年轻时候看重别人的评价和经验。六、把世人看成没有差异的整体。七、喜欢纠结于琐碎的小事。八、追求完美。九、操心没有办法改变的事实。十、不懂得自我减压。十一、不愿意让利给弱者。十二、还没有尝试就认为不可能。十三、只相信自己亲眼所见。十四、尝试理解所有事情。

加菲尔德死后获得了生前没有得到的荣誉。美国南方的媒体在他遭到枪击后，

① 米太亚得（Miltiades），古雅典统帅。

称他为“我们的总统”。就连一向都反对他的州县，也登报对他称赞不已。

耶稣的冠冕上，最闪耀的一颗星叫仁慈。

彼得大帝发现，每个人对某人的评价都是负面的。他于是忍不住打断大家的口诛笔伐，问道：“难道这个人就没有什么值得你们夸赞的地方吗？来，告诉我他的优点吧。”

切斯特菲尔德公爵在他的遗嘱里提到自己的仆人，他把他称为“生不逢时的朋友”，认为他“生来与众生平等，是命运的不济，使他成为低人一等的仆人”。

“我年轻的时候，”霍勒斯·沃波尔[①]说，“喜欢写讽刺小说。然而到了现在这个年龄，我觉得自己应该为此写一封道歉信。”

莎士比亚说：“我不会责怪异教徒。我能责怪的人只有我自己，因为我了解自己的所有缺点和不足。”

我们每一个人性格上都会有缺点，需要别人原谅；都会有一些特别的癖好，需要努力克制；都会对某些事情有些偏见，需要尽量避免；都会有一些无伤大雅的小习惯，需要别人包容；都会有自己对事件的一些看法，需要别人尊重；都会有一些特殊的感受，需要别人照顾到。

哈里特·比彻·斯托[②]说：“让我们这样解决这些问题吧。首先，学会沉默。其次，不要总挑别人的毛病。我们自己要做个开开心心的人，不要将自己的烦恼强加到别人的身上。最后，学会称赞别人。”

柯珀[③]说：“天！假如我最好的朋友将我忽略他的次数都统计起来，在审判日的时候当作判决我的证据，我该怎么办？我应当为他们祈祷，即使是敌人，也要祝福。”

莎士比亚说：“不要随意批评别人，我们自己也是罪人。”

卡莱尔的一个朋友这样评价卡莱尔：“他心中有一把用来测量人好坏的尺子，这把尺子便代表了卡莱尔的喜好和偏见。不论是活着的人还是已经死去的人，他都用这把尺子来衡量。像拿破仑、克伦威尔等伟人，他将他们奉如神明。而那些不符合他心中标准的人，他将他们踩在脚底，毫不掩饰自己对他们的厌恶，还生怕别人不知道。”

《年轻之友》杂志登了一则令人悲伤的小故事。话说有一个年轻美丽的姑娘，她性格开朗，活泼可爱。这个姑娘嫁给了一个穷人，并生育了四个孩子。她的丈夫

---

① 霍勒斯·沃波尔（Horace Walpole，1717—1797），英国作家。

② 哈里特·比彻·斯托（Harrite Beecher Stowe，1811—1896），美国作家、废奴主义者。代表作：《汤姆叔叔的小屋》。

③ 柯珀（William Cowper，1731—1800），英国诗人、圣诗作者，他是浪漫主义诗歌的先行者之一。

一分钱都没有留给女人就离开了人世。女人一个人又当爹又当妈，身兼数份工作，供她的孩子上寄宿学校，上大学。这则故事的结局写道："她的孩子们回来了，穿着时髦，举止优雅，谈论的都是当下时髦的话题。而他们的母亲却穿着打满补丁的衣服，看上去就是一个与时代脱节的平凡妇女。她的孩子们都有了自己的追求和朋友，她就像一个格格不入的人，在他们身边沉默了两年，最终因为脑萎缩突然去世。她的突然离开惊醒了孩子们。他们悲伤地围在失去意识的母亲身边。最年长的儿子握着母亲的手哭道：'妈妈，您是世上最好的妈妈！'听到这句话，她的脸上又有了血色，眼睛似乎微笑了起来，发出光彩。她用微弱的声音说道：'约翰，你从来不曾对我说过这样的话。'说完，她永远地离开了。"

布尔沃说："噢！这个丑陋的世界！到处都是诽谤和污蔑！两个蠢货碰头说起别人的坏话，然后一传十十传百。谣言就是这样生成的呀！谁又能将其扑灭？"

比彻说："在背后谈论别人，有人说赞扬的话，有人说公正的评价，也有人故意诽谤污蔑。故意诽谤污蔑别人的人对邪恶有着天生的喜好，喜欢数落别人的不是。就算是耶稣也不会把别人的错误一粒粒捡起来，串成珠链四处炫耀。这种人极其可恶，与恶魔无异。"

据说提图斯·维斯佩西安[①]在听到别人说他坏话时，会过去修正他们的说法。但如果他们说的都是真实的，他会比说话人更生自己的气。西奥多修斯[②]下令不许惩罚说他不是的人。他说："对于那些拿我开玩笑的人，笑一笑就过去了；那些咒骂我的人，我会原谅他们；那些对我感到气愤的人，我同情他们；那些说出真话的人，我谢谢他们。"

我们在批评别人的时候，是否也应该同时省视自己？切记，对别人评价中肯赞赏的人，都是心灵高尚的人。

威灵顿晚年写信给朋友道："我不喜欢在匆忙之间做出决定，也不喜欢在情绪激动时乱开口说话。因此，我一生都没有和任何人吵过一场架。"

仁慈不是为了自己，是为了他人。自私的人永远不可能真正富裕。金钱是山谷里的泉水，只有喷涌而出才能灌溉花花草草。从山谷流下的泉水浇灌了草地，养育了花朵。将泉眼封起来，泉水会干涸，花朵会凋零，小草会枯萎。一眼清澈的山泉水不再欢腾，变成一摊死水。就连小鹿也不再来到泉边喝水。同理，财富只有花在有意义的事情上才能体现出价值。一副铁石心肠，连同情心都枯竭了的灵魂就像一片没有任何生命迹象的沙漠。

---

① 提图斯·维斯佩西安（Titus Vespasian，41—81），罗马帝国弗拉维王朝的第二任皇帝。

② 西奥多修斯（Theodosius，347—395），罗马帝国皇帝，将基督教定为国教。

爱德华的墓志铭上写道：

我们给予多少，就拥有多少；
我们付出多少，就收获多少；
我们留下多少，便失去多少。

“给予别人越多，自己得到的也越多。留给自己太多，最后反而一无所有。自由的灵魂被养得白白胖胖，浇灌别人的田地，也会得到别人的帮助。”“不要吝啬自己，那样你才会有收获。己若不欲勿施于人。衡量别人的同时，也衡量衡量自己。”“播下的种子越少，收获也就越少。”“一无所有的人，更加慷慨大方。”“支撑伟人的是他们的心灵，而不是钱包。”“越是有钱的人，越吝啬自己的钱包。”

在闯荡世界的时候，我们同时不要忘记回报社会。种瓜得瓜，种豆得豆，不管太阳有多温暖，雨水有多温柔，土地有多肥沃，种下瓜的种子是不可能收获豆子的。

格莱斯通在工作的闲暇时间看到街边一个男孩儿在哭泣。他走上去，靠近这个男孩儿，安慰他。在波士顿的贫民区里，菲利普斯·布鲁克斯帮助一位出去透气的母亲照顾她的孩子。

“如果我们关上和别人沟通的门，也不可能打开通往天堂的门。”

关于给予，最美妙的事情是，我们得到的往往比我们付出的更多。我们付出行动，得到热烈的反响。我们为穷人和不幸的人付出了时间和金钱，收获的是更加珍贵的品质——仁爱和慈善。

威廉·霍华德·拉塞尔[①]在克里米亚的英军营帐中写道：“外面正下着倾盆大雨。天空就像墨汁一样黑。风呼啸着吹着帐篷，战壕都变成了深水沟。帐篷也渗进了雨水，足足有一英尺深。士兵既没有防水的雨衣也没有保暖的大衣。他们要在战壕边上站岗十二个小时，忍受冬天的寒冷。然而，没有一个人关心自己是否过得舒适，生命是否安全。英格兰的百姓需要他们的保护啊。跟他们这些为了保卫祖国流血打仗的士兵相比，街上的乞丐过得简直就像王子。生病的士兵之间互相照顾，死亡的人一个叠着一个，连块墓地都没有。”1854年，一场大雪突然降落，积雪高达三英尺，许多士兵冻死在自己的帐篷里。一支拥有4.5万人的军队，超过1.8万人躺在

① 威廉·霍华德·拉塞尔（William Howard Russell，1821—1907），英国《泰晤士报》记者，第一位著名的战地记者。拉塞尔曾报道过克里米亚战争、南北战争和普法战争等。

医院，死亡率高达60%。

然而，天堂为这群饱受战争苦难的士兵送来了一位天使。她也是一个普普通通的人，有着一副血肉之躯，来自英格兰最美丽的家园，一个家境富裕、长相俊俏的姑娘。她的心听到了上帝的声音，南方的微风将战士的呻吟声吹到她的耳边。她的名字是弗洛伦斯·南丁格尔，她带领34名经过训练的护士，来到了战场，照顾伤兵。她来到霍乱横行的营帐，那里的空气飘散着死人的臭味，水资源缺乏。因为资源供给不足，那里的士兵没有足够的衣服穿，没有足够的粮食吃。肮脏、瘟疫横行。南丁格尔自建了一间洗衣房，一间厨房，还为康复中的士兵准备了娱乐活动，在军营里建造排污水管。对于重病患者，她还提供特殊细致的照顾。所有的事情，都是她一个人在三十几个护士姐妹的帮助下完成的。她温柔地为即将死去的士兵打软枕头，替失去双手的战士写信回家，在伤员的耳边给他们说鼓励的话语，对需要她的士兵报以富含同情的微笑。在饱受战争摧残的士兵眼里，她们如同上帝派来的天使，帮助他们减轻痛苦。在克里米亚医院，对于那些躺在病床上的伤员而言，护士们灿烂的笑脸和轻柔的身影，便是最好的安慰了。

《伦敦时报》的一名记者写道："在疾病弥漫的土地，在死神包围的战场，一个妇女的身影随处可见，她的出现，对于在战争中挣扎的灵魂，无疑是最大的慰藉。毫不夸张地说，她简直就是医院里的天使。只要看到她纤瘦的身影走过，战士们的脸庞就会变得温柔起来。夜深人静的时候，就连医官都去睡觉休息了，她依然拖着孤独的身影，一个人提着灯巡逻病房。"在一名伤兵的日记中写道："她走来和我们聊天，多次点头和微笑。但她不可能照顾到每一个伤员，你要知道每天都有上百人被送进医院。但我们即使只能抓住她的影子，也打心里感到高兴。我们亲吻她的影子，心满意足地躺下了。"

我常想，只要看到人间的疾苦，人类的自私和冷酷都不再存在。看到别人的不幸能够激发我们想要帮助他们的决心。

贫穷和不幸为我们提供重塑人格的机会，是帮助我们成长的良师益友。帮助别人也就是帮助我们自己。我们能在帮助别人中完善自身的人格，锻炼自己的体魄。

动物学家路易斯·阿加西[①] 说："我24岁在朋友的帮助下，一个人到巴黎学习，却因为生计问题决定放弃学业。当时，米切里希[②] 教授正好到巴黎出差，他问我为什么感到灰心丧气。我答道，因为我身无分文了，不得不选择离开。第二天早上，

---

① 路易斯·阿加西（Louis Agassiz，1807—1873），19世纪瑞士裔美国植物学家、动物学家和地质学家，以冰川理论闻名。

② 米切里希（Eilhard Mitscherlich，1794—1863），德国化学家，因于1819年发现类质同像现象而闻名。

我在吃早餐的时候，在我下榻的旅馆花园外，走来洪堡的仆人。他交给我一张字条，说里面有答案，就走开了。我打开字条，看到里面写道：‘朋友，我听说你因为一些无可奈何的事情不得不离开巴黎。我却认为没有离开的必要。我希望你能继续在这里待下去，直到完成你的研究。这里有一张50英镑的支票请你收下，就当作是你跟我借的。等你有能力偿还时再还给我。’”

只要点燃了一支蜡烛，便能用这支蜡烛点燃所有其他蜡烛。

耶稣在遭到辱骂时从不还口，相反更加奋力追求自己的目标：领导人类、爱人类。不论是过去，今天，还是将来，他影响力之大，全是因为他拥有完美的人格和纯洁的灵魂。

布尔沃说：“每个人都应当照顾好自己的生活，背负起自己的责任。然而，如果我们能够互相帮助，便实现了耶稣的遗愿。”

如果我的一句话能够使你的生活更加美好，如果我的一首歌能够使你的心情更加轻松，那么请上帝让我说出这句话，唱出这首歌，回荡在山谷，传遍大地人间。

不要在心情不好的时候对别人的错误指手画脚，
在上帝的荣光照耀下，
这个错误也许只是小小的疤痕，
你揪着这个小错误不放，伤害的只会是自己。

——阿德莱德·普罗科特[①]

① 阿德莱德·普罗科特（Adelaide Anne Procter，1825—1864），英国诗人。

第二十三章
受诅咒的惰性

我们切莫浪费一分一秒的时间，要利用好哪怕只有一秒的时间创造出最大的价值。

懒惰是活人的坟墓。

——马登

失业不是休息；精神空虚容易压抑。

——考珀

失去的财富可以勤奋一点，再挣回来；失去的健康可以节制一点，再慢慢恢复；失去的知识可以通过学习，再找回来。面对流逝的时间，擦肩而过的机会，又有谁能再追得回来？

——西戈尼夫人

什么都不做，就连犯错的机会都没有了。

——克拉福特斯

机器不工作会生锈，比过度运转坏得更快。

——富兰克林

养成懒惰习惯的人即走向一条毁灭之路。严格来说，这还不是路，是不能回头的悬崖险道。

——比彻

人的心上吊着一块磨石，如果不放点东西进去给它磨，它就磨灭你的心。

——凡·洛高

工作是生命持续的动力。

——乔治·巴雷尔·爱默生①

就算没有成功，工作依然是人类生命之源，
懒惰只能带来绝望和自哀自怜，
给手表上链吧，否则很快它就生锈不走了。

——奥斯古德夫人

南方的土地上，生活着一种叫萤火虫的小昆虫，
它们只有张开翅膀，才会发出光亮，
我们的大脑也是如此，

① 乔治·巴雷尔·爱默生（George Barrell Emerson，1797—1881），美国妇女教育先驱。

一旦停了下来，便漆黑一片。

——贝利

在古老的传说里，天使对玛士撒拉说：“起床吧，玛士撒拉，给你自己建一座房子吧，那样你在剩下的500年就有新房子住了。”玛士撒拉当时已经是500岁高龄了，他回答道：“如果我只剩下500年时间，那有什么必要建新房子呢？”

斯珀吉翁在评价某人的缺点时，说：“他实在懒惰得可怕。”某神职人员说：“懒惰是万恶之源头。”“懒惰是滋养魔鬼的沃土”这句话说得太对了。诚然，人类干坏事是因为魔鬼诱惑的，魔鬼则是受了懒惰的驱使。

歌德说：“在自然界中，没有什么是静止不变的。那些不想动的人注定要受到造物主的惩罚。”

康涅狄格州的一名犯人说道：“我从小到大从来没有工作过一天。”难怪他会被关进监狱！

游手好闲是滋生犯罪的温床。

在法国监狱，一名犯人如是说道：“过去欺骗了我，现在折磨着我，未来使我感到恐惧。”他一生都在无所事事中度过，因而走上了犯罪的道路。

在马萨诸塞州监狱，几乎百分之九十的罪犯都是因为失业走向犯罪道路的。

瓦尔特·斯科特对他正在上学的儿子说道：“我只告诉你一件事，工作是上帝赐予我们的礼物。如果没有它，人类什么都不是。人类的知识是靠学习得来的，粮食是靠劳动种来的。如果春天时候我们不播种，到了夏天便不会有收获。冬天来临，年迈体衰的我们，得不到尊重，被世人抛弃。”

贺拉斯·维尔公爵说：“我弟弟因为无所事事而死。”斯皮诺拉侯爵回答：“那样确实可以杀死任何一个人，就连将军也不例外。”

埃普斯·萨金特[1]说：“一个认为没有必要教育孩子工作的重要性的人，刚刚听到他那三个儿子的消息。据说一个在运河划船，一个在马路上留宿被抓进警局，一个不得不给别人打石谋生。”

懒人抱怨没有钱给家人买面包。一个老实的工人回答：“是啊，我工作一天挣来的面包又给我吃掉了。”

人在年轻时懒惰长大后也不会变得勤奋起来。好比一株弯曲的树苗长大后无法挺直。懒惰一开始是张蜘蛛网，最后则变成铁链。懒人一般都是穷人。休息和娱乐

---

① 埃普斯·萨金特（Epes Sargent，1813—1880），美国编辑、诗人、剧作家。

对于工作一天的人而言是快乐的满足，而对于无所事事的人则是负担。

年轻的朋友啊，你们在人生最精力充沛的时候，不靠自己的双手吃饭，花别人用汗水挣来的钱财，不觉得羞愧吗？要是绵羊拒绝把身上的毛剪下来给你做衣服，把身上的肉割下来给你吃，你凭什么继续游手好闲地生活下去？

人的精力是有限的，但是生命力也是旺盛的。

在英国，乞讨曾经是违法的。第一次乞讨要受到鞭刑，第二次则被割耳朵，第三次就要坐监狱了。

在古雅典，懒惰也是要受到法律惩罚的。雅典人不仅仅要求国民要勤奋工作，更要发挥出自己的天赋。在雅典，仅仅拥有一份职业是不够的，最高法院会派人调查所有百姓的职业、财产以及工作是否认真努力等情况。

德国某年轻贵族在外旅行一趟回来后，便依靠家里的产业生活，过起无所事事的生活。家里的财产很快就被他挥霍殆尽，于是他告诉一个朋友，打算在第二天晚上自杀。他朋友不想费时间劝阻他，只是尽了最后一点朋友的情义，帮他物色了一份工作。这名贵族青年去了，一进门就被好几个人抓住，硬把围裙套在他身上。从此，贵族青年开始了辛苦劳累的工作。他工作一天后，和同事一起享用午餐，感到充实而幸福。其中一名工人得知他曾经想要自杀时说道："兄弟，如果你是五个孩子的爸爸，亲眼看着三个摔死，你会疯掉的。当时我真想随着他们一起摔死算了。但我还有两个孩子呀，他们比我的生命还重要，我必须活着，必须工作养活他们。我就是这样挺过来的，生活还是很美好的不是？"贵族青年很感谢工人告诉他这些，不久便找了一份很有意义的工作，并干了一辈子。

在德昆西的一幅画中，一名妇女荡舟湖上，睡醒时发现自己脖子上戴着的珍珠项链没有扣好，珍珠一颗一颗滑落水中，女人只能徒劳地试图抓住。难道人生不也如此？时间就像这串逐一落水的珍珠，无论你怎样努力，再也抓不住了。

切斯特菲尔德公爵给儿子写信道："在我看来，懒惰与慢性自杀无异，足以毁灭一个人的大好前程。"

没有什么比懒惰的名声更可怕。而那些做事拖拖拉拉的人比懒人更可恶。一个年轻人如果想成功，就必须拥有一个好名声。没人愿意和做事拖拉的人打交道。勤奋好学、做事果断又精力充沛的人，会是一个很好的帮手。否则，成功离你太遥远了。

有一个老船长很怕船员清闲下来。他知道，一帮年轻力壮的水手要是没事做，便会惹出很多麻烦。所以，就算没有活要干了，他也会让他们帮忙清洁船只。

懒惰是一个狡猾的盗贼。他乘虚而入，偷走我们的时间。我们每天早上起来，决心今天不浪费一秒的时间，可到了晚上还是让他偷偷潜入。他在你的脑里施咒语，说："就一分钟，就休息一分钟。"就这一分钟的时间火车开走了，银行关门了。给房子上保险的事情又只能等到明天才解决，可说不定今晚你家就着火了呢？因为它，你总告诉自己，晚一点再做作业，结果第二天作业没完成，好学生的名声也坏了。

在房间挂上"时间盗贼"的清单对年轻人有好处。如拖拉、半途而废、打瞌睡、没有目标、睡懒觉、游手好闲等。还有一些无聊人士上门拜访，做白日梦、聊天、幻想、漫无目的的旅行也将浪费你很多宝贵的时间。

希拉德说："我记得在一首讽刺诗里，将撒旦比喻成钓鱼人。他根据猎物的喜好投放诱饵，而懒人则是最容易上钩的人群。他们甚至对没有鱼饵的钩也投怀送抱。"懒惰便是最好的诱饵。

考验一个人的情商高低，不在忙碌的白天，而是在夜晚和假日。

观察一个人人品的好坏，最佳时间是在他空闲的时候。看他是把空闲的时间当作学习及自我提升的好机会，还是赌博玩乐的好时机。

很多人凭借勤奋和节约获得成功后，便开始享受成功带来的财富。然而他们发现，自己盼望了那么久的好生活，竟如此无聊。要么重新开创新的事业，要么无所事事地老死。有目标的人生才有价值，否则我们无法将生活进行下去。有多好的胃口说明你的消化系统有多健康，同理，对多少领域有兴趣，说明你的成功有多大。

人的大脑必须处于激活状态，否则很快就会衰退。我们应当给自己找一份有意义且喜欢的工作，不让自己有机会自哀自怜，不让自己在挫折和打击中丢掉梦想和快乐。

大自然是公平的。对于辛苦工作了一天的你，她会给予甜美的睡眠及一个好胃口作为回报。懒人永远也无法体验到工作后得到休息的幸福。

自行车一旦停下，便会倒下。人一旦没有工作，便会堕落。

插起双手闲荡的人，总有一天会一无所有。

千万不要置空任何东西，这样做十分危险。置空大脑，你会变得愚蠢；置空土地，你会成为流浪汉；置空友情，你会变得自私；置空灵魂，你会成为魔鬼。

懒人比死人更无用，死人至少不会占用世间的空间和资源。懒人总是在等待运气的降临，最后把自己等到监狱里去了。

卡莱尔说："工作是神圣而高贵的。一个诚实、兢兢业业工作的人，即使不聪明，成就也不大，总是一个有希望的人。然而，懒惰者却永远处于绝望之中。"

"从事的工作再卑微，只要恪尽职守，灵魂便是和谐完整的。拥有工作的人，即使受到欲望、悲伤、悔恨、愤怒甚至绝望的围攻，也能拿出勇气面对，为了完成工作将这些负面情绪通通打跑。”

林肯说：“假如有一天，人民甚至政府都堕落了，只能说明工作少了，人们必须适应不用工作的生活。”

约翰·斯图尔特·米勒说：“人生其实很简单，不论你是怎样的人，找到你能力所及的工作，做到最好。”有人告诉拉斯金某人天赋极高，拉斯金第一句话就问：“这个人有工作吗？”

诚实的人宁愿自断双手也不愿意做出偷盗的行为。那些浪费别人时间的人，也浪费了国家的时间。

苏格兰某编辑的座右铭是：“世上最可怕的事情莫过于被一个无所事事的人骚扰。”

时间在不同人手中，会变幻出不同的礼物。在智者手中，时间是祝福；在蠢人手中，时间是诅咒。对你而言，某段时间很宝贵，然而对你的邻居而言，则什么都不是。

约翰·拉斯金在一块大大的玉石上刻下“今天”两个字，并天天去看两眼。

我想赠给年轻人一句话：切莫浪费一分一秒的时间，要利用好哪怕只有一秒的时间创造出最大的价值。

有意义地度过每一天。不管是天堂还是人间，都不能容纳游手好闲之辈。即便是财富和名声也不能遮掩这种人的丑陋。宁愿做个老实的渔夫或农民，也不当皇宫里的寄生虫。

孩子，努力工作吧，不要害怕！
拿起你的锤头，拿起你的铲子，
不用脸红，不用自卑。

——西戈尼夫人①

工作是受伤心灵的栖息所，
是琐碎烦恼的避难所，
是与恶念交战的战场，
是抵制诱惑的盾牌。
工作吧，
带着一颗坚强的心、坚定的意志！

——奥斯古德②

---

① 西戈尼夫人（Lydia Huntley Sigourney，1791—1865），美国著名女诗人。

② 奥斯古德（Frances Sargent Osgood，1811—1850），美国著名女诗人、作家。

第二十四章

社会大学和苦难老师

对一个民族而言，没有比贫穷和苦难更好的老师了。没有他们，很多人都不会取得现有的成就。想要在这个世界有所作为，就必须踏入社会学习，必须在社会中摸爬滚打，锻炼自己、磨炼自己。

社会是最好的学校，你若不是太蠢，都能从中学到东西。

——富兰克林

一个伟大的母亲胜过一百名老师。

——乔治·赫伯特

那些通过自身努力成就伟大事业的人物传记，是很能激励人斗志并使人变得高尚。这种传记便是为了激励更多人奋斗成功。

——贺拉斯·曼恩

菲迪亚斯的芳名只随他的名作名垂千古？
瞧，宙斯栩栩如生，
菲迪亚斯的创作思想昭然期间。
伟人的事迹告诉我们，
我们同样可以活出精彩。
在离开人世之后，
还在时间沙漏上留下足迹。

——朗费罗

我之所以为我，是由环境塑造的。

——丁尼生

基督诞生200年前，埃及一个国王在亚历山大附近的法罗斯岛建造一座400英尺高的大理石塔，价值一百万美元。国王命令工人将他的名字刻在塔的最顶端的醒目处。法罗斯塔建成后，被视为世界七大奇迹之一。塔顶点亮了一盏灯，为在地中海出海的水手照明。直至今日，法罗斯塔依然迎来成千上万为了一睹塔顶上写着“托勒密二世”的旅客。

伟人在最辉煌的时候，是因为其所在的党派或组织的强势和支撑能力才脱颖而出的。然而当这些支撑力量减弱或消失时，伟人的光环很快就自动消失了。就像妈妈们总喜欢夸奖自己的孩子，他们深受群众尊重和喜爱。

加菲尔德总统任职时做的第一件事就是亲吻他的母亲。他说：“我之所以有今天，多亏了我的母亲。”

本杰明·韦斯特[①]说："母亲的亲吻让我感觉自己像一个画家。"兰代尔伯爵说："没有母亲的世界便没有光明。"

歌德说："我们一出生就面对这个世界，直至进入坟墓。"

乔布说："和大地交流吧，她会告诉你世界的秘密。"

走出社区生活，倾听树木细语，
溪流欢腾，石头说佛，
以及大自然的一切美好。
——莎士比亚

一个来自农村的孩子总觉得自己生不逢地，没有像克莱、韦伯斯特等人拥有那么多机会。陪伴他的，只有岩石、山脉、森林。他非常渴望摆脱农村，飞到充满机会的城市。几年过后，男孩儿因为自己的农村出身练就了勤奋诚实等品质，因为山里的山山水水已经渗入到他的每一个细胞，他在几次重大的立法任务中打败了那些来自城市的对手。年轻时候的生活环境会塑造一个人。最好的教育来自大自然，生长在城市里的孩子因为呼吸不到大自然的新鲜空气，听不见小鸟的啁啾，小溪的欢腾，闻不到花朵的芬芳，感受不到大山的雄伟，山谷森林的幽静，沼泽山丘的灵气，他们的成长缺失了许多东西。大自然是人类最好的老师，教会人们生命的真谛。在大自然，能找到治疗疾病的药物，任何恶行都会受到严厉的惩罚。没有受过大自然的熏陶，视野狭小，人性有所缺失。不论在体格上，还是毅力、勇气等精神层面，从小接触大自然的孩子会具备优势。城市生活容易使人堕落。生活虽然方便，但缺少活力；虽然文明，但不能持久；虽然优雅，但过于顺当；虽然充斥着许多书籍，却没有知识。虽然教育发达，但缺少智慧；虽然信息爆炸，但没有实际工作能力；虽然天天有报读，但记忆力越来越差；虽然社会活动更多了，但人与人之间不再真诚以对。

约翰·马歇尔[②]感叹弗吉尼亚山脉的雄伟："多么伟大啊！多么激动人心，激励人的思维！怪不得帕特里克·亨利能够成为如此了不起的雄辩家！因为他在这里长大的呀！"

史蒂芬·艾伦[③]回忆起丹尼尔·韦伯斯特道："我印象最深刻的，是和他一起

① 本杰明·韦斯特（Benjamin West，1738—1820），英裔美国画家，以绘制历史画和美国独立战争场景知名。

② 约翰·马歇尔（John Marshall，1755—1835），美国政治家、法律家，曾任美国众议院议员、美国国务卿和美国首席大法官。

③ 史蒂芬·艾伦（Stephen Allen，1767—1852），美国政治家。

回到家乡，与他的亲朋好友站在一起，看着抚养他长大的山川河水，明白了正是他生长的环境塑造了这样的韦伯斯特呀！”

美国的地理和历史影响了华盛顿国会议员的很多特性。我们在分析一位议员个性时，可以看出美国山川河流、沼泽大海对他产生的影响。国家的历史、文学及传说都深深印刻在他的脑海。环境塑造民族个性。一个在戈壁长大的人跟一个在海边成长的人完全不一样。从韦伯斯特身上，你能找到戈壁沙漠的粗犷，而在克莱和卡尔霍恩身上，你则能闻到阳光海滩的味道。

宇宙天地是人类成长的摇篮，万事万物都是一堂不一样的课。大山教会我们沉稳和伟大，海洋教会我们包容和变化。森林、湖泊、河流、云朵、微风、星辰、花朵、冰川、雪花以及各种各样的动物，都在人类灵魂刻下永恒的印象。就连小小的蜜蜂和蚂蚁都让我们学会勤劳和节约的重要。

亚历山大大帝说：“没有父亲，就没有我。没有老师，就没有我的今天。”

一个刚刚提名总统的人到康涅狄格州诺里奇听完林肯的演讲后备受震动。他第二天在火车上遇见林肯，便向他请教演讲的技巧。林肯答道：“是挫折锻炼了我的口才。我年轻时候到律师事务所工作，发现律师的工作大部分是证明一件事情的真假。我于是问自己，有那么多事情可以得到证明吗？有那么多证据可以拿来使用吗？你还记那个德国人的故事吗？至少有12个品行端正的人证明他犯罪了。然而那个德国人反驳道：‘那又怎么样？我同样可以找到一样多的人证明我是无辜的，他们的证词又有什么可信的？’我当时听完就思考这个问题，最后想通了。我对自己说，如果你不能判断一件事情的真假，又有什么资格待在律师事务所？我放弃当律师，跑回肯塔基老家。我回家后得到一份欧几里得的手稿。当时我并不知道谁是欧几里得，便决心自己弄明白。弄清楚欧几里得还真不容易。他的书全是一些几何图，角度，平面、立体等。我拿着他的书一筹莫展，完全摸不着头脑。后来我从最基本的理论开始学习，最后学会用解决几何的逻辑表达自己的观点。第二年春天，我把整本书都弄明白了，对自己说，你现在知道怎样证明一件事了吧？我的心回答道，是的，我知道。于是我又重新回去当起了律师。”

没有人能够脱离社会获得成长。社会环境对于每个人就像阳光和露水，而我们就像等待发芽的种子。我们在阳光和露水的浇灌下发芽、成长、舒展叶子。每个人都有长成大树的机会，而如果脱离了社会大环境，种子只能永远沉睡。

跟社会脱离的人总有一天会因为缺乏交流抑郁而终。即使苟延偷生，也将变得冷血和沉闷。很多年前，我们就放弃单独监禁犯人，因为如果犯人没有社交机会，很容易发疯，甚至死亡。

真正的力量不在书房里，不在图书馆，也不在课堂上，而是在外面，在田野上，森林里，在市场，在商店，在街上，在与人面对面的交流中。

想要在这个世界有所作为，就必须踏入社会学习，必须在社会中摸爬滚打，锻炼自己、磨炼自己。没人能够凭空想象出世界的复杂。懒惰的人在哪里都会腐烂至死。只有融入社会、为生活奋斗，才能有进步，才能成功。

斯特恩斯说：“你曾经问过自己这个问题吗？此时此刻，是什么力量激励人们行动，是什么力量推动人类命运前进？不论在哪个行业，这个问题的答案都是：工作。虽然世上还有许多同样不可或缺的力量，但工作永远至上。不论是普通的劳动者、机械工人、制造商还是学者、政治家、贵族、王子，都有要完成的工作。”

走正道挣钱的人都在追求梦想的途中学会尊重劳动，学会自控自律。路上收获的知识远比金钱本身重要。在工作中，人们不得不发挥出最大潜能，把自己最好的一面展现出来。为了融入环境，我们永不停息，更严格地要求自己。正因为如此，我们成长为更好的人。

失败与挫折是人类的良师益友，没有它们，我们不会锻炼出健硕的肌肉，强力的肌腱，以及能够深谋远虑的智慧。伯克说：“我不是在摇篮里舒舒服服长大然后就当上议员的。像我这样的人，‘逆流而上，奋勇拼搏’是激励我成功的座右铭。”

贫穷用一副丑陋的面具隐藏自己的光芒，她是大自然请来帮助人类发掘出自身潜能的。

懒惰是人类的天性，需要外界刺激他们克服惰性实现梦想。成功的欲望一旦减弱，成功的概率也就相应降低了。贫穷是激励人类迈向成功的永恒宝贝。

不幸在人们不知不觉中将之推向成功的彼岸。“上帝教育人类的方法就是饿其体肤、劳其筋骨。只有为生活所迫了解世间疾苦的人，才更懂得什么是永远的慰藉。”

“不经历一番社会洗礼的人，是不会学会果断决定、勇敢行事、控制情绪以及坚持不懈的。”

艾略特说：“自由教育的精髓不在于知识的灌输，而在于培养学生的学习能力和激发他们强烈的求知欲。”

爱默生将美国称为“机会的国度”。生活在这样一个国度，还有谁敢松懈半步？

第二十五章

书籍的力量

没有什么能够像书籍一样拥有帮助穷人摆脱贫困、帮助不幸者走出悲伤、帮助负重行走的人忘掉包袱、帮助病魔缠身的人忘记痛苦的力量。

书籍是年轻人的导师，年长者的伴侣。书籍在我们孤独时陪伴我们，防止我们一个人时胡思乱想。

——杰里米·科利尔①

世上对待众生最公平的是书籍，能够接纳所有人的是图书馆。

——兰格福德医生

即使用全世界国王的顶上皇冠交换我手上的书籍以及我对阅读的热爱，我选择后者。

——费内伦

即使把印第安人的所有财宝都放在我的面前，我也不会把眼睛从手中的书籍中抬起来。

——吉本

直至今日，我最爱的伴侣依然是书籍。

——蒲柏

好书能够点燃人类的希望，唤醒沉睡的勇气和信念，抚慰伤痛，为贫寒之家送去希望，在遥远而陌生的土地上建立新的家园。为此，我愿主永远保佑你，书籍。

——詹姆斯·弗里曼·克拉克②

没有朋友的人，依然有书籍为伴。

——乔治·希拉德③

霍勒斯·格里利说："小时候，我喜欢跑到树林里读书，到花园里看书，到邻居家朗读书籍。我家很穷，我父亲每天都让我帮忙干很多活，但是一到晚上，他费尽九牛二虎之力都不能使我乖乖上床睡觉。我将书放在床边，每晚就躺在床上看书度过漫长严冬。静静阅读的夜晚寂静无声，时间似乎停止了。我完全融入了书的世界中。"

---

① 杰里米·科利尔（Jeremy Collier，1650—1726），英国戏剧评论家、主教、神学家。

② 詹姆斯·弗里曼·克拉克（James Freeman Clarke，1810—1888），美国神学家、作家。

③ 乔治·希拉德（George Stillman Hillard，1808—1879），美国律师、作家。

相信许多人都有同感！在书里找到最大的乐趣，忘却现实的残酷，忘记悲伤，融入书的快乐世界。

没有什么能比书更能使人忘记烦恼，忘记疼痛，忘记悲伤，帮助人们逃出贫穷，避免人们走向堕落。书籍是孤独者的朋友，是被抛弃者的伴侣，是灰心丧气者的开心果，是无助者的希望。书籍给黑暗带来阳光，给阳光制造影子。

我们也许贫穷，与上流社会毫无联系，但也能在书中随着主人公入住皇宫，同王子谈心。

在梵蒂冈，一本希伯来文写成的《圣经》价值325英镑，如果整本书变成金块，也不值那么多钱。如果确认这本《圣经》是希伯来人的，它的价值将更高。如果它是原始孤本，那么只能够用价值连城来形容它了。

今天，多亏了印刷术的发展，人们可以花50美分买到一本《圣经》。尽管如此，以这本《圣经》对千千万万人的影响来看，它便是价值不菲。

现在的人类只要花一两美元就能够买到作者和出版商花费了5000美元打造出来的书籍。而我们更是可以花一张邮票的价钱买到一群思想先锋的观点以及前线记者的报道。

富兰克林儿时阅读过科顿·马瑟① 的《做好事不难》并受益匪浅，影响一生。他后来建议年轻人在阅读时随身带着一支笔，好随时记录下读后的感想。

比彻说拉斯金的作品改变了他看世界的角度，他认为只要阅读了拉斯金的文章，便不会再以同样的角度看待这个世界。塞缪尔·德鲁② 说洛克的《人类理解论》将他从懵懂中惊醒，使他放弃了曾经有过的观点。一名制革师父承认，要不是看了卡莱尔的书籍，他制造不出如此好的皮革。林肯从邻居那里借来了华盛顿和亨利·克莱的传记，满怀惊喜地通宵读完，并激励了自己。他年轻时候喜欢阅读托马斯·潘恩的《理性时代》和沃尔尼的《毁灭》。这两本书对林肯的思想影响重大，致使他以后写出了论证《圣经》造假的文章。一本书足以影响一个人一生。我们早年阅读过的书籍深深印刻在我们的脑海。加菲尔德到邻居家借来《辛巴达海盗》及《海盗自传》。这两本书为林肯开阔了眼界，海盗的生活从此印刻在他的心里。威廉·凯瑞在阅读《船长库克旅行日志》后，决定开始了征服异教徒的旅程。约翰·韦斯利的性格深受泰勒的《圣灵和死亡》以及《基督耶稣》两书影响。约翰·夏普说："《莎士比亚和圣经》激励我当上了纽约的大主教。"歌德的作诗灵感很多来自《威克菲牧师传》一书。

---

① 科顿·马瑟（Cotton Mather，1663—1728），美国著名作家、清教徒牧师。

② 塞缪尔·德鲁（Samuel Drew，1765—1833），英国神学家、作家、历史学家。

爬满苔藓的窗户边，科尔里奇在东方童话故事集《一千零一夜》的陪伴下，度过了童年生活。他曾说，《一千零一夜》带给他的童年很多灵感和快乐。他很珍视这本书，经常在早晨阳光的照射下阅读，从中获得灵感和心灵的震撼。

斯迈尔斯、托得、马修斯、芒格、惠普尔、格基、赛耶等作家的书籍，鼓励了很多本以为自己没有机会的孩子有了梦想，并成就了一番伟大的事业。

书籍带给我们的影响，不在于我们背下了多少知识，而在于我们因为阅读一本书改变了思维。一本好书就像一根火柴，点燃我们心中沉睡的火药。一本好书和一个良师益友就可以唤醒潜伏在我们身上的潜力。许多伟大的作家也是受到其他书籍的启发，才写出惊世之作。我们常常觉得作者道出了自己的心声，只是我们不懂得表达。诚然，在书里我们总能找到共鸣。我们在爱默生的作品中获得启发，在莎士比亚的戏剧里得到灵感，在荷马的《伊利亚特》中学习到一种表达，在但丁的《神曲》中感受到上帝的力量。我们的这些感受，形成了我们的个性。我们从朋友身上看到自身的优点，从敌人身上看到自己的缺点，从各类书籍里看到方方面面的自己。我们因而全面了解自己，了解自己的不足、自己的观点、自己的喜好、自己擅长不擅长的事情。

罗兰夫人即使上教堂也要带上普卢塔克的书籍，并在休息时间阅读一两页。普卢塔克也是拿破仑最喜欢的作家之一。普卢塔克笔下的人物性格饱满，栩栩如生。他从不描写战争的场面。他的文字直指人类灵魂。莎士比亚从普卢塔克的作品里学习到许多东西，有时甚至引用他的语言。柯伦每年都要读一次荷马的书籍。

我们的观点，很大程度上是受到我们喜欢阅读书籍的影响。我们喜欢的作家就是最好的老师，我们透过他的眼睛看这个世界。因此，一本催人上进、有深度的好书能够提高我们的思想境界，改善我们的品格；一本消极阴暗的书籍则会使我们堕落。书籍对我们的影响就像空气一样不可缺少。

在玛利亚特① 小说的影响下，许多男孩儿决定到大海流浪，成为水手。阿伯特的《拿破仑一生》深深影响了我认识的一个男孩儿，他年仅7岁就决定去当兵了。在监狱，很多犯人都是因为年轻时候受了一些坏书的影响才干下犯法的事情。伦敦新门监狱的牧师在给市长的年终报道中写道：“监狱里的孩子毫无例外全部都喜欢阅读街边卖的一本廉价小刊物。”这种刊物是给男孩儿女孩儿娱乐消遣阅读的。在英国，这类因为阅读不良书刊堕落的案例不在少数。一本坏书刊对青少年的影响力是不可估量的。

---

① 玛利亚特（Frederick Marryat，1792—1848），英国皇家海军军官、小说家。

据说伏尔泰5岁的时候因为阅读了一首怀疑论派的诗歌，所以才会成为当代那么出名的批评家。一个男孩儿把一本充满亵渎文字和图片的书拿给另一个男孩儿看。这个男孩儿只是翻了几页。后来这个男孩儿长大后，在教堂当起了牧师，然而那本书上的文字和图片还是会不时跳进他的脑海。他告诉一个朋友，如果时光能够倒流，他愿意用一切来改变那天。他一定一眼都不会去看那本书。

詹姆斯·菲尔德斯到监狱探望杰西·波默罗伊。波默罗伊因为犯下谋杀罪锒铛入狱。他告诉菲尔德斯自己曾经是《雷电下的血腥事件》系列故事的忠实读者。他在书上读到了60处剥人头皮和其他的血腥杀人桥段。连他自己都说，自己的杀人行为便是受到书中描写的杀人场景所影响的。

一个喜欢阅读警匪书籍的年轻人，毫无疑问容易犯罪入狱。波特主教说："喜欢阅读什么书籍，便是一个怎样的人。"

英国警政厅一名官员宣称，几乎所有青少年罪犯都是受到一些不好的书籍影响才走上犯罪道路的。

好书可以催人奋进，激励人成为一个更好的人。好书能够提升一个人的精神境界，就好比良师益友鼓励我们成为更高尚的人。因此，我们应当阅读那些拥有引人向上力量的书籍，帮助我们实现自我，抓住机会。

一个刚刚把荷马的史诗仔细阅读完毕的人说："我读完了那本书后走在街上，顿时觉得每个人都变得更加高大了。"

"在《一千零一夜》里，主人公虽然获得将世界所有财物收揽入怀的能力，却在行人用骆驼驮着的一箱箱金银珠宝前无动于衷。他表现出来的这种高贵品质启发读者思考人的灵魂价值。这是雅典人送给人类的礼物。雅典崇尚的自由和力量经历2000年没落了，人类沦为胆小的奴隶，文字也成为野蛮人的粗言陋语。在罗马人、土耳其人以及苏格兰人的铁蹄下，雅典帝国崩溃了，取而代之的是罗马人的宗教神话。

德昆西说："此时此刻，在乔叟的《坎特伯雷故事集》诞生500周年之际，地球上还没有出现可以与之媲美的文字，甚至德莱顿、蒲柏、华兹华斯都写不出如此美妙的语言。此时此刻，距离奥维德写出《变形记》1800年，还没有人能够写出与他作品中呈现的欢快气氛以及优雅的语言相媲美的作品。"

格基[①] 说："你踏入图书馆，不需要拥有显赫的背景，也不用害怕遭受拒绝。在茫茫书海中，你选择自己喜欢的书籍，静静翻阅，不会因为身份的低微就不能阅读。书集大师思想于一身，不论读者的身份贵贱，一律一视同仁。你可以自由

① 格基（John Cunningham Geikie，1824—1906），英国作家。

自在地与书交流，不用害怕自己的卑微，不用害怕遭受白眼。”威廉·沃勒[①]也说：“在书房，我一定是只跟先贤哲人交谈。而一旦走出社会，就难免碰到许多愚人。”韦伯斯特说：“在知识的王国，我们收获到的，将使我们受益终生。”

荷马、柏拉图、苏格拉底和维吉尔一定也没有想到，他们的文字会穿越时空，影响到19世纪人们的生活。每个美国人都有受到他们的影响。而耶稣对世界的影响力也从来没有像今天那样深远。同样，又有多少人因为受到恶人的影响作奸犯科，一遍遍地重复他们的罪行。

爱默生阅读有三条规定：不读新出版不到一年的书，不读知名度不高的书，不读不喜欢的书。他把普卢塔克的《传记集》排在《圣经》之后的地位。

亚历山大·埃弗雷特[②]说：“阅读文学作品并不会使人脱离现实生活。”

“难道西塞罗喜欢哲学和文学，就不会懂得初为人父的快乐？难道恺撒、弗雷德里克、波拿马、威灵顿以及华盛顿因为擅长写评论，就不会领兵打仗？难道富兰克林在研究科学的同时，就不能参与政治？有谁因为喜欢学习便成为怀疑论者？就算是培根、弥尔顿、牛顿、洛克，都不会建议你牺牲快乐勉强自己读书。真正的快乐来自对身体的锻炼，对大脑的训练，以及对精神的升华。向他们复述赫拉克勒斯的故事吧，这个大力士为了成就美德牺牲了自己的美貌和力量。”

格基说：“怪不得西塞罗说，宁愿与书为伴终生贫困潦倒，也不要抱着金砖没有书看。也怪不得彼特拉克临死前还在看书。比德死前还在默书，莱布尼兹死前手里也拿着一本书，克拉伦登伯爵在忘我看书中离世。斯科特死前坐在轮椅上被人推进图书馆时喜极而泣。索西老到不能阅读时，还喜欢抱起一本本书抚摸和亲吻。”

书中藏有黄金屋，出身贫寒的孩子能够只花上几便士就买到书中的知识，获得与柏拉图和苏格拉底交谈的机会。一个普通的工人也能通过书籍欣赏到柏拉图写出来的美妙文字。通沟渠的工人可以通过书籍跟随恺撒和亚历山大一起开始征服世界的旅程。最贫穷的机械工人也有机会跟随利文斯顿和斯坦雷一起探索非洲大陆，跟随拿破仑征服欧洲。出身低微的孩子可以和伽利略一起探索太空，和赫谢尔、普罗克特、休·米勒一起穿越时空，寻找远古文明，和汤普森、爱迪生一起探索科学的奥秘。

弥尔顿来到贫民家中，为他们献上《失乐园》；莎士比亚来到草屋门前，为里面的孩子演绎《哈姆雷特》。因为有书，即使是最贫穷的孩子也能获得同先哲贤人交流的机会。他们不用花费多少金钱，就能够聆听到各个年代的政治家、战士、作

---

① 威廉·沃勒（Sir William Waller，1597—1668），英国内战军人并获得骑士头衔。

② 亚历山大·埃弗雷特（Alexander Hill Everetl，1792—1847），美国著名外交家、政治家、作家。

家的声音，学习到国家的历史，为自由战斗的故事，美好的爱情故事，以及人类进步的轨迹。

图书馆对于人类不是一种奢侈，而是一种必需。没有藏书甚至报纸杂志的家庭就像是没有窗户的房屋。孩子们在阅读中学习知识，吸收思想。在今天这个年代，不阅读书籍的家庭很容易被世界淘汰。

用书籍装饰你的家吧，这远比放置一些无用的家具更实在。如果一间屋子装潢豪华，挂满了名人画作，进口的壁毯，昂贵的地毯、壁画等，却没有一间书房，则极不协调。在很多时候，去到一家装饰高雅的房子，最好还是别问房子的主人有没有英国名著的藏书。

我们可以在穿着打扮上省钱，但千万不要在书籍上抠门。即使你没有能力供你的孩子接受很好的教育，至少要给他们买书看。对于那些出身贫寒的孩子，大学即意味着能够接触到大量的书籍。

里顿说："人类历史有多长，书籍的历史就有多长。"

人类的思想、感受以及经历过的事情，都能在书上找到记述。一个国家的崛起和衰落，城市的消亡，帝国的没落，都一一记录在书中。曾经辉煌的希腊文明，也只在书中留下记载，军队不在了，建筑物也倒塌了，只有部分雕塑作品留下。而希腊人的著作却永远留给了后人。

玛丽·沃特利·蒙塔古夫人[①]说："世上最廉价的消遣就是读书了。而阅读带给人的乐趣也是最持久的。"好书能够提升人的修养，提高人的品位，使人的思想跟生活都上升到一个更高的水平。阅读一本激励人向善向上的书后还小气刻薄的人很少。跟阅读广泛的人聊天既受益匪浅，又能获得快乐。饱读诗书的人因为阅读而散发气质，却不仅仅是个书虫。

然而，没有目的的阅读却百害无一利，反而是在浪费时间。我们应当为自己制订一个读书计划，学习某个领域的知识。每个年轻人都应当对一个领域有所研究，掌握这个领域的知识。不是说通学就会获得智慧。智慧的获得需要将知识转化为你自己的一部分，那就需要有系统地、深入地学习。

好书的定义是，能够激发你的大脑，激励你更加努力工作，树立更崇高理想的书籍。被动阅读不如不读，不仅不能对事物获得更深刻的理解，还浪费了时间，使大脑困倦，变得更加懒惰。

阅读和思考是大脑在健身。不同的是，大脑不需要健身器材。我们从书上记忆

---

① 玛丽·沃特利·蒙塔古夫人（Mary Wortley Montagu，1689—1762），英国女作家，多产的书信作家。

下来的知识并不是最重要的，书籍带给我们最有价值的是一种力量和学习的能力。被动阅读跟坐在健身房不运动没什么两样。我们的大脑需要锻炼，需要变得更有活力，更加坚强。

美国大学生和英国大学生的区别是，后者读的书少但是精通，前者只是泛泛地阅读许多书籍，却在任何领域都是半桶水。很多读者也犯下了同样的错误。他们以为读得越多就越好，而且喜欢阅读最新出版的书籍刊物。这种泛读只能算是消遣。而英国人喜欢阅读古书，阅读那些探讨人生意义的书籍。他们对最新出版的流行刊物并不热衷。

不论你阅读什么书，都要全神贯注地阅读，否则书于你又有何用？阅读时学会吸收书本的精髓和灵魂，使之融入你自己的灵魂。最好的读者是那些能够消化最多的知识，并将之转化为自己内涵的人。最坏的读者是那些机械般死记硬背，什么都没有消化的人。他们用书本的内容填充自己的大脑，却饿死自己的灵魂。真正的阅读，是你读过后获得一种从来没有的收获。很少演员能够真正理解自己饰演的角色，很少读者能够真正读懂自己手上捧着的书籍。

泛读一本书对于人并没有多大的作用，反而使人失去专注和比较的能力。伊丽莎白·巴雷特·布朗宁说："我们因为读太多书所以犯错。如果我没有看过那么多书，我还可以站得更高，获得更大的力量。过量的阅读反而使我们思想变得懒惰。"据说马蒂诺夫人①一小时只读一页纸，而埃德蒙·伯克也喜欢慢慢地品味一本书，直到把书消化成自己体内的一部分。

约瑟夫·库克②鼓励年轻人在阅读时做笔记。他本人就是这样做的，在阅读的时候在书的空白处记下一些感想和评论。他建议年轻人收藏书籍，这样可以帮助复习曾经阅读过的书籍。养成记笔记的习惯非常有益。读完一本书或听完一堂课，最佳的消化方式就是用笔写下梗概和自己的感想。这个习惯可以锻炼人的思维和写作能力。我们无法要求记下阅读过的所有书籍，所以这些笔记可以帮助我们回忆。很多我们称之为天才的人就是通过这种方式学习到很多东西的。每当你读完一本书，或者听完牧师的布道，名人的讲座，学着写下读后感和听后感。这样做虽然有点难度，但皮茨、迪斯雷利、韦伯斯特、林肯以及克莱等成就了伟大事业的人都是这样做的。

埃及人把书籍称为人类灵魂的灵丹妙药。

---

① 马蒂诺夫人（Harriet Martineau，1802—1876），英国作家、社会学家。

② 约瑟夫·库克（Joseph Cook，1860—1947），澳大利亚第6任总理、自由贸易党党员、英联邦自由党党员。

一天辛苦工作后，如果能够坐下来看本书，跟古今伟人进行精神交流，该是多么快乐啊！没有什么能比一本好书，更能重新激活那个因为一天工作而疲惫不堪的脑袋。

——亚历山大·科伯恩

书籍是人类最好的朋友。只要你需要，它随时给你满足。就算你在阅读时心不在焉，它也不会介意；就算你把注意力转移到其他更有趣的事情上，它也不会嫉妒。它默默地为人类灵魂服务，从来不求回报，甚至不介意得不到人类的爱护。它升华人的精神，增加人的知识，深入人类灵魂，成为人类精神世界的一部分。

——比彻

"书籍是一种奇怪的存在，它不会说话，也听不见你说话，却能对世界产生巨大的影响；

他们普普通通，没有特异功能，却能带给人的思想和心灵巨大震撼；

阅读书籍就像穿过一片草原，思想迸发出，点燃黑夜的火花。"

朋友之间会变得冷漠，恋人之间会变成陌生人。然而，只有书籍能够不离不弃地带给我们快乐，献给我们最真挚的友谊，永远点燃的希望。

——华盛顿·欧文

第二十六章

人人都能拥有自己的乐园

只有那些对美丽视而不见，对音乐听而不闻，关闭所有感官拒绝体验美好的人，才会连乐园都失去。

劳动带来健康，健康带来满足感。

——贝托尔

当一个人不能找到心中的宁静，不论去哪里心都是躁动不安的。

——法国谚语

没有什么能比找到真理更让人高兴。 ——培根

每天都用心写道，今天是今年最美妙的一天。每一天都是比摩斯林更美丽的布料。我们不应当逃避那些被我们浪费的时间。

——爱默生

真正的快乐并不昂贵，而我们却为了假幸福付出昂贵的代价。

——何西阿·巴卢[①]

所有的快乐必须与人分享才会备感快乐。 ——拜伦

美德便是快乐的源泉，
懂得这点，够了。 ——蒲柏

快乐便是和上帝沟通。 ——简·英奇洛[②]

健康的人才能得到祝福。 ——汤普森

每个人的思想都是一个帝国。 ——罗伯特·索斯维尔[③]

乔利伯伊：“早上好，先生。”

比利尔斯：“你是谁呀？”

乔利伯伊：“我也不认识你呀，但是早上好！”

某绅士问道：“是什么让你觉得快乐？”对方回答道：“当我帮助一个可怜的单亲妈妈卖掉家具，帮她付了房租，得到她的祝福和感谢的时候。”

爱默生说：“没有什么比传播快乐更能让人快乐。”

---

① 何西阿·巴卢（Hosea Ballou，1771—1852），美国普进主义作家、牧师、神学家。

② 简·英奇洛（Jean Lngelow，1820—1897），英国诗人、小说家。

③ 罗伯特·索斯维尔（Kobert Southwell，1561—1595），英国罗马教神父、诗人。

朋友，如果你能减少世上的一滴眼泪，
增加世上的一个笑脸，
就算没白活了。

在柏拉图的《斐多篇》，苏格拉底坐在床上等待死刑的执行。他轻轻地按摩自己的小腿，因为铁链把它们弄疼了。面临死亡的苏格拉底没有一句怨言，不论是命运的不公，还是判决的无理。他临死前说道："我的朋友，快乐是多么不可思议啊！它的反面——痛苦，与快乐无法同时存在。所以我们要不追求快乐，要不只能痛苦。"

爱迪生说："我曾经和一位玫瑰十字会的会员交谈，他说人的心住在一块绿宝石中，只要靠近它，就能变得完美。他说：'因为快乐，太阳变得更加明亮，钻石更加光芒四射，金属闪闪发光，即使是铅块也镀上了黄金。快乐使烟雾燃起了火焰，火焰发出光亮，光亮变成一种荣光。一缕阳光足以驱散人的痛苦。'听了他的话我才明白，快乐的秘密就在于满足。"

人为了追求快乐而生活，许多哲学家甚至认为，快乐是人所有行为的最终动机。然而，每个人追寻快乐也有不一样的方向。有人是向上的，有人则是向下的。有人追求灵魂的终极快乐，有人追求肉欲的快感。有人向往天堂的纯洁高尚，有人则追寻地狱的肉欲横流。不论我们追求什么，想象的颜料总能为之染上色彩。很多人因为对快乐有着错误的理解，越是特意去寻找越是找不到。

布特勒主教说："快乐跟人的性格天性以及环境相关。"

萨克雷说："小时候我很喜欢吃太妃糖。一粒糖一先令，但我没有钱。等我长大了，我有足够的先令买很多太妃糖，却已经不想吃了。"我们总是为快乐做着准备，殊不知在准备的过程中，快乐早已消逝。快乐不是我们能够抓得住的东西。斯塔尔夫人拥有所有女人都想要的东西，她却说，愿意拿出这一切换取一样东西，那就是女人的美貌。

乔治·麦克唐纳讲述了一个老人和他的儿子的故事。他们虽然是城堡的主人，却非常贫穷，连买面包的钱都没有。在城堡里埋藏了以前主人留下的珠宝，都是价值连城。因为不知情，这对父子距离宝藏如此近，却一直忍饥挨饿。许多人就像这对父子，身处幸福却不自知。

伯克说，即使是用糟糠来换取名利，他也不干。拜伦亲口承认自己的生活一团糟。他渴望能够深入战场，在枪林弹雨中结束自己的生命。歌德拥有天赋和财富，却认为自己快乐的时间加起来连五周都没有。波斯有一位悲伤的国王，向占星师询问去哪里寻找快乐。占星师回答，找到国内最快乐的人，穿上他的衣服就能快乐。国王最终找到了那个最快乐的人，他只是一个普通的工人。然而，他没有穿衣服。

人们又想喝到蜂蜜，又不想被蜜蜂蛰。“安东尼在爱情里找到了快乐，布鲁特斯在荣耀里找到了快乐，恺撒在征服中找到了快乐。然而，安东尼戴上了绿帽子，布鲁特斯被世人指责，恺撒被亲近的人背叛。”

人的快乐不是独立存在的。如果为了追求一样东西而放弃世界，是得不到快乐的。正如童话故事《镜子》，白骑士出发开始旅行前，因为害怕老鼠肆虐，带了鼠夹，因为害怕遇到蜜蜂，带了蜂箱。很多人因为害怕遇见可能根本不会遇见的麻烦，把任何能想到的预防装备都带去旅行。

难道没有遇到荆棘的人就是快乐的吗？难道有钱人就快乐吗？著名银行家罗特希尔德那么有钱，难道他就快乐了吗？拜访他的人看到他的豪宅，感叹道：“拥有这些东西，您一定非常快乐。”这位资深放贷人说：“快乐？就在刚才，一个流氓寄给我一封信，威胁我明天之前给他寄去50英镑，否则他就取我的命。快乐！”

世人通常有钱就有快乐，然而有钱人却证明不是这么回事。很难找到一个快乐的富翁，财富并没有创造快乐的能力。相反，金钱常常夺走人的快乐。金钱使人放松对自己的要求，甚至不再有所追求，有的只是放纵挥霍。因为有钱，人失去了勤奋的动力，也不再提升自己的灵魂。这便是金钱的诅咒。只有永远不满足，才能驱使人们无止境地追求更好的生活。

某约克郡人认为快乐是“意外收获多一点的回报”。不幸的是，这一点点意外的收获，常常导致世人的悲伤。因为想要再大一点的权利，想要更多一点名声，想要更多一点土地，想要更多一点金钱，人总是无法感到满足，也就无法感到快乐。

财富和奢华不仅仅在19世纪是人们追寻的目标。但是，不论是哪个年龄阶段的人，都无法在金钱里找到真正快乐。

阿皮休斯挥霍了250万元美元，却因为害怕剩下的40万美元不够他花而自杀身亡。克里奥帕特拉将一颗价值40万的珍珠融化在醋里，只是为了讨好安东尼。伊索普斯为了一场宴会花费4000美元，卡利古拉为了一顿晚餐同样花费4000美元。卢库勒斯每举办一次宴会，就要花费10万美元，克罗伊斯虽然只拥有一个美国人一年的收入，但他比拥有军队、军舰和整个国库的泽克奇斯快乐百倍。

阳光滋养了花朵，孕育了果实；同样，灵魂的阳光也能在人心上种出花朵，结出果实。一个悲伤的灵魂，不再相信人性的神圣，不再相信自己的力量，也不再履行作为人的使命。这样的人变得毫无目标、毫无用处。脾气暴躁的人就像一只刺猬，用自己的刺伤害自己。“宁愿将玫瑰花的刺残害自己的身体，也不愿意享受玫瑰芬芳的人，是在自我折磨，对上帝忘恩负义。”

热爱美好事物的人在任何地方都能发现美。灵魂里有音乐的人走到哪里都能听到音乐。两个生活在同一屋檐下，做着相同工作的人却并不一定活在一样的世界里。一个可能只看得见丑，一个可能总能发现美。对于前者，世界没有快乐可言，而对于后者，似乎人人都很和善，处处充满美丽和和谐。他们戴上不同的眼镜看这个世界。一个戴着迷雾镜，世界万物看上去都是悲伤和模糊的。另一个戴上玫瑰颜色的镜片，世上所有东西都是可爱而美丽的。后者不需要到阿尔卑斯山也可以想象得出那里的美景，而前者即使到了瑞士，看到的也只有辛苦种地的农民。别人对他说：“下雨天有利于草地的生长。”然而他回答道：“是的，但却对玉米不利。”几天过后，别人对他说：“现在刚好阳光明媚，你的玉米有福啦。”他回答：“但是麦子更喜欢阴冷的天气。”某天早上，天气非常凉爽，那人又说：“这种天气最适合种麦子了。”他回答：“但是玉米和草地需要强烈的太阳光照射。”

科林伍德看见光秃秃的土地，便撒下一颗橡树的种子。一粒橡果并不值钱，但它可以长成一棵橡树。善意的话语也不需要花费你什么，但能带给别人快乐。个性阳光快乐的人能够把什么事情都做到尽善尽美。一个从屋顶摔下来摔断腿的人高兴地说道：“幸好没有摔断我的脖子。”他是那种能够在乌云上看到光亮的人。如果你遭遇不幸去寻求他的安慰，他会说：“不幸很快就会过去的，我来告诉你要怎样度过吧。”有些人就算到了伊甸园，嘴里还是会抱怨不停。而有些人去到任何地方，都是快乐的。

一个公爵说，当了50年的统治者，他真正快乐的日子只有14天。哈曼虽然位高权重，但他还不如守门人快乐。国王尼禄是一个被关在皇宫里的可怜犯人。而真正身处囹圄的保罗，却在监狱里快乐地写作。他说：“我拥有一切，我心满意足。”

有两样东西我们没有必要去操心，一样是我们无能为力的事，另一样是我们总能得到帮助的事。查尔斯·金斯利说：“世上没有比焦虑更不利于人身心健康了。”在美国科罗拉多州，巨大的红色砂岩数千年来在风的侵蚀下，被雕刻成各种各样诡异的形状。同样，任凭你有多么年轻俊俏的脸庞，长年的焦虑会使你变得丑陋。任何的可爱和快乐都会被摧毁。

我见识过最快乐的家庭，有文化，有教养，而且一家子和睦相处。这样的家庭往往家境都不大好。他们没有昂贵的地毯，没有天价名画，没有钢琴，没有书房，没有摆设艺术品。但是他们心满意足，他们对家人忠心耿耿，无私付出。他们虽然贫穷，但依然重视文化教育，依然尽最大的力量帮助别人。认为自己快乐的人便是快乐的。沉浸在痛苦中的人，任何人都没有能力帮助他走出痛苦。

世界和我们想象差距太大。除非你是逃避者，否则不要埋怨肩上的担子太重。只要是你的本职工作，你能够胜任，就不要计较别人是不是跟你一样把工作做好。做好自己，对自己负责就好了。

爱默生说："有一点我极为不解：为什么大多数人脸上都写着怀疑自己或在乎他人。美国的年轻人总希望看到没有看过的东西，希望自己是别人而不是自己。"有些人总是重复自己的悲伤，乞求别人同情。这样的人累了自己也累了别人。什么事情都无法使他们满足和开心。无论去到哪里，他们留下的只有阴郁和不满。高夫说："阴沉的人能使葬礼变得更压抑。"他们就算身处天堂也能找出一大堆毛病抱怨。他们看不到大自然的美丽和神奇。和他们相处，时间总是过得那么慢，钱似乎永远不够用。他们永远在寻找别人的过错，却从来看不见正面的东西。对于这类人，我们应当抱有同情的态度。他们是情绪的奴隶，甚至一顿难吃的饭菜都能使他们郁闷很久。约翰逊博士说："心理生病的人都是流氓。"

生活轻松就能够快乐？罗素到了75岁，拥有7500万美元的身家，还继续工作。他说："你们问我为什么不退休享受生活，在我回答这个问题前你先回答我一个问题。你觉得我如果不工作，还有什么事情能够让我保持良好的精神状态？回答不出来吧？这个问题没人可以回答。"

"快乐和自私是不可能并存的。"尼禄追求快乐是为了一己之私，所以他一生不得快乐。他追求自己的快乐，全然不顾别人的感受和利益。不论是议员还是奴隶，每个人都必须为别人服务。他增加税收，把老百姓的血汗钱全部用来为自己服务，还禁止别人反对。他掌握着国民的生杀大权，只要喜欢，随便就决定别人的命运。他17岁登上王位，在位15年。在他统治期间，他想尽了所有办法享乐，放纵肉欲，猎奇猎艳。任何能够激发他欲望和热情的事情，他都尝试过了。他用一把火把罗马烧毁，然后建造黄金宫殿。他说："我终于能够像一个人那样生活在自己的家里了。"他为了追求自己的快乐，牺牲了别人。他的欲望越来越大，需要做出更多的努力才能够满足。最后，他终于惹怒老百姓，处于水深火热当中的百姓愤起反抗。一个奴隶在他的要求下结束了他卑微的生命。

你认识一个像爱默生一样，坚信世上一切错误都能够得到修正，每一个灵魂都能够得到满足，相信人性本善，在别人都看到丑陋的时候能够发现美的人吗？这个人坚信真理总会战胜谬论，相信和谐总会代替混乱，相信爱总会战胜怨恨，相信善良总能打败邪恶，相信光明总会覆盖黑暗，相信生命将生生不息，绵延不绝。这样的人才是真正的国家栋梁。

有没有这样的人，同菲利普·阿穆尔一样，关心别人胜过关心自己，下班后便不再谈论工作的事情。他们是快乐且成功的。如果无时无刻都在埋怨工作的艰辛，只会让我们的亲友感到厌烦。心里总放不下工作麻烦的人，不再是个可爱的人。把烦恼和不快带回家只会让你变得更加刻薄，更加惹人讨厌。这些并不能帮助你减轻烦恼，反而使你大脑迟钝，更加做不好工作。到时候你既失去朋友，又失去客户。

面带微笑开始一天的工作吧，没人喜欢阴沉的人。如果你有家人过世，你的朋友会对你表示同情，但不会喜欢待在你的家里。我们越早明白这个道理越好，如果下班了，就不要再想着工作的事情，把烦恼都锁在办公室或者店里吧。

没有什么伤痛和困难大到可以遮住人生的阳光。我们的不开心，都是因为生活上的一点小焦虑、小恐惧。我们因为一点小争执、一次批评、一次责备、一句坏话，就使得整个家庭都不开心。同样，一次善意的表现、一次礼貌的回答、一次友好的回应，都能温暖别人，送给别人一天的快乐。

尚福[①] 说："没有笑声的一天，并没有真正度过。"奥利弗·温德尔·霍姆斯说："快乐是上帝赐予人类的灵丹妙药。我们每个人都应该快乐生活。"休姆在英格兰国王爱德华二世的手稿中发现一条记叙："能使国王开怀大笑的王冠。"莱克格斯在斯巴达的每间饭堂放置了一座雕像供奉快乐之神。笑声是餐桌上最好的作料，能够治疗所有消化不良。同许多其他人一样，幽默同样伴随了林肯一生。他说："如果生活没有幽默调剂，我很快就升天了。"爱迪生也说："快乐的情绪能够减轻病人的病情，减少穷人的苦难。"

从前有一个国王，非常爱他的小儿子。为了让他的小儿子快乐，他买了一切能用金钱买到的东西给他，小马驹、漂亮的房间、图画、书籍、玩具、最好的老师以及顺从的伙伴。然而，年轻的王子并不快乐。他到哪里都是一副愁眉苦脸的样子，总是期望得到自己没有的东西。一个魔法师看到王子的愁容后对国王说："国王陛下，我有办法使王子快乐。为此，你必须支付我一大笔费用。"国王说："只要王子高兴，你需要什么随时开口。"魔法师把王子带到房间，让他在一张白纸上写字。魔法师给王子点燃了一支蜡烛，就走开了。王子把蜡烛放在白纸的下面，看到上面出现一句话："每天做一件善事你就会快乐。"王子听从了魔法师的建议，并找到了真正的快乐。

世界是由人创造的，不论好坏。如果你的心是国王，那你就住在皇宫里。充满阳光和快乐的心能够驱散别人的阴霾，带来天堂的美丽。

正如有人耳背听不到某些声音，有人色盲看不见某些颜色，总有人对快乐不闻

① 尚福（Nicolas Chamfort，1741—1749），法国作家、幽默家。

不问。有人甚至怀疑我们是否应该快乐。

“人生最重要的是享受快乐。”不论我们生活在哪里，都会有贫穷的地方，大自然也不总会创造奇迹。然而，有思想的地方就不会贫瘠，有爱的地方就不会丑陋。即使用放大镜看，也没有一个地方只有悲伤没有快乐。“即便是最艰巨的任务，沿途也有美丽的风景。”

沿路种下花朵吧，那样你就不会走回头路了。如果你回过头，就会看见，每天绽放的花朵，也会因为没人照料而枯萎。

斯蒂芬·吉拉德说：“就我个人而言，我活得跟厨娘无异，天天工作，甚至没得觉睡。我走在一天大小事务的迷宫中，家产没有多少，对工作的热爱是我人生的最高目标。”

蒙田说：“我高兴起来，灵魂都跳出了肉体，任何痛苦都不能伤害到我。”

“绵羊说的话越多吃得就越少。人抱怨太多失去的祝福就越多。”

爱默生说：“不能满足的人啊，你究竟想要什么？付账然后拿走就是了。”某富翁在自己的土地上竖起一张牌子，写道：“我愿意把我这片土地送给知足常乐的人。”很快就有人来要这片土地。富翁问道：“你是一个知足常乐的人吗？”那人说：“是的。”富翁问：“那你为什么想要我的土地呢？”那人回答不出就走了。

满足不是给火添柴，而是取走更多的火。不是增加财富，而是减少欲望。适量便是最好的大餐，切莫给面包涂太多黄油，免得吃不下去。

很少有人能够感受到天堂般的快乐，从灵魂深处唱歌。我们从许多人身上看到思想的印迹，看到恐惧，看到关心，看到贪心，看到刻薄，就是看不到快乐。一百个成功人士中连一个对自己的现状感到满意的都没有。

快乐不是用权利和领土换来的。克伦威尔一生都活在恐惧中，他就算穿衣服也要套上盔甲，甚至害怕在同一间房间睡觉超过两次。因为担心遭到刺杀，他每天都装着手枪。

特意去寻找快乐的人反而找不到快乐。他们忘记了，天堂就在我们的心中。快乐不在金钱里，不在别墅里，不在房产里，也不在名气里。快乐不会为了自私的人放弃自己的财富，不会让不干净的手抓到自己。天堂就在心中，不在别的地方。如果你心中充满悲伤，就算走到天涯海角，也不会找到快乐的。

小鸟和阳光驻扎心中，
思想便如涓涓小河流淌。

心中怀揣着美好，便能听到动听的歌声。鲁本说："心中有太阳，到哪里都是晴天。""快乐需要练习，就像学拉小提琴一样。"事实上，快乐从来都不在大家都以为它在的地方。追逐它，它便像彩虹一样消失。但如果我们尽职尽责完成工作，快乐便向你伸出双手。快乐从来不可代替。

拥有高尚情操的人去到哪里都能做别人的小太阳。对于穷人，这点阳光代表别人的同情；对于受苦受难的人，是怜惜；对于不幸的人，是帮助。是阳光，不是乌云，滋养了花朵。一缕阳光便能冲破万重愁云惨雾，给人世间带来希望。

霍勒斯·曼恩[①]说，我们身上潜伏着快乐的因子，等待转化为生命的瞬间。我们还在娘胎的时候，便成了人形，我们的肌肉、大脑、肺部以及所有的感觉器官都发育完全，需要呼吸外面世界的空气，享受阳光。为了到达人生下一个阶段，我们需要爱来浇灌，眼睛才会睁开，耳朵才会舒醒，心也才会更加畅快地跳动。为了将来看到更多美好的东西，我们必须忍受黑暗，必须乖乖生长。上帝赐予我们这些功能，让我们感受到世界的美好和快乐。

"活在当下便是快乐。"

"快乐是四月的空气，净化人的身心。快乐是金银制造的双手，充满善意，充满快乐，充满同情心，也充满了希望。快乐是黑夜中引导水手的启明星。"

① 霍勒斯·曼恩（Horce Mann，1796—1859），美国教育改革家、被誉为"美国公立学校之父"。

研究社经典励志系列

超越自卑
我们时刻需要合作
Beyond
the inferiority
个体心理学创始人／人本主义心理学先驱
阿尔弗雷德·阿德勒 的畅销书
被誉为心理学领域的《圣经》

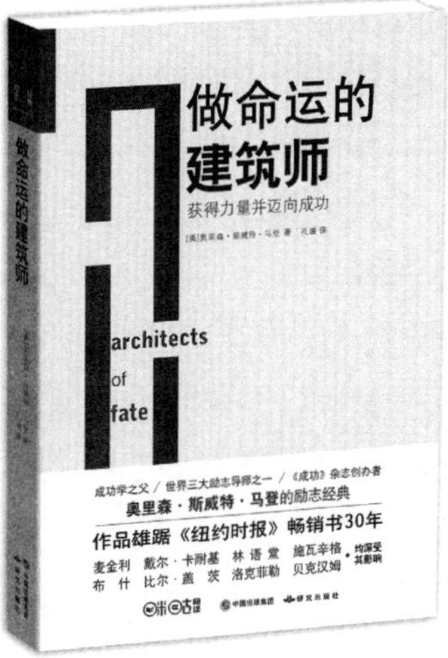
做命运的
建筑师
获得力量并迈向成功
architects
of
fate
成功学之父／世界三大励志导师之一／《成功》杂志创办者
奥里森·斯威特·马登的励志经典
作品雄踞《纽约时报》畅销书30年

塑造你的
领袖气质
25位世界杰出领袖的成功解密
TEAM
杰出商业作家／商人／商业培训师
赫伯特·牛顿·卡森 的经典之作
西点军校／哈佛大学／世界500强公司
领导≠领袖

修养是一种
优质投资
Culture
is a good
investment
成功学之父／世界三大励志导师之一／《成功》杂志创办者
奥里森·斯威特·马登的经典之作
作品雄踞《纽约时报》畅销书30年